ROS机器人项目开发11例

（原书第2版）

ROS Robotics Projects, Second Edition

[印度] 拉姆库玛·甘地那坦（Ramkumar Gandhinathan）
郎坦·约瑟夫（Lentin Joseph） 著

潘丽 陈媛媛 徐茜 吴中红 译

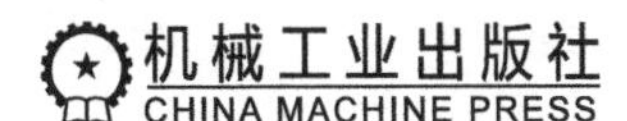

图书在版编目（CIP）数据

ROS 机器人项目开发 11 例（原书第 2 版）/（印）拉姆库玛·甘地那坦（Ramkumar Gandhinathan），（印）郎坦·约瑟夫（Lentin Joseph）著；潘丽等译．—北京：机械工业出版社，2021.1（2024.2 重印）

（机器人设计与制作系列）

书名原文：ROS Robotics Projects, Second Edition

ISBN 978-7-111-67244-9

I. R… II. ①拉… ②郎… ③潘… III. 机器人 - 程序设计 IV. TP242

中国版本图书馆 CIP 数据核字（2020）第 272283 号

北京市版权局著作权合同登记 图字：01-2020-1946 号。

Ramkumar Gandhinathan, Lentin Joseph: *ROS Robotics Projects, Second Edition* (ISBN: 978-1-83864-932-6).

ROS 机器人项目开发 11 例（原书第 2 版）

出版发行：机械工业出版社（北京市西城区百万庄大街 22 号 邮政编码：100037）

责任编辑：孙榕舒　　责任校对：殷　虹

印　刷：北京捷迅佳彩印刷有限公司　　版　次：2024 年 2 月第 1 版第 3 次印刷

开　本：186mm × 240mm 1/16　　印　张：19.25

书　号：ISBN 978-7-111-67244-9　　定　价：99.00 元

客服电话：（010）88361066 88379833 68326294

The Translator's Words | 译者序

智能机器人越来越多地走进千家万户，在民生、工业、军事等诸多领域发挥着越来越重要的作用。例如，在突如其来的新冠肺炎疫情中，许多机器人厂家推出了多种消毒机器人，这种机器人提升了相关场所的消毒效率，降低了人工消毒的风险，在多个国家和地区的防疫工作中大显身手。当前许多公司推出了各种各样的机器人，如著名的桌面机器人 TurtleBot，以及针对自动驾驶研发的低速自动驾驶套件 Openwalker，即本书封面的机器人。面对着各种各样的机器人，我们要学习哪些知识？怎样才能掌握通用的机器人开发技能呢？机器人操作系统（Robot Operating System，ROS）便是我们给出的答案。

ROS 具有强大的功能、开源的特性、稳定的社区、广泛的硬件支持，已成为应用最为广泛的机器人操作系统，既是科学研究的利器，又是商业应用开发的"神兵"，吸引着越来越多的研究人员、机器人爱好者、相关从业者投身 ROS 学习和应用的大潮中。

机器人应用领域越发广泛，这要求业界人员掌握设计和开发不同应用场景的机器人系统的知识和能力；而要学好 ROS，则需要进行大量实践操练。这就需要一本既涵盖多种应用场景，又提供大量实例的书籍来供各类人员学习。而本书正是针对上述需求而撰写的。

本书主要具有以下特点：

1. 内容覆盖多个应用领域，能满足不同领域人员的学习需求

本书在 12 章的内容里对不同方面的 ROS 主题进行了较为深入的阐述，主要包括 ROS-1 与 ROS-2 的特性、移动机械臂模拟与应用开发、基于状态机的复杂任务处理（以餐厅服务员机器人为例）、送货机器人应用程序开发、多机器人协同、嵌入式平台 ROS 应用、强化学习应用（gym-gazebo 和 gym-gazebo2）、深度学习应用（TensorFlow）、自动驾驶汽车、基于 VR 头盔与手势识别传感器的机器人远程操控、基于 OpenCV 与伺服系统的人脸识别与跟踪，能够满足各个领域人员的不同学习需求。

2. 既介绍基本原理，也讲述重要代码，满足深入学习 ROS 的需求

本书对包含的绝大多数主题都进行了较为深入的论述，如对强化学习原理、深度学习原理、高级主题的重要代码等都进行了阐述，适合读者对相关内容进行较为深入的学习，做到知其然，更知其所以然。当然，需要说明的是，作者并未对高深主题进行过于深入的论述，

毕竟有些主题本身就是一个极其宏大的学科领域，如深度学习、机械臂动力学等，这些内容还需要读者自行学习更为专业的教材。

3. 内容新颖，让读者能够及时享受ROS的最新成果

本书英文版出版于2019年12月，相较于第1版，本版本更新了除深度学习应用（基于TensorFlow）、自动驾驶汽车、基于OpenCV与伺服系统的人脸识别与跟踪等三个主题之外的所有内容，而且在嵌入式平台相关内容中介绍了最新的嵌入式硬件Jetson Nano和Raspberry Pi 3/4以及相应的ROS配置方法，内容十分新颖，基本保证了书中内容均为ROS的最新内容——基于ROS Melodic Morenia（截至2020年5月，ROS Noetic Ninjemys尚未发布，仍处于计划状态），而自2018年发展至今，两年的时间已使得绝大多数功能包都完成了由早期版本向ROS Melodic Morenia的迁移，这也是ROS官方当前推荐使用的长期支持版。

本书第1～5章由潘丽翻译，第6～8章由徐茜翻译，第9～11章由陈媛媛翻译，第12章由吴中红翻译，全书由潘丽统稿。

本书翻译过程得到了机械工业出版社李忠明编辑的大力帮助，在此谨表谢意。此外，在此也向组织出版了"机器人设计与制作系列"书籍的机械工业出版社、将ROS在国内的传播推广开来的胡春旭老师（古月居博主、《ROS机器人开发实践》作者）、组织了多届ROS暑期学校的华东师范大学张新宇博士、易科机器人的刘锦涛博士、致力于ROS课程建设的张瑞雷博士、星火计划发起人杨帆老师与林天麟博士、推出ROS学习神器ROS2GO的天之博特的田博博士（及张瑞雷博士、胡春旭老师）等表示崇高的敬意。得益于先行者们的无私奉献，国内的ROS发展才如此如火如荼。

需要说明的是，由于译者能力有限，也由于本书英文版部分论述不太符合国人的阅读和理解习惯，因此尽管译者本着忠于原文、语句通顺的原则进行翻译，但不可避免有不当之处，烦请读者不吝赐教，可向译者邮箱yizhousan@163.com发送邮件交流讨论。

译者

2020年5月于武汉

Preface | 前 言

机器人操作系统（Robot Operating System，ROS），是目前最流行的机器人学中间件，在全世界诸多大学和与机器人相关的行业中得到了广泛应用。自从ROS推出以来，许许多多搭载了ROS的机器人进入市场，用户能够通过其应用程序轻松使用这些机器人。ROS的一个主要特点是它的开源特性。ROS不需要用户重新发明“轮子”；相反，ROS中标准化的机器人操作和应用程序开发十分简单。

本书全面更新和修订了第1版，将介绍更新的ROS功能包、更引人入胜的项目案例以及一些新增特性。本书中的项目案例均基于ROS Melodic Morenia，对应的Ubuntu版本为Ubuntu Bionic 18.04。

通过本书，读者将理解机器人是怎样应用于各行各业的，并将一步步地了解构建异构机器人解决方案的流程与步骤。除了介绍ROS中的服务调用和动作特性之外，本书还将介绍一些更酷的技术，让机器人以智能的方式处理复杂的任务。这些知识将为读者构建更智能、更具自主化能力的机器人铺平道路。此外，我们还将介绍ROS-2，以便读者能够了解此版本与以前的ROS版本之间的差异，并在为应用程序选择特定中间件方面提供帮助。

企业和研究机构主要关注计算机视觉和自然语言处理领域。虽然本书的第1版介绍了一些简单的视觉应用程序，如物体检测和人脸跟踪，但本版还将介绍行业中使用最广泛的智能扬声器平台之一——亚马逊的Alexa，以及如何使用它控制机器人。同时，我们将引入新的硬件，如NVIDIA Jetson Nano、华硕Tinkerboard和BeagleBone Black，并探索它们与ROS融合应用的能力。

虽然人们可能知道如何控制单台机器人，但ROS社区用户面临的最常见问题之一是使用多个机器人协同工作，无论它们是否属于同一类型。在这种情况下，控制问题将变得十分复杂，因为机器人可能遵循相似的话题名称，并可能导致操作序列的混乱。本书将重点针对可能的冲突提出相应的解决方案。

本书还涉及强化学习，包括如何将强化学习应用于机器人学和ROS之中。此外，读者还将发现其他更有趣的项目，如构建自动驾驶汽车、使用ROS进行深度学习，以及使用虚拟现实头盔（VR头盔）和Leap Motion（一种体感控制器）构建遥操作解决方案。目前这些领域的技术还处于发展之中，相应的研究人员正在不断地进行研究。

读者对象

本书主要面向学生、机器人技术爱好者、相关领域的专业人员。此外，本书还适用于那些对从头开始学习和编写运动控制与传感器感知程序、算法感兴趣的人。本书甚至可能有助于初创企业开发新产品，或帮助研究人员利用现有资源创造新的创新成果。本书也适用于那些想在软件领域工作或成为机器人软件工程师的人。

本书主要内容

第 1 章主要向初学者概述 ROS 的基础知识。本章将帮助读者理解 ROS 软件框架的基本思想和概念。

第 2 章介绍 ROS 的最新框架——ROS-2。基于该框架，读者将能够使用 ROS 进行实时应用程序的开发。本章的结构与第 1 章类似，主要是帮助读者厘清 ROS-1 与 ROS-2 之间的区别，同时理解两个版本的能力与局限。

第 3 章介绍怎样在模拟环境下构建移动机器人以及机械臂，并将两者结合起来，通过 ROS 对其进行控制。

第 4 章介绍基于状态机进行复杂机器人任务处理的技术，这些技术使得读者可以在使用机器人执行连续和复杂的任务管理时进行策略调整。

第 5 章是第 3 章、第 4 章内容的综合应用，基于这两章内容构建一个用户应用程序。该应用程序的功能是控制移动机械臂运送物品。本章将详细介绍上述应用程序的构建过程。

第 6 章介绍通过 ROS 在多个机器人间进行通信的方法，其中的机器人既可以是同类型的，也可以是不同类型的（即异构多机器人系统）。在此基础上，还将介绍对一组多机器人进行单独或同时控制的方法。

第 7 章介绍新型的嵌入式控制器及处理器板，例如基于 STM32 的控制器、Tinkerboard、Jetson Nano 以及其他类似产品。本章还将介绍怎样通过 ROS 控制这些板卡的 GPIO（General-Purpose Input/Output，通用输入 / 输出接口），以及如何通过 Alexa 提供的语音交互功能进行语音控制。

第 8 章介绍机器人学领域最重要的学习技术之一——强化学习。本章将介绍强化学习的内涵，并通过实例介绍强化学习背后的数学知识。此外，还将通过一系列实例展示强化学习技术是如何在 ROS 中进行应用的。

第 9 章介绍深度学习在机器人领域的应用。本章将介绍如何使用深度学习实现图像识别，还将介绍使用 SVM（Support Vector Machine，支持向量机）的应用程序。

第 10 章是本书中最有趣的内容之一。本章将展示如何使用 ROS 和 Gazebo 构建一辆模拟的自动驾驶汽车。

第 11 章展示如何通过 VR 头盔和体感控制器 Leap Motion 实现对机器人的远程操控。本章将介绍 VR 头盔的应用，这是当前最流行的技术之一。

第 12 章通过一个项目展示如何在 ROS 下使用 OpenCV 库。在本项目中，将构建一个最基本的人脸跟踪器，实现摄像头对人脸的实时跟踪。本章将使用诸如 Dynamixel 的智能伺服系统实现机器人的旋转。

充分利用本书

- 读者需要一台运行 Linux 系统（最佳版本为 Ubuntu 18.04）的个人计算机。
- 个人计算机配置需求为：具有显卡，内存不小于 4GB（8GB 更佳）。这主要是为了更好地运行 Gazebo，也是为了更好地进行点云和计算机视觉处理。
- 读者最好能够拥有书中提到的传感器、执行器以及 I/O 板，并且能够将这些硬件连接到自己的计算机上，同时为了能够复制相关代码，读者需要安装 Git。
- 如果读者使用 Windows 系统，则推荐下载 VirtualBox，并在其中安装和配置 Ubuntu。不过，需要提醒的一点是，在虚拟机中运行 ROS 相关程序、连接某些硬件时可能存在某些问题。

下载示例代码及彩色图像

本书的示例代码及所有截图和样图，可以从 http://www.packtpub.com 通过个人账号下载。

下载完成后，读者可以将代码压缩包解压到本地（请确保已经安装了解压缩软件），具体操作系统的相应解压缩软件如下：

- Windows 下为 WinRAR/7-Zip。
- Mac 下为 Zipeg/iZip/UnRarX。
- Linux 下为 7-Zip/PeaZip。

此外，读者还可以通过 GitHub 下载本书代码，网址为：

https://github.com/PacktPublishing/ROS-Robotics-Projects-SecondEdition

如果代码有所更新，则上述网址相应的仓库代码也会进行更新。

本书约定

代码段示例：

```
def talker_main():
    rospy.init_node('ros1_talker_node')
    pub = rospy.Publisher('/chatter', String)
    msg = String()
    i = 0
```

输入或输出命令行示例：

```
$ sudo apt-get update
$ sudo rosdep init
```

表示警告或重要的说明。

表示提示和技巧。

About the Authors | 作者简介

拉姆库玛·甘地那坦（Ramkumar Gandhinathan）是一名机器人学家和研究者。他从小学六年级开始制造机器人，在机器人领域钻研已超过15年，亲手打造了80多个不同类型的机器人。他在机器人行业有7年的系统性专业工作经验（4年全职和3年兼职/实习），拥有5年的ROS工作经验。在他的职业生涯中，他使用ROS构建了超过15个工业机器人解决方案。他对制作无人机也很着迷，是一名无人机驾驶员。他的研究兴趣和热情集中在SLAM、运动规划、传感器融合、多机器人通信和系统集成等领域。

郎坦·约瑟夫（Lentin Joseph）是一位来自印度的作家、机器人学家和机器人企业家。他在印度喀拉拉邦的高知市经营一家名为Qbotics Labs的机器人软件公司。他在机器人领域有8年的工作经验，主要致力于ROS、OpenCV和PCL领域。

他写过几本关于ROS的书，分别是《机器人系统设计与制作：Python语言实现》[㊀]《精通ROS机器人编程》[㊁]《ROS机器人项目开发11例》[㊂]以及《机器人操作系统（ROS）入门必备：机器人编程一学就会》[㊃]。

他在印度获得了机器人学和自动化专业硕士学位，并在美国卡内基–梅隆大学的机器人研究所工作。他也是TEDx演讲者。

㊀ 本书中文版已由机械工业出版社出版，ISBN 978-7-111-55960-3。——编辑注

㊁ 本书中文版（原书第2版）已由机械工业出版社出版，ISBN 978-7-111-62199-7。——编辑注

㊂ 本书中文版已由机械工业出版社出版，ISBN 978-7-111-59817-6。——编辑注

㊃ 本书中文版已由机械工业出版社出版，ISBN 978-7-111-64035-6。——编辑注

目录 | Contents

第1章 ROS入门

机器人技术是未来能够改变世界的技术之一。机器人可以在很多方面替代人，我们都害怕它们偷走我们的工作。有一点是肯定的：机器人技术将是未来最具影响力的技术之一。当一项新技术获得发展动力时，该领域的各种机会也会增加。这意味着机器人和自动化技术可以在未来创造很多就业机会。

机器人技术中能提供大量工作机会的主要领域之一是机器人软件开发。众所周知，软件赋予机器人或任何机器生命。我们可以通过软件扩展机器人的能力。对于一个机器人而言，它的控制、传感和智能等能力都是通过软件实现的。

机器人软件涉及相关技术的融合，如计算机视觉、人工智能和控制理论。简而言之，为机器人开发软件并不是一项简单的任务，需要开发人员具有许多领域的专业知识。

如果读者正在寻找iOS或Android的移动应用程序开发支持，则可以选择基于相应的**软件开发工具包**（Software Development Kit，SDK）构建应用程序。那么对于机器人应用程序开发有没有可供使用的通用软件框架呢？回答是肯定的。最流行的机器人软件框架之一就是**机器人操作系统**（Robot Operating System，ROS）。

在本章中，我们将了解ROS的抽象概念，学习ROS的安装方法，概要介绍模拟器的相关内容，并描述如何在虚拟系统上进行使用。然后我们将介绍ROS的基本概念，以及支持ROS的不同机器人、传感器和执行器。我们还将介绍ROS在工业界和学术界的应用情况。由于整本书都致力于ROS项目，因此本章将是这些项目的启动指南，在本章中，我们将帮助读者完成ROS的安装与配置。

本章涵盖的主题包括：

- ROS概述。
- ROS基础。
- ROS客户端库。
- ROS工具。
- ROS模拟器。
- 安装ROS。
- 在VirtualBox上设置ROS。

- Docker 简介。
- 设置 ROS 工作空间。
- 工业界与学术界中的 ROS 应用。

下面，一起来入门 ROS 吧。

1.1 技术要求

学习本章内容的相关要求如下：

- Ubuntu 18.04（Bionic）系统，预先安装 ROS Melodic Morenia。
- 虚拟机 VirtualBox 和 Docker。
- 时间线及测试平台：
  - ❑ **预计学习时间**：平均约 65 分钟。
  - ❑ **项目构建时间（包括编译和运行）**：平均约 60 分钟。
  - ❑ **项目测试平台**：惠普 Pavilion 笔记本电脑（Intel® Core™ i7-4510U CPU @ 2.00 GHz × 4，8GB 内存，64 位操作系统，GNOME-3.28.2 桌面环境）。

1.2 ROS 概述

ROS 是一个开源的、灵活的机器人软件框架，用于机器人应用程序编写。ROS 提供了一个硬件抽象层，开发者可以在其中构建机器人应用程序，而不必担心底层硬件。ROS 还提供不同的软件工具来可视化和调试机器人数据。ROS 框架的一个核心是消息传递中间件，在这个中间件中，进程可以相互通信和交换数据，即使它们运行在不同的机器上。ROS 消息传递可以是同步的，也可以是异步的。

ROS 中的软件以功能包的形式组织，具有良好的模块性和可重用性。使用 ROS 消息传递中间件和硬件抽象层，开发人员可以创建大量的机器人功能，例如，地图构建和导航（在移动机器人中）。ROS 中的几乎所有功能对机器人而言都是“不可知”的（即基于标准接口封装起来的），因此所有类型的机器人都可以使用它。新的机器人可以直接使用那些功能包，而无须修改功能包中的任何代码。

ROS 在大学里有着广泛的合作关系，许多开发人员对 ROS 的发展做出了贡献。可以说 ROS 是一个由全世界开发者支持的社区驱动项目。这个活跃的开发者生态系统将 ROS 与其他机器人框架区分开来。

简而言之，ROS 是**管道**（或通信，即通信机制）、（开发）**工具**、（应用）**功能**和**生态系统**的组合，这些功能如图 1.1 所示。

ROS 项目于 2007 年在斯坦福大学以 Switchyard 为名启动，随后在 2008 年由一家名为 Willow Garage 的机器人研究初创公司进行开发。ROS 的主要开发工作由 Willow Garage 完成。2013 年，Willow Garage 的研究人员成立了**开源机器人基金会**（Open Source Robotics Foundation，OSRF）。ROS 现在由 OSRF 积极维护。下面，让我们介绍几个 ROS 发行版。

图 1.1　ROS“公式”（图片来源：ros.org。基于知识共享授权协议 CC-BY-3.0：https://creativecommons.org/licenses/by/3.0/us/legalcode）

下面是两个组织的网址。Willow Garage：http://www.willowgarage.com/。OSRF：http://www.osrfoundation.org/。

1.2.1　ROS 发行版

ROS 发行版与 Linux 发行版非常相似，即由 ROS 功能包构建成的版本集。每个发行版都维护一组稳定的核心功能包，直到发行版的**生命周期结束**（End Of Life，EOL）。

ROS 发行版与 Ubuntu 完全兼容，大多数 ROS 发行版都是根据各自的 Ubuntu 版本进行规划的。

图 1.2 展示了 ROS 网站上推荐使用的一些最新的 ROS 发行版（截至本书英文版撰写时）。

发行版	发布时间	海报	turtle	EOL 时间
ROS Melodic Morenia（推荐）	2018 年 5 月 23 日			2023 年 5 月（Bionic EOL）
ROS Lunar Loggerhead	2017 年 5 月 23 日			2019 年 5 月
ROS Kinetic Kame	2016 年 5 月 23 日			2021 年 4 月（Xenial EOL）

图 1.2　最新 ROS 发行版（图片来源：ros.org。基于知识共享授权协议 CC-BY-3.0：https://creativecommons.org/licenses/by/3.0/us/legalcode）

最新的 ROS 发行版是 Melodic Morenia，对此版本的支持时间将延续到 2023 年 5 月。这个最新的 ROS 发行版的一个问题是，目前大多数功能包都不可用，这是因为把功能包从以前的发行版迁移到该版本需要时间。如果读者正在寻找一个稳定的发行版，那么可以选择 ROS Kinetic Kame，该版本发行于 2016 年，大部分功能包都可以正常使用。不建议读者选择 ROS Lunar Loggerhead，因为该发行版的支持时间仅延续至 2019 年 5 月。

1.2.2　支持的操作系统

ROS 的主要目标操作系统是 Ubuntu。ROS 发行版是根据 Ubuntu 的发布版进行规划的。

目前，除了Ubuntu以外，Ubuntu ARM、Debian、Gentoo、macOS、Arch Linux、Android、Windows和OpenEmbedded也提供了对ROS不完全支持（部分功能不可用）。

表1.1展示了新的ROS发行版和支持的特定操作系统版本。

表1.1　ROS发行版及支持的操作系统版本

ROS发行版	支持的操作系统版本
Melodic Morenia（LTS）	Ubuntu 18.04（LTS）和17.10、Debian 8、macOS（Homebrew）、Gentoo以及Ubuntu ARM
Kinetic Kame（LTS）	Ubuntu 16.04（LTS）和15.10、Debian 8、macOS（Homebrew）、Gentoo以及Ubuntu ARM
Jade Turtle	Ubuntu 15.04、14.10和14.04、Ubuntu ARM、macOS（Homebrew）、Gentoo、Arch Linux、Android NDK以及Debian 8
Indigo Igloo（LTS）	Ubuntu 14.04（LTS）和13.10、Ubuntu ARM、macOS（Homebrew）、Gentoo、Arch Linux、Android NDK以及Debian 7

ROS Melodic和Kinetic均为长期支持版（Long-Term Support，LTS），支持时间与Ubuntu的长期支持版的支持时间一致。使用LTS发行版的优点是可以获得最长的支持寿命。

在下一节中，我们将介绍ROS支持的机器人和传感器。

1.2.3　支持的机器人及传感器

ROS框架是最成功的机器人技术框架之一，世界各地的大学都对其做出了贡献。由于其活跃的生态系统和开源性质，ROS广泛应用于大多数机器人，并且兼容主要的机器人硬件和软件。图1.3展示了一些完全在ROS上运行的著名机器人。

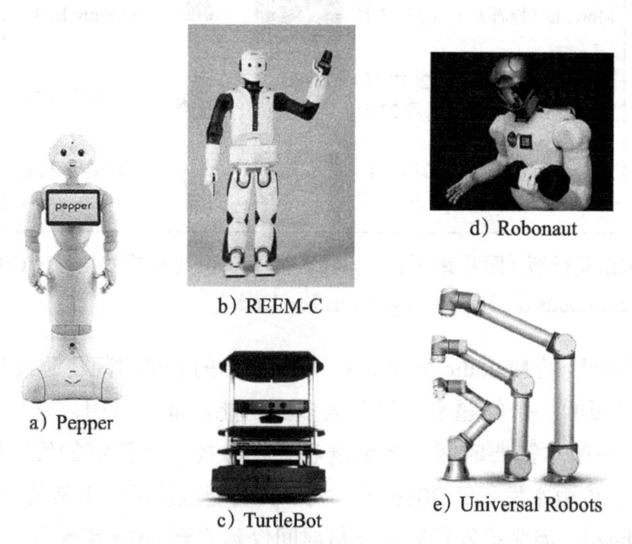

a）Pepper　b）REEM-C　c）TurtleBot　d）Robonaut　e）Universal Robots

图1.3　ROS支持的主流机器人型号（图片来源：ros.org。基于知识共享授权协议CC-BY-3.0：https://creativecommons.org/licenses/by/3.0/us/legalcode）

ROS支持的机器人型号详见http://wiki.ros.org/Robots。

读者可以从以下链接获取相应机器人的 ROS 功能包：

- Pepper：http://wiki.ros.org/Robots/Pepper。
- REEM-C：http://wiki.ros.org/Robots/REEM-C。
- TurtleBot 2：http://wiki.ros.org/Robots/TurtleBot。
- Robonaut：http://wiki.ros.org/Robots/Robonaut2。
- Universal 机械臂：http://wiki.ros.org/universal_robot。

图 1.4 展示了 ROS 支持的一些主流传感器。

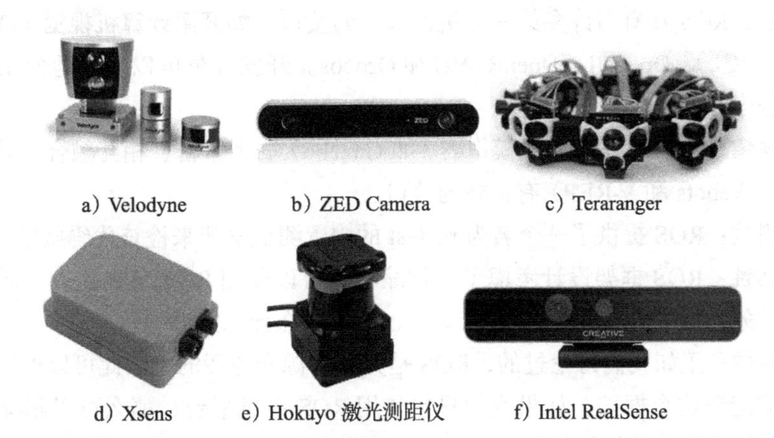

图 1.4 ROS 支持的主流传感器（图片来源：ros.org。基于知识共享授权协议 CC-BY-3.0：https://creativecommons.org/licenses/by/3.0/us/legalcode）

ROS 支持的传感器类型与型号详见 http://wiki.ros.org/Sensors。

以下是相应传感器的 ROS wiki 主页：

- Velodyne：http://wiki.ros.org/velodyne。
- ZED Camera：http://wiki.ros.org/zed-ros-wrapper。
- Teraranger：http://wiki.ros.org/teraranger。
- Xsens：http://wiki.ros.org/xsens_driver。
- Hokuyo 激光测距仪：http://wiki.ros.org/hokuyo_node。
- Intel RealSense：http://wiki.ros.org/realsense_camera。

下面，我们介绍 ROS 有哪些优势和特点。

1.2.4 为什么选择 ROS

构建 ROS 框架的主要目的是打造机器人的通用软件框架。尽管在 ROS 之前就有了许多机器人学的相关研究，但大多数软件都是各自的机器人独有的。这些独有的软件可能是开源的，但很难重用。

与现有的其他机器人框架相比，ROS 在以下方面表现出色：

- **协作开发**：正如我们讨论过的，ROS是开源的，可以免费用于工业界和学术界。开发人员可以通过添加功能包的方式扩展ROS的功能。几乎所有的ROS功能包都在一个硬件抽象层上工作，因此它可以很容易地被其他机器人应用程序重用。所以，如果一所大学擅长移动导航，另一所大学擅长机器人操控，则可以把相应的功能包贡献给ROS社区，这样其他开发人员就可以重用这些功能包并构建新的应用程序。
- **多语言支持**：ROS通信框架可以使用多种现代编程语言轻松实现。它支持的流行语言包括C++、Python和Lisp，此外它还有Java和Lua的实验库。
- **库集成**：ROS具有与许多第三方机器人库的接口，如**开源计算机视觉**（OpenCV）、**点云库**（PCL）、OpenNI、OpenRAVE和Orocos。开发人员可以轻松地使用这些库进行应用程序开发。
- **模拟器集成**：ROS还与开源模拟器（如Gazebo）联系紧密、相互融合，并与专有模拟器（如Webots和V-REP）有良好的接口。
- **代码测试**：ROS提供了一个名为rostest的内置测试框架来检查代码质量和错误。
- **可伸缩性**：ROS框架设计考虑了可伸缩性。可以使用ROS与机器人一起执行繁重的计算任务，其中ROS可以放在云上，也可以放在异构集群上。
- **可定制性**：正如我们讨论过的，ROS是完全开源和免费的，因此可以根据机器人的实际需求定制这个框架。如果我们只想使用ROS消息平台，那么可以删除所有其他组件并仅使用它。我们甚至可以为特定的机器人定制ROS以获得更好的性能。
- **社区**：ROS是一个社区驱动的项目，主要由OSRF领导。大型社区支持是ROS的一大优势，这意味着我们可以轻松地开始机器人应用程序开发。

以下是可与ROS集成的库和模拟器的URL：

- OpenCV：http://wiki.ros.org/vision_opencv。
- PCL：http://wiki.ros.org/pcl_ros。
- OpenNI：http://wiki.ros.org/openni_launch。
- OpenRAVE：http://openrave.org/。
- Orocos：http://www.orocos.org/。
- V-REP：http://www.coppeliarobotics.com/。

下面让我们了解ROS的一些基本概念，这些概念是ROS项目的基础。

1.3　ROS基础

了解ROS的基本工作流程及其术语，可以帮助读者理解已有的ROS应用程序，并在此基础上构建自己的应用程序。这一节将向读者介绍重要的概念，这些概念在接下来的章节中将会使用到。如果读者发现本章中缺少某个主题，请放心，稍后将在相应的章节中进行介绍。

ROS有三个不同层级的概念，分别是文件系统层级、计算图层级和ROS社区层级。

1.3.1 文件系统层级

文件系统层级解释了 ROS 文件在硬盘上的组织方式，如图 1.5 所示。

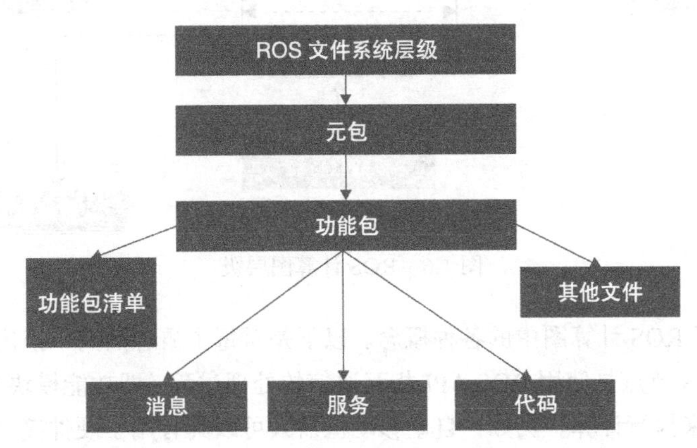

图 1.5 ROS 文件系统层级

从图 1.5 中可以看到，ROS 中的文件系统主要可以分类为元包、功能包、功能包清单、消息、服务、代码和其他文件。以下是对每个组件的简单描述：

- **元包**：元包将特定应用程序的包列表分组。例如，在 ROS 中，有一个名为 navigation（导航）的元包，用于移动机器人导航。它可以保存相关功能包的信息，并在自己的安装过程中帮助安装这些相关功能包。
- **功能包**：ROS 中的软件主要被组织为 ROS 功能包。可以说 ROS 功能包是 ROS 的原子构建单元。功能包可以由 ROS 节点 / 进程、数据集和配置文件组成，所有这些内容都被组织在一个模块中。
- **功能包清单**：每个功能包中都有一个名为 `package.xml` 的清单文件。此文件包含功能包的名称、版本、作者、许可证和依赖项等信息。元包的 `package.xml` 文件由相关功能包的名称组成。
- **消息**：ROS 通过发送 ROS 消息进行通信。消息数据的类型可以在扩展名为 .msg 的文件中定义。这些文件称为消息文件。在这里，我们将遵循一个约定，即将消息文件放在 `our_package/msg/message_files.msg` 下。
- **服务**：计算图层级概念之一是服务。与 ROS 消息类似，我们约定将服务定义放在 `our_package/srv/service_files.srv` 下。

1.3.2 计算图层级

ROS 计算图是一个基于点对点的网络，它将所有信息一起处理。ROS 图的概念包括节点、话题、消息、节点管理器、参数服务器、服务和数据包，具体如图 1.6 所示。

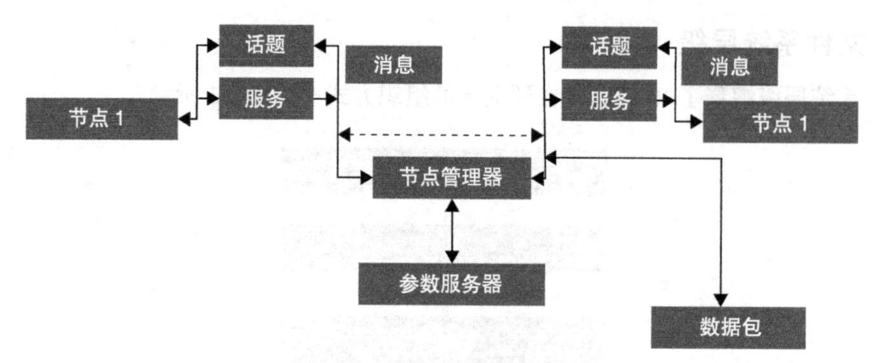

图 1.6　ROS 计算图层级

图 1.6 展示了 ROS 计算图中的各种概念。以下是对每个概念的简单描述：

- **节点**：ROS 节点是使用 ROS API 相互通信的处理过程（即功能模块）。机器人可能有许多节点来执行计算。例如，自主移动机器人可以具有用于硬件接口、读取激光扫描以及定位和地图构建的节点。我们可以使用 `roscpp` 和 `rospy` 等 ROS 客户端库创建 ROS 节点，我们将在 1.4 节中讨论这些。
- **节点管理器**：ROS 节点管理器（后简称 master）作为中间节点工作，帮助在不同的 ROS 节点之间建立连接。master 拥有在 ROS 环境中运行的所有节点的所有细节。它可以在节点之间交换各类信息，以便在节点之间建立连接。交换相应信息后，两个 ROS 节点之间即可开始通信。
- **参数服务器**：参数服务器在 ROS 中具有重要作用。节点可以在参数服务器中存储变量并设置其隐私权限。如果参数具有全局作用域，则其他所有节点都可以访问它。ROS 参数服务器与 master 一起运行。
- **消息**：ROS 节点可以通过多种方式相互通信。在各种通信方式中，节点均以 ROS 消息的形式发送和接收数据。ROS 消息是 ROS 节点用来交换数据的数据结构。
- **话题**：在两个 ROS 节点之间通信和交换 ROS 消息的方法之一称为 ROS 话题。话题是使用 ROS 消息交换数据的命名总线。每个话题都有一个特定的名称，一个节点将数据发布到一个话题，另一个节点可以通过订阅该话题来读取数据。
- **服务**：服务是另一种通信方法，其功能类似于话题。话题使用发布或订阅交互，而服务使用请求或回复方法。一个节点将充当服务提供者，在其中运行服务例程，而客户端节点从服务器请求服务。服务器将执行服务例程并将结果发送给客户端。客户端节点将会等待服务器响应并提供结果。
- **数据包**：数据包是 ROS 提供的一个有效工具，用于记录和回放 ROS 话题。当开展机器人相关研究时，可能有些情况下我们需要在没有实际硬件的情况下工作。使用 `rosbag`，我们可以记录传感器数据，并将数据包文件复制到其他计算机上，通过回放来检查数据以及应用程序的执行结果。

1.3.3　ROS 社区层级

自诞生至今，ROS 社区正以更为迅猛的速度发展。读者可以找到 2000 多个由社区积极支持、修改和使用的功能包。社区层级包括用于共享软件和知识的 ROS 资源，如图 1.7 所示。

图 1.7　ROS 社区层级

以下是图 1.7 的每个部分的简要说明：

- **发行版**：ROS 发行版是 ROS 功能包的版本化集合，类似于 Linux 发行版。
- **资源仓库**：与 ROS 相关的功能包和文件依赖于**版本控制系统**（Version Control System，VCS），如 Git、SVN 和 Mercurial，世界各地的开发人员可以通过这个系统为功能包做出贡献。
- **ROS Wiki**：ROS 社区 Wiki 是 ROS 的知识中心，任何人都可以在其中创建其功能包的文档。读者可以在 ROS Wiki 上找到关于 ROS 的标准文档和教程。
- **邮件列表**：订阅 ROS 邮件列表可以让用户获得关于 ROS 功能包的最新更新，同时用户还可以通过邮件列表询问关于 ROS 的问题，网址为 http://wiki.ros.org/Mailing%20Lists?action=show。
- **ROS Answers**：ROS Answers 网站是 ROS 的 stack overflow。用户可以询问有关 ROS 和相关领域的问题，网址为 http://answers.ros.org/questions/。
- **博客**：ROS 博客定期更新 ROS 社区相关活动的照片和视频，网址为 http://www.ros.org/news。

下一节将介绍如何在 ROS 中进行通信。

1.3.4　ROS 中的通信

下面介绍 ROS 中两个节点如何使用 ROS 话题相互通信。图 1.8 展示了节点间通过话题进行通信的过程。

如图 1.8 所示，有两个节点分别名为 talker 和 listener。talker 节点将名为 Hello World 的字符串消息发布到名为 /talker 的话题中，而 listener 节点订阅此话题。整个过程包含了三个阶段，在图中分别标记为（1）、（2）和（3），让我们看看每个阶段发生了什么：

（1）：在运行 ROS 中的任何节点之前，我们首先启动 master。启动后，它将等待其他节点。当 talker 节点（发布者）开始运行时，它将连接到 master，并与 master 交换其所要发布话题的详细信息，包括话题名称、消息类型和发布节点 URI。master 的 URI 是一个全局值，所有节点都可以连接到它。master 通过列表维护与其连接的发布者。每当发布者的详细信息发生更改时，列表将自动更新。

（2）：当我们启动 listener 节点（订阅者）时，它将连接到 master 并交换节点的详细信息，例如要订阅的话题、其消息类型和节点 URI。与发布者类似，master 也维护一个订阅者列表。

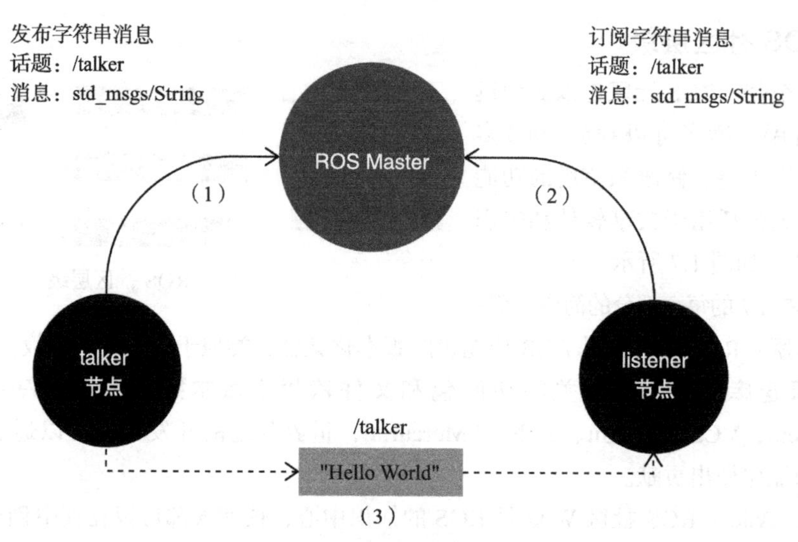

图 1.8　ROS 节点通过话题进行通信的过程

（3）：每当出现针对同一话题的订阅者和发布者时，master 将进行订阅者和发布者 URI 的交换，帮助两个节点建立连接和交换数据。订阅者和发布者建立连接后，就不需要 master 的角色了。数据并不流经 master，而是直接在相互连接的节点间交换消息。

有关节点、名称空间和用法的更多信息，请访问 http://wiki.ros.org/Nodes。

现在我们已经了解了 ROS 通信的基本原理，接下来介绍几个 ROS 客户端库。

1.4　ROS 客户端库

ROS 客户端库用于编写 ROS 节点。所有的 ROS 概念都在客户端库中实现。所以，我们可以直接使用 ROS 客户端库（来编写自己的节点，也就是应用程序），而不必从头开始实现任何东西。我们可以使用客户端库实现具有发布者和订阅者功能的 ROS 节点，或者编写服务回调函数等。

ROS 客户端库主要是 C++ 和 Python 语言库，另外还有 Lisp 语言库。以下是比较受用户欢迎的 ROS 客户端库：

- `roscpp`：这是构建 ROS 节点最推荐且应用最广泛的 ROS 客户端库之一。该客户端库实现了大多数的 ROS 概念，可以用于编写高性能应用程序。
- `rospy`：这是 ROS 客户端库的纯 Python 实现。这个库的优势在于它易于原型化，这意味着开发应用程序的时间没有那么长。虽然不建议用于高性能应用程序开发，但它非常适用于非关键任务。
- `roslisp`：这是 Lisp 语言实现的客户端库，通常用于构建机器人规划库。

读者可以在 http://wiki.ros.org/Client%20Libraries 中找到所有 ROS 客户端库的详细信息。

下一节我们将对各种具有不同功能的 ROS 工具进行概述。

1.5 ROS 工具

ROS 提供了各种 GUI 和命令行工具来检查和调试消息。当读者在一个涉及大量软件包集成的复杂项目中进行开发工作时，这些工具将非常有用——能够帮助开发人员确定话题和消息是否以正确的格式发布，以及是否能够满足用户的需要。下面我们介绍一些常用的 ROS 工具。

1.5.1 ROS 的可视化工具 RViz

RViz（http://wiki.ros.org/rviz）是 ROS 提供的三维可视化工具之一，可以将 ROS 话题和参数中的数值以二维或三维的形式可视化。RViz 主要用于各类数据的可视化，如机器人模型、机器人三维变换数据（TF）、点云、激光和图像数据，以及其他各种不同的传感器数据，一个例子如图 1.9 所示。

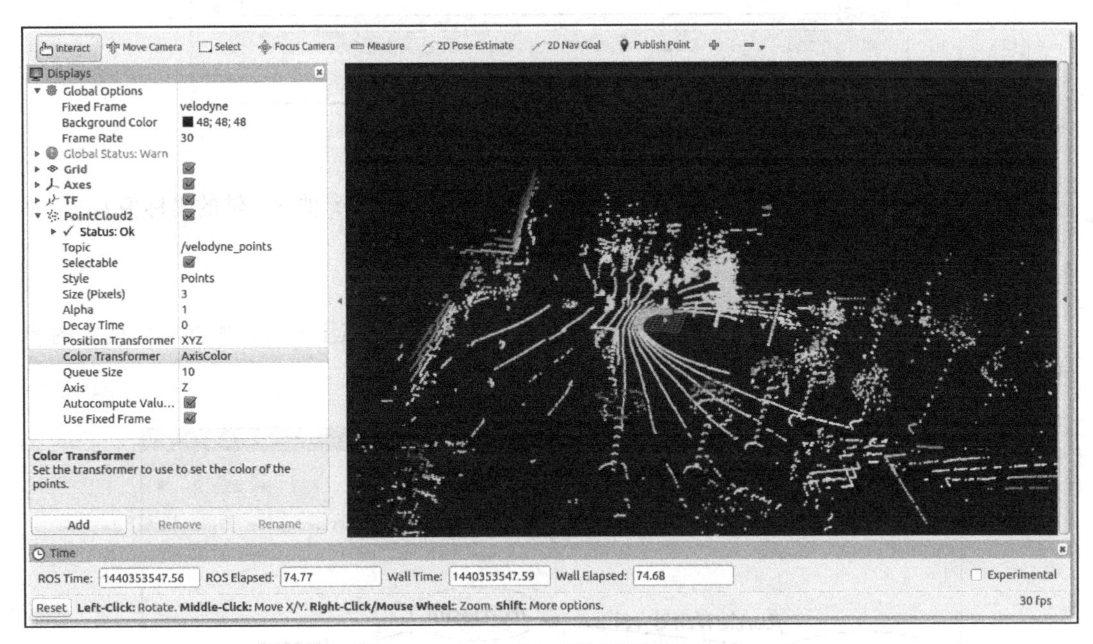

图 1.9 RViz 下点云数据可视化图示

图 1.9 显示了一个安装在自动驾驶汽车上的 Velodyne 传感器的三维点云扫描数据。

1.5.2 rqt_plot

`rqt_plot` 程序（http://wiki.ros.org/rqt_plot）是一个用于绘制 ROS 话题形式的标量值

的工具。我们可以在话题框中提供话题名称，并将相应话题的变量数据绘制出来，如图 1.10 所示。

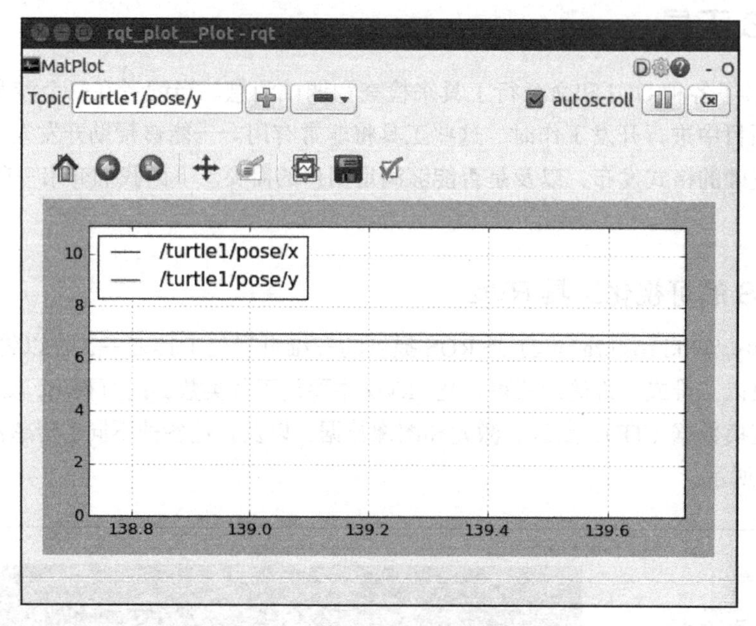

图 1.10　rqt_plot 图示

图 1.9 是来自 turtle_sim 节点的位姿（pose）图（包含了 x 轴和 y 轴的坐标值）。

1.5.3　rqt_graph

rqt_graph（http://wiki.ros.org/rqt_graph），是一个 ROS GUI 工具，能够以可视化的形式展示 ROS 节点之间的相互连接关系，如图 1.11 所示。

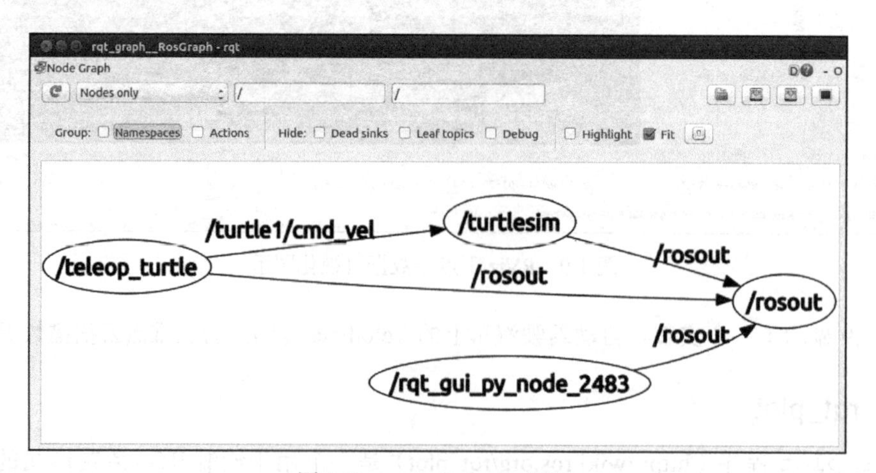

图 1.11　rqt_graph 图示

http://wiki.ros.org/Tools 提供了 ROS 工具的完整列表。

至此，我们对 ROS 工具有了简单的了解，下面我们将介绍不同的 ROS 模拟器。

1.6　ROS 模拟器

与 ROS 紧密集成的开源机器人模拟器之一是 Gazebo（http://gazebosim.org）。Gazebo 是一个动态的机器人模拟器，提供了对各种各样的机器人模型和传感器的广泛支持。可以通过添加插件的形式对 Gazebo 的功能进行扩展。ROS 可以通过话题、参数和服务访问传感器值。当模拟程序需要与 ROS 完全兼容时，推荐使用 Gazebo。通常情况下，大多数机器人模拟器都是专有的，而且价格昂贵；如果读者无法负担专用机器人模拟器软件的费用，则可以直接使用 Gazebo，而不需要考虑任何问题。典型的 Gazebo 模拟器如图 1.12 所示。

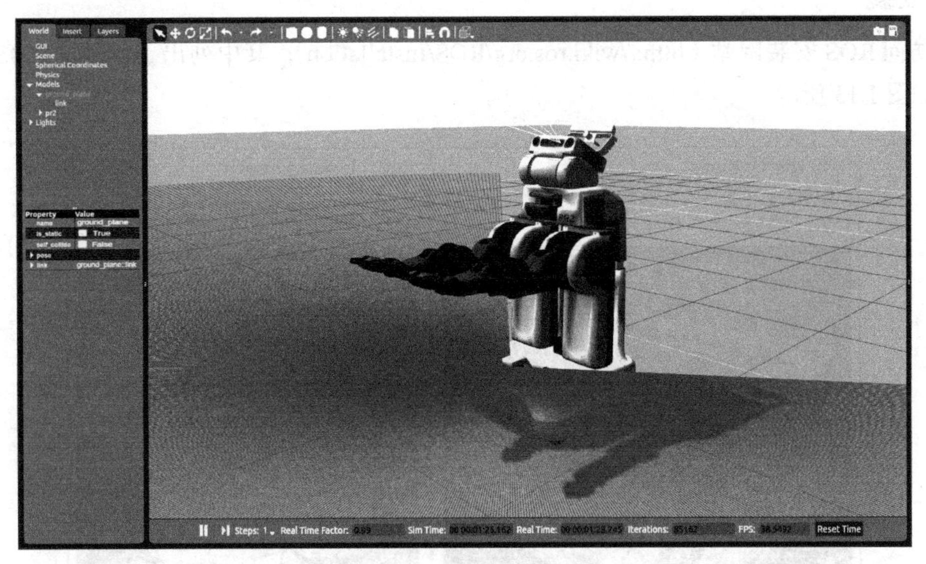

图 1.12　Gazebo 模拟器

图 1.12 是一个来自 OSRF 的 PR2 机器人模型。感兴趣的读者可以在 https://github.com/pr2/pr2\ucommon 的 description 文件夹中找到该模型。

读者可以在 http:/ /wiki. ros. org/ gazebo 中找到 Gazebo 的 ROS 接口。

简要了解了 ROS 的模拟器之后，下面我们将介绍在 Ubuntu 上安装 ROS Melodic 的过程。

1.7　在 Ubuntu 18.04 LTS 上安装 ROS Melodic

正如我们已经讨论过的，有多种 ROS 发行版可供下载和安装，因此根据我们的需要选择正确的发行版可能会令人困惑。以下是选择发行版时的常见问题和答案：

- 问：我应该选择哪个发行版以获得最大支持？

  答：如果你希望获得最大的支持，请选择一个 LTS 版本。最好选择次新的 LTS 发行版。

- 问：如果我想要体验 ROS 的最新特性，那么应该选择哪一个版本？

  答：请选择最新版本，但可能无法在发布后立即获得最新的完整功能包，一般可能要几个月后才能得。这是因为将完整的官方功能包从上一个发行版迁移到新的发行版需要时间。

本书将主要基于两个 LTS 发行版：ROS Kinetic，一个稳定的发行版；ROS Melodic，目前最新的发行版。本书后面的章节将使用 ROS Melodic。

开始安装

访问 ROS 安装网站（http://wiki.ros.org/ROS/Installation），其中列出了最新的 ROS 发行版，如图 1.13 所示。

ROS Kinetic Kame
2016年5月发布
LTS，支持至2021年4月
KINETIC
KAME
ROS
ROS Melodic Morenia
2018年5月发布
最新LTS，支持至2023年5月
Melodic
Morenia
ROS

图 1.13　ROS 网站显示的最新发行版

单击 ROS Kinetic 或 ROS Melodic 对应的图片，将会跳转至对应发行版的完整安装说明页面。

下面我们将对最新 ROS 发行版的安装步骤进行说明。

1. 配置 Ubuntu 仓库

我们将在 Ubuntu 18.04 上从 ROS 功能包仓库安装 ROS Melodic。仓库需要具有预先构建的 .deb 格式的 ROS 二进制文件。为了能够使用 ROS 仓库中的功能包，我们必须首先配置 Ubuntu 的仓库选项。

读者可以从 https://help.ubuntu.com/community/Repositories/Ubuntu 查询不同类型的 Ubuntu

仓库的详细信息。

可以按以下步骤进行仓库的配置：

1）在 Ubuntu 的搜索栏中搜索 Software & Updates，如图 1.14 所示。

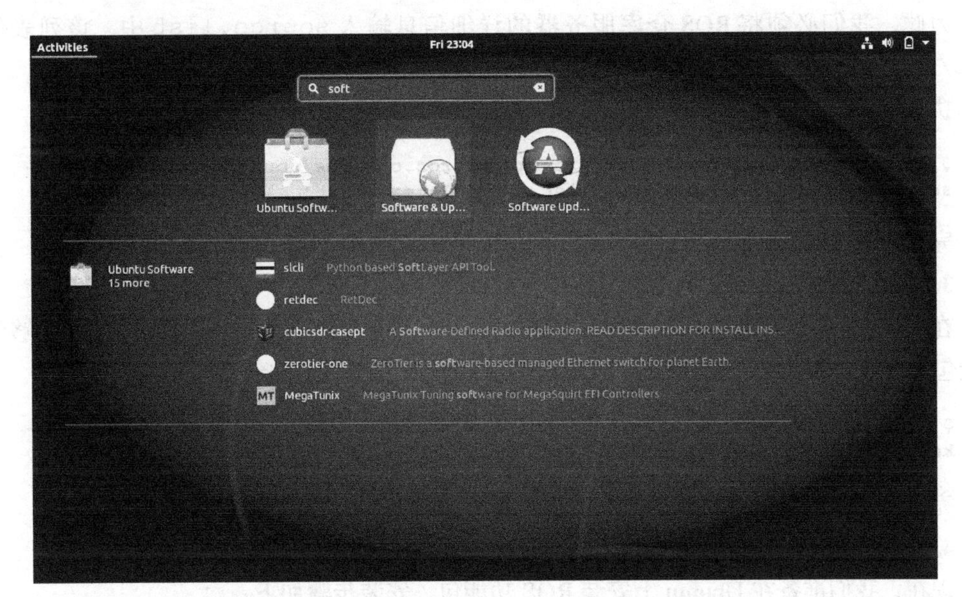

图 1.14　Ubuntu 的 Software & Updates 界面

2）单击 Software & Updates 并启用所有的 Ubuntu 仓库（即勾选所有仓库前的方框），如图 1.15 所示。

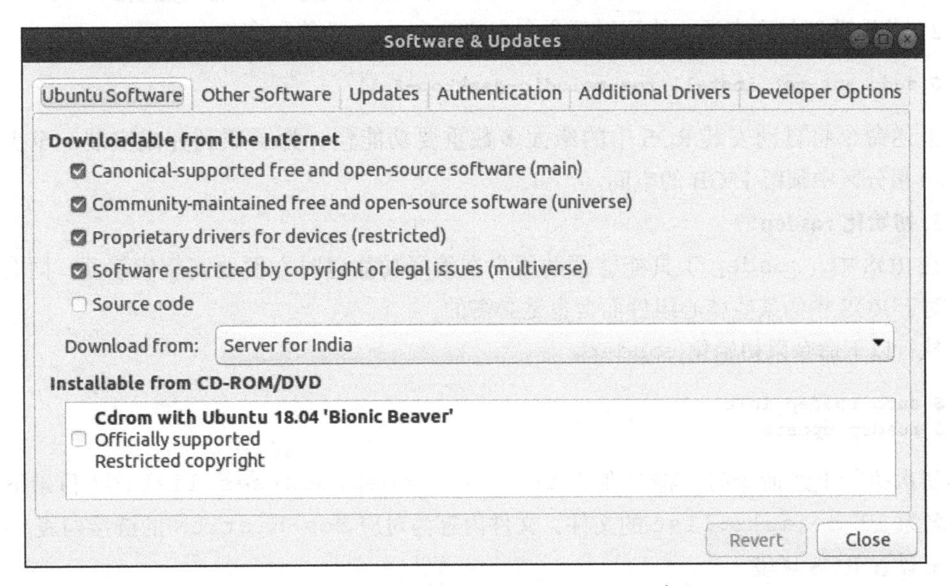

图 1.15　Ubuntu 的 Software & Updates 中心

至此我们已经完成了仓库的设置，下面继续进行下一步。

2. 设置 source.list

下一步是允许获取来自 ROS 仓库服务器的 ROS 功能包 `packages.ROS.org` 的访问权。为此，我们必须将 ROS 仓库服务器的详细信息输入 `source.list` 中，该列表位于 `/etc/apt/`。

执行以下命令来完成上述过程：

```
$ sudo sh -c 'echo "deb http://packages.ros.org/ros/ubuntu $(lsb_release -
sc) main" > /etc/apt/sources.list.d/ros-latest.list'
```

完成以后，我们就可以设置密钥了。

3. 设置密钥

在向 Ubuntu 中添加新的仓库时，需要添加相应的密钥，以确保其可信性，并能够验证功能包的来源。因此，在开始安装 ROS 之前，应将以下密钥添加到 Ubuntu：

```
$ sudo apt-key adv --keyserver hkp://ha.pool.sks-keyservers.net:80 --recv-
key 421C365BD9FF1F717815A3895523BAEEB01FA116
```

完成上述步骤后，就可以从授权的服务器上下载 ROS 并安装了。

4. 安装 ROS Melodic

现在，我们准备在 Ubuntu 上安装 ROS 功能包。安装步骤如下：

1）更新 Ubuntu 上的功能包列表，即执行以下命令来更新列表：

```
$ sudo apt-get update
```

执行上述命令后，系统将从 `source.list` 中的服务器获取所有功能包。

2）获取功能包列表后，使用以下命令安装整个 ROS 功能包套件：

```
$ sudo apt-get install ros-melodic-desktop-full
```

上述命令将自动安装 ROS 中的绝大多数重要功能包。为了顺利完成安装，至少要在 Ubuntu 根分区中预留 15GB 的空间。

5. 初始化 rosdep

在 ROS 中，`rosdep` 工具能够帮助用户在编译功能包时方便地安装依赖项，同时，该工具对于 ROS 中的某些核心组件而言也是必需的。

执行以下命令以初始化 `rosdep`：

```
$ sudo rosdep init
$ rosdep update
```

初次执行上述命令时，将会在 `/etc/ros/rosdep/sources.list.d/` 目录下创建一个名为 `20-default.list` 的文件，文件内容为对应 `ros-distros` 的链接列表。

6. 设置 ROS 环境

完成前面的步骤之后，我们就已经完成了 ROS 的安装过程，下面我们需要对 ROS 环境进行设置。

安装 ROS 主要涉及各种脚本和可执行文件，安装目录为 /opt/ros/<ros_version>。

为了访问这些命令和脚本，我们需要向 Ubuntu 终端添加 ROS 环境变量。相关操作很简单，只需要通过 source 命令将相关设置文件进行配置即可：

```
$ source /opt/ros/melodic/setup.bash
```

但是，为了在多个终端中获得 ROS 环境，我们应该将命令添加到位于主文件夹中的 .bashrc 脚本中。这样每次打开新终端时，都将读取 .bashrc 脚本，从而加载 ROS 环境变量，具体操作为执行以下命令：

```
$ echo "source /opt/ros/melodic/setup.bash" >> ~/.bashrc
$ source ~/.bashrc
```

我们可以在同一个 Ubuntu 操作系统中安装多个 ROS 版本。如果读者安装了多个版本的 ROS，则可以通过改变上述命令中的发行版名称来切换使用不同版本的 ROS。

7. 安装 rosinstall

在安装过程的最后，我们将安装名为 rosinstall 的 ROS 命令，用来为特定的 ROS 功能包安装源代码树。该工具基于 Python，读者可以使用以下命令安装它：

```
$ sudo apt-get install python-rosinstall
```

至此，我们已经完成了 ROS 的安装。只需运行以下命令检查安装是否成功：

- 打开一个终端窗口，运行 roscore 命令：

```
$ roscore
```

- 打开新的终端窗口，运行 turtlesim 节点：

```
$ rosrun turtlesim turtlesim_node
```

如果上述安装过程无误，则执行上述命令将出现图 1.16 所示的界面。

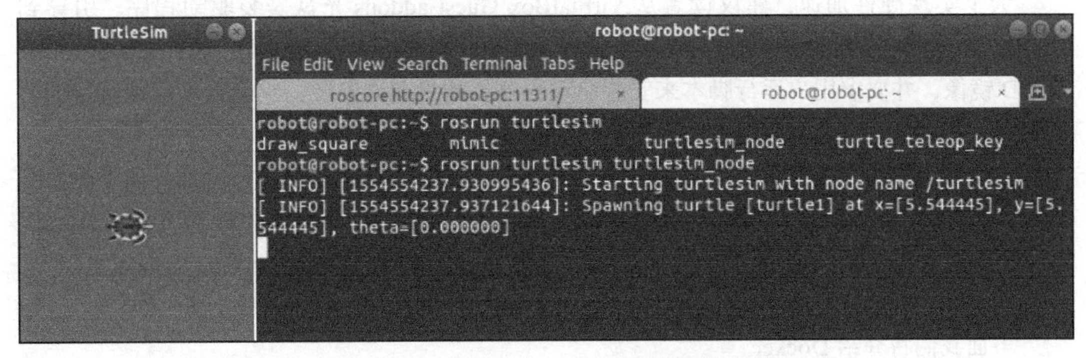

图 1.16 turtlesim 节点的 GUI 及显示位姿信息的终端窗口

读者可以尝试重启几次 turtlesim 节点，将会看到外形不同的乌龟形象。如果读者能

够看到 `turtlesim` 节点的运行，则表明已经在 Ubuntu 中成功安装了 ROS。下面我们将介绍在虚拟环境 VirtualBox 中设置 ROS 的过程。

1.8 在 VirtualBox 上设置 ROS

如前所述，ROS 目前仅支持 Ubuntu 操作系统。那么，Windows 系统以及 macOS 系统用户怎样体验 ROS 呢？对于其他两种操作系统用户，可以通过虚拟机软件 VirtualBox（https://www.virtualbox.org/）体验 ROS。通过 VirtualBox，我们可以在计算机中安装一个不影响原操作系统的虚拟操作系统。该虚拟操作系统能够以特定的配置与源操作系统平行运行，特定配置包括处理器、内存以及硬盘空间等。

读者可以从 https://www.virtualbox.org/wiki/Downloads 下载对应操作系统版本的 VirtualBox 安装包。

在 VirtualBox 中安装 Ubuntu 系统的完整过程可以参考 https://www.youtube.com/watch?v=QbmRXJJKsvs 中的入门视频。

图 1.17 为 VirtualBox 的一个运行界面。读者可以在左侧看到已安装的虚拟操作系统列表，虚拟系统的性能参数则显示于右侧界面中。顶部的工具栏包含了新建虚拟机、启动已有虚拟机等按钮。图中还显示了推荐的虚拟机配置。

上述虚拟机的主要配置参数如下：

- CPU 数：1。
- RAM：4GB。
- 显示 | 视频存储器：128M。
- 加速性能：3D。
- 存储空间：20 ～ 30GB。
- 网络适配器：NAT（Network Address Translation，网络地址转换）。

为了实现硬件加速，建议读者从 VirtualBox Guest addons 光盘安装驱动程序。引导到 Ubuntu 桌面后，导航到 Devices | Insert Guest Addition CD Image。上述操作将在 Ubuntu 中装载 CD 镜像，并要求用户运行脚本来安装驱动程序。如果允许安装，它会自动安装所有的驱动程序。重新启动后，读者将以完全加速的性能运行 Ubuntu 客户机。

在 VirtualBox 上安装 ROS 的过程与实际的 Ubuntu 系统安装过程没有区别。如果虚拟网络适配器处于 NAT 模式，则主机操作系统的 Internet 连接将与虚拟操作系统共享，因此虚拟操作系统可以像实际操作系统一样工作。至此，我们完成了在 VirtualBox 上设置 ROS 的过程。

下面我们将介绍 Docker。

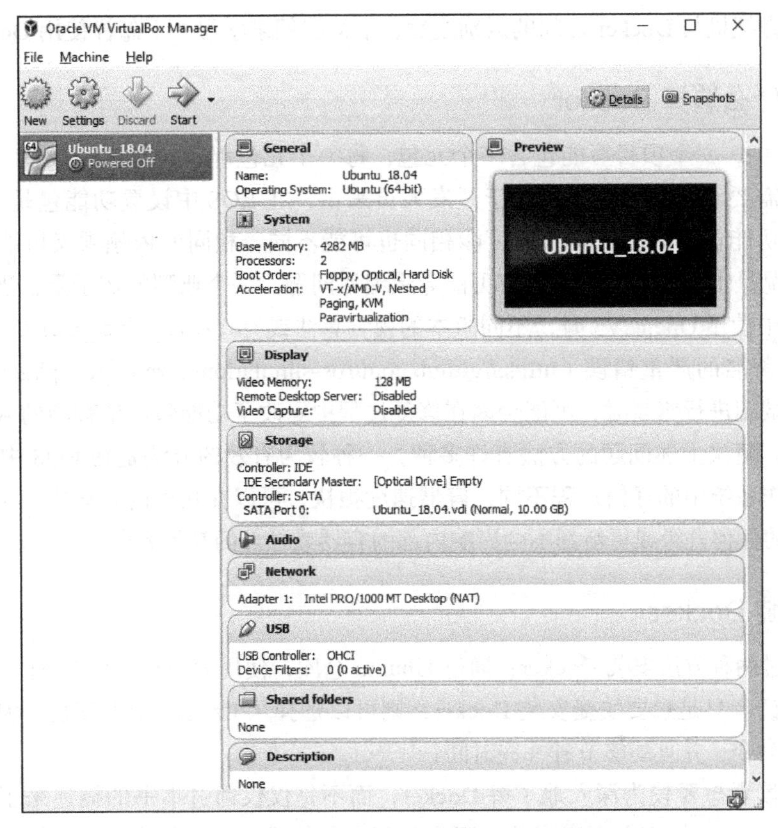

图 1.17 VirtualBox 运行界面及推荐的虚拟机配置

1.9 Docker 简介

Docker 是一款免费软件，与将其引入开源社区的公司同名。读者可能听说过 Python 中的虚拟环境，可以在其中为项目创建独立的环境并安装专用的依赖项，这些依赖项不会对其他环境中的其他项目造成任何影响。Docker 与 Python 的虚拟环境类似，我们可以通过 Docker 为项目创建称为**容器**的独立环境。容器的工作方式类似于虚拟机，但与虚拟机有所不同。虚拟机在硬件层上需要一个单独的操作系统，但容器不在硬件层上独立工作，而是仅共享主机的资源。这有助于消耗更少的内存，而且它通常比虚拟机更快。图 1.18 展示了两者之间的区别。

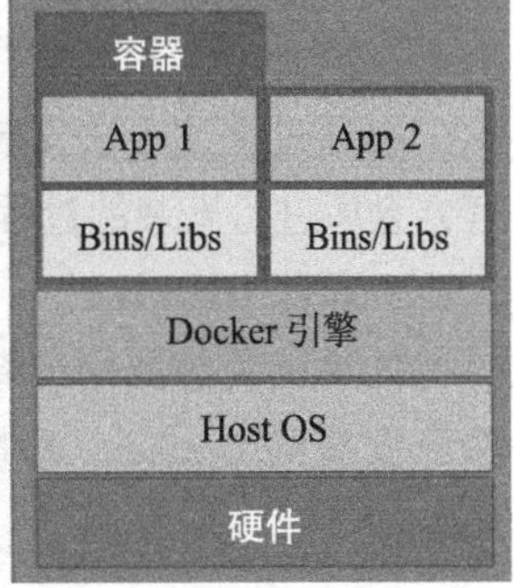

图 1.18 虚拟机与 Docker 的区别

了解了虚拟机与 Docker 之间的区别之后，下面我们来学习一下怎样使用 Docker。

1.9.1　为什么选择 Docker

在 ROS 中，一个项目可能包含多个元包，每一个元包都包含对应的子包，每一个包的正常工作都需要对应的依赖项。对于开发人员来说，在 ROS 中设置功能包是非常麻烦的，因为不同的功能包使用的依赖项既可能相同也可能不同，相同的依赖项又可能是不同的版本，这些情况是十分常见的，而又有可能导致编译问题。一个典型的例子是，当我们想要在 ROS Indigo 中使用 OpenCV3 时，不同版本的视觉算法或 `gazebo_ros_controller` 功能包将会导致著名的严重错误（https://github.com/ros-simulation/gazebo_ros_pkgs/issues/612）。当开发人员试图进行修复时，可能会因在修复过程中更改了功能包或依赖项的版本而导致项目无法工作。解决上述问题的方法有许多种，一种较为有效的方法是在 ROS 中使用 Docker 容器。与操作系统中的任何进程不同，容器速度很快，可以在几秒内启动或停止。操作系统或软件包上的任何升级或更新都不会影响内部的容器或外部的其他容器。

1.9.2　安装 Docker

可以通过两种方法安装 Docker：通过 Ubuntu 仓库；使用 Docker 官方仓库。

- 如果读者只是想要快捷安装 Docker，则可以选择从 Ubuntu 仓库安装，因为只需执行一行命令，并且能够节省一些时间；
- 如果读者想要较为深入地了解 Docker，而不是仅仅通过本书的概述来了解，则推荐通过 Docker 的官方仓库安装，因为其版本更加稳定，有相应 bug 的修复，还有一些新的特性。

> 在进行安装之前，请执行以下命令来对 `apt` 包索引进行更新：`$ sudo apt-get update`

1. 从 Ubuntu 仓库安装 Docker

从 Ubuntu 仓库安装 Docker 只需执行以下命令：

```
$ sudo apt-get install docker.io
```

在通过上述方法安装 Docker 之后，如果读者想要移除 Docker，或者想要体验从 Docker 官方仓库进行安装的过程，则可以通过下面的方法将已经安装的 Docker 移除。

2. 移除 Docker

如果读者想要用最新的稳定版 Docker 替换已经安装的旧版本，则可以使用以下命令移除已安装的 Docker，移除之后，即可从 Docker 官方仓库安装最新的 Docker。移除的命令如下：

```
$ sudo apt-get remove docker docker-engine docker.io containerd runc
```

上述命令是移除Docker的通用命令，将移除Docker、docker-engine、docker.io（这些是旧版本的名称），如果有运行时容器的话，也会一同移除。

3. 从Docker仓库安装

从Docker仓库安装的步骤如下：

1）执行以下命令：

```
$ sudo apt-get install apt-transport-https ca-certificates curl
gnupg-agent software-properties-common
```

2）添加源自Docker的官方GPG密钥：

```
$ curl -fsSL https://download.docker.com/linux/ubuntu/gpg | sudo
apt-key add -
```

3）执行以下命令来配置Docker官方仓库：

```
$ sudo add-apt-repository "deb [arch=amd64]
https://download.docker.com/linux/ubuntu bionic stable"
```

官方Docker提供了三个更新通道，分别是稳定通道、夜间通道以及测试通道。测试通道提供用于可用性测试的预发行版，夜间通道是正在开发中的版本或beta版本，稳定通道是已修复bug的最终确定版本。Docker团队的最佳建议是稳定通道；但是，感兴趣的读者可以通过将stable替换为nightly或test来测试其他两个通道。

4）再次更新apt包索引：

```
$ sudo apt-get update
```

5）使用以下命令安装Docker包：

```
$ sudo apt install docker-ce
```

6）使用上述两种方法中的任意一种完成Docker的安装后，均可以使用以下命令查看Docker的版本：

```
$ docker --version
```

当前Ubuntu仓库中的最新版本为17.12，Docker官方仓库的最新版本则是18.09（稳定版）。

默认情况下，Docker只能作为根用户运行。为便于运行，读者可以使用以下命令将自己的用户名添加到Docker组：

```
$ sudo usermod -aG docker ${USER}
```

为了使得设置生效，需要重启系统，否则可能会遇到“permission denied”（权限拒绝）

错误，如图 1.19 所示。

```
robot@robot-pc: ~
File Edit View Search Terminal Help
robot@robot-pc:~$ docker pull ros:melodic-ros-core
Got permission denied while trying to connect to the Docker daemon socket at uni
x:///var/run/docker.sock: Post http://%2Fvar%2Frun%2Fdocker.sock/v1.39/images/cr
eate?fromImage=ros&tag=melodic-ros-core: dial unix /var/run/docker.sock: connect
: permission denied
robot@robot-pc:~$
```

图 1.19 权限拒绝错误

上述错误的一个快速修复方法是在任何 Docker 命令之前使用 `sudo`。

4. 使用 Docker

容器由 Docker 镜像构建，这些镜像可以从 Docker Hub（https://hub.docker.com/）中提取。我们可以使用以下命令从 `ros` 仓库中提取 ROS 容器：

```
$ sudo docker pull ros:melodic-ros-core
```

如果命令运行无误，将得到如图 1.20 所示的输出。

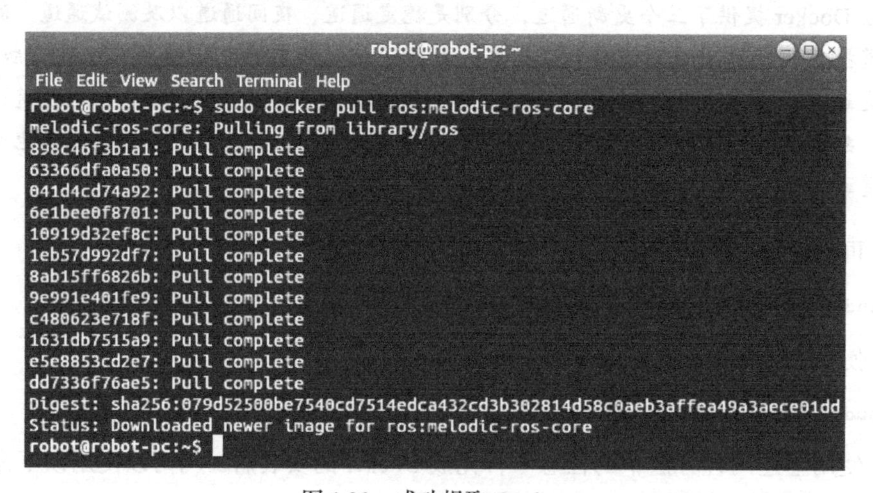

图 1.20 成功提取 Docker

读者可以指定特定的 ROS 版本来工作。对于任何应用程序，最好的建议是从 `melodic-core` 开始，因为在这里可以继续工作并更新与项目目标相关的容器，而不必安装其他不必要的组件。读者可以使用以下命令查看 Docker 镜像：

```
$ sudo docker images
```

默认情况下，所有的容器均保存在 `/var/lib/docker` 目录下。使用前面的命令，可以标识仓库名称和标记。在本书的例子中，对于 `ros` 仓库名称，相应的标记是 `melodic-ros-core`。因此，可以使用以下命令运行 ros 容器：

```
$ sudo docker run -it ros:melodic-ros-core
```

$ docker images 命令提供的其他信息是容器 ID，在本书的例子中是 7c5d1e1e5096。当读者想移除容器时，将会用到该 ID 信息。进入 Docker 后，可以使用以下命令检查可用的 ROS 功能包：

```
$ rospack list
```

运行和退出 Docker 时，将会创建另一个容器，因此对于初学者来说，经常会在不知不觉中创建一系列容器。读者可以使用 $ docker ps -a 或 $ docker ps -l 查看所有活动 / 非活动的容器或最新的容器，并使用 $ docker rm <docker_name> 删除容器。要继续在同一容器中工作，可以使用以下命令：

```
$ sudo docker start -a -i silly_volhard
```

这里，silly_volhard 是所创建容器的默认名称。

现在，你打开了同一容器，则可以安装 ROS 功能包并将相应的更改提交给 Docker。使用下面的命令安装 actionlib_tutorials 功能包：

```
$ apt-get update
$ apt-get install ros-melodic-actionlib-tutorials
```

现在，当再次检查 ROS 功能包列表时，将能够查看到一些额外的功能包。由于你已经修改了容器（安装了上述功能包），所以在重新打开 Docker 镜像时需要提交修改。使用以下命令退出容器并提交修改：

```
$ sudo docker commit 7c5d1e1e5096 ros:melodic-ros-core
```

现在我们已经在 Ubuntu 和 VirtualBox 上安装了 ROS，下面让我们学习如何设置 ROS 工作空间。

1.10 设置 ROS 工作空间

在实际的计算机、虚拟机或 Docker 中安装和配置了 ROS 之后，下一步是在 ROS 中创建工作空间。ROS 下的工作空间是我们存放 ROS 功能包的地方。在最新的 ROS 发行版中，我们使用基于 catkin 的工作空间构建和安装 ROS 功能包。catkin 系统（http://wiki.ros.org/catkin）是 ROS 的官方构建系统，能够帮助用户在工作空间中将源代码编译为可执行目标文件或链接库。

构建 ROS 工作空间并不困难，只需要在终端中执行以下步骤：

1）创建一个空的工作空间文件夹和另一个名为 src 的文件夹来存储 ROS 功能包。以下命令将为我们执行此操作。此处的工作空间文件夹名为 catkin_ws：

```
$ mkdir -p catkin_ws/src
```

2）切换至 src 文件夹，并执行 catkin_init_workspace 命令，该命令将在当前 src 文件夹下初始化 catkin 工作空间。至此，我们已经可以在 src 文件夹下创建功能包了：

```
$ cd ~/catkin_ws/src
$ catkin_init_workspace
```

3）初始化 catkin 工作空间后，就可以使用 catkin_make 命令构建工作空间下的功能包了，工作空间为空时也可以构建：

```
$ cd ~/catkin_ws/
$ catkin_make
```

4）执行上述命令，将会在 ROS 工作空间内创建两个新的文件夹，分别是 build 和 devel，如图 1.21 所示。

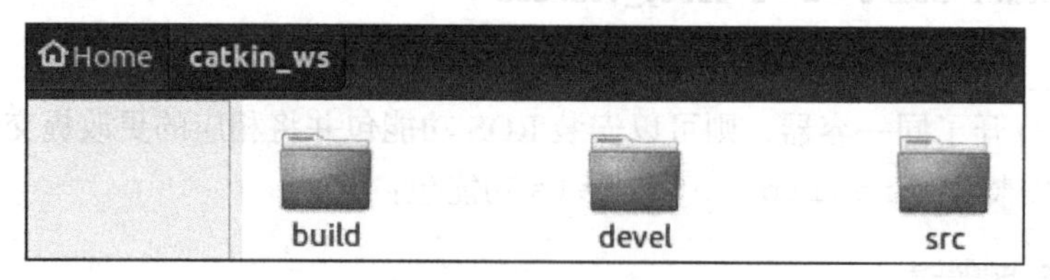

图 1.21　catkin 工作空间中的文件夹

5）构建工作空间之后，为了获取对工作空间内功能包的访问权限，需要将工作空间的环境变量添加至 .bashrc 文件中，具体命令如下：

```
$ echo "source ~/catkin_ws/devel/setup.bash" >> ~/.bashrc
$ source ~/.bashrc
```

6）完成上述步骤后，可以使用以下命令确认配置过程是否正确：

```
$ echo $ROS_PACKAGE_PATH
```

上述命令将会输出 ROS 的完整路径，如果一切正常的话，输出结果应该如图 1.22 所示。

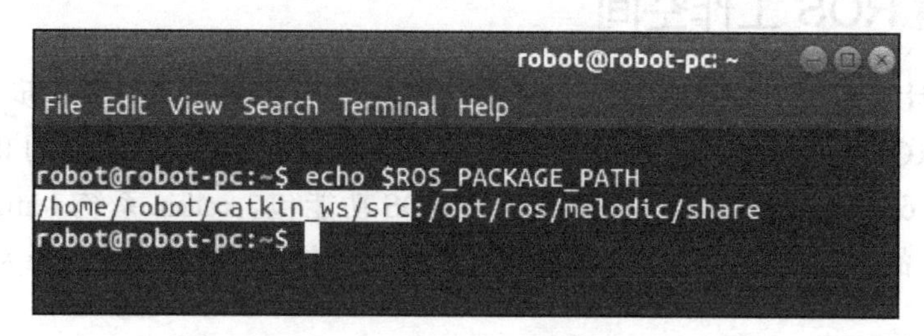

图 1.22　ROS 功能包路径

上述命令将会显示两个 ROS_PACKAGE_PATH 路径，前一个是我们在步骤 5 中执行相应命令的结果，后一个是 ROS 的实际安装路径。至此，我们完成了 ROS 工作空间的创建与设置，下面我们将介绍 ROS 在工业界以及学术界都有哪些机遇。

1.11 ROS在工业界和学术界的机遇

现在我们已经安装了ROS并设置了ROS工作空间，可以探讨一下使用ROS的优势。为什么学习ROS对机器人研究人员如此重要？因为ROS正在成为一个通用的框架，用于各种机器人的应用程序开发。目前，学术界和工业界的机器人主要使用ROS进行应用程序开发。

以下是一些著名的应用ROS的机器人公司：

- Fetch Robotics：http://fetchrobotics.com/。
- Clearpath Robotics：https://www.clearpathrobotics.com/。
- PAL Robotics：http://www.pal-robotics.com/en/home/。
- Yujin Robot：http://yujinrobot.com/。
- DJI：http://www.dji.com/。
- ROBOTIS：http://www.robotis.com/html/en.php。

ROS的知识将帮助你轻松获得机器人应用工程的工作。如果你仔细研究任何与机器人相关的技能集，那么一定会在其中找到ROS的相关应用。

大学和企业都有独立的课程及培训机构，专门教授ROS机器人开发知识。了解ROS将有助于你在著名的机器人研究机构（如卡内基－梅隆大学的机器人研究所（http://www.ri.cmu.edu/）和宾夕法尼亚大学的GRAP实验室（https://www.grass.upenn.edu/））获得实习和攻读硕士、博士学位以及博士后的机会。

本书后续的章节将帮助读者学习在ROS中构建实用项目的基础和核心技能。

1.12 本章小结

本章是本书的概述，主要帮助读者了解使用ROS进行机器人应用开发的相关概念。本章的主要目标是帮助读者掌握ROS的安装方法并理解ROS的基本概念。本章可以作为ROS应用程序开发的入门指南，并帮助读者理解本书后续章节的内容，这些章节主要演示基于ROS的应用程序开发。在本章的最后，我们看到了与ROS相关的工作和研究机遇，并且看到许多大学和企业正在为不同的机器人应用开发项目寻找掌握ROS开发技术的人才。

在下一章中，我们将对ROS-2及其特点进行介绍。

第2章 ROS-2及其特性简介

ROS，更具体地说，ROS-1，目前推动机器人技术在开源社区发展到了一个里程碑式的水平。尽管在软硬件连接同步方面存在缺陷与不足，但是ROS-1提供了一种简单的通信策略，该策略使得用户能够轻松地将任何复杂的传感器连接到微型计算机或微控制器中。在过去的十年里，ROS-1已经发展壮大，拥有一个庞大的功能包列表，每个功能包都能解决一个或一些问题，并一定程度上消除了重新发明轮子的问题。这些功能包带来了一种看待机器人技术的全新方式，并使得当前可用的机器人系统具备了一定的智能。通过连接几个小规模的功能包，用户就可以创建一个全新的复杂自治系统。

尽管ROS-1让我们可以轻松地与复杂的硬件和软件组件进行通信，但使用ROS-1开发实际可用产品的过程涉及一些复杂的问题。例如，假设在制造业中需要一大群异构机器人（例如，移动机器人、机械臂等）协同工作，由于ROS-1的体系结构不支持多master的概念，因此很难在多异构机器人之间建立通信。

尽管有其他方法用于网络中节点之间的通信（我们将在第6章探讨），但它们之间没有安全的通信方式。任何连接到master的用户都可以很容易地访问可用话题的列表，还可以使用或修改它们。鉴于此，人们通常使用ROS-1来验证概念，或者构建科学研究的快速解决方案。

在使用ROS-1进行原型设计验证和创建最终产品之间出现了一条难以逾越的鸿沟，这主要是因为ROS-1不是实时的。通过无线连接（Wi-Fi）使用有线连接（以太网）时，系统组件之间的网络连接有所不同，这可能导致数据接收延迟，甚至丢失数据，从而导致系统不稳定。

考虑到这一点，OSRF开始了改进和建设下一代ROS——ROS-2的旅程。目前ROS-2正处于开发之中，主要目的是修复ROS-1在通信中存在的风险和不足。在本章中，读者将了解ROS-2的概念及其与ROS-1的区别以及特点。为了读者能够更好地理解和比较，本章的组织方式与前一章相似：

- ROS-2概述。
- ROS-2基础。
- ROS-2客户端库。

- ROS-2 工具。
- 安装 ROS-2。
- 设置 ROS-2 工作空间。
- 编写 ROS-2 节点。
- ROS-1 和 ROS-2 的通信。

2.1　技术要求

学习本章内容的相关要求如下：

- 在 Ubuntu 18.04（Bionic）中通过源码形式安装 ROS-2。
- 时间线及测试平台：
  - ❑ **预计学习时间**：平均约 90 分钟。
  - ❑ **项目构建时间（包括编译和运行）**：平均约 60 分钟。
  - ❑ **项目测试平台**：惠普 Pavilion 笔记本电脑（Intel® Core™ i7-4510U CPU @ 2.00 GHz × 4，8GB 内存，64 位操作系统，GNOME-3.28.2 桌面环境）。

本章代码可以从以下网址下载：https://github.com/PacktPublishing/ROS-Robotics-Projects-SecondEdition/tree/master/chapter_2_ws/src/ros2_talker。

下面介绍 ROS-2 的相关概念。

2.2　ROS-2 概述

ROS-2 设计目标明确，旨在改进可用于实时系统和产品阶段解决方案的通信网络框架。ROS-2 的目标是：

- 为不同组件提供安全可靠的通信。
- 实时通信能力。
- 易于建立多机器人通信连接。
- 提高不考虑通信媒介情况下的通信质量。
- 直接在硬件层面（如传感器和嵌入式板）上提供 ROS 层。
- 使用最新的软件版本（主要是指客户端库）。

读者是否还记得第 1 章中的“ROS 等式”？ ROS-2 同样有一条“ROS-2 等式”，但与前者略有不同，如图 2.1 所示。

ROS-2 遵循行业标准，通过一个称为 DDS 实现的概念来实现实时通信。DDS（Data Distributed Service，**数据分布式服务**）是**对象管理组织**（Object Management Group，OMG）公认的行业标准，它有许多供应商实现的不同版本，如 RTI 的 Connext（https://www.rti.com/products/）、ADLink 的 OpenSplice RTPS（https://github.com/ADLINk-IST/opensplice）以及

eProsima 的快速 RTPS（http://www.eprosima.com/index.php/products-all/eprosima-fast-rtps）。

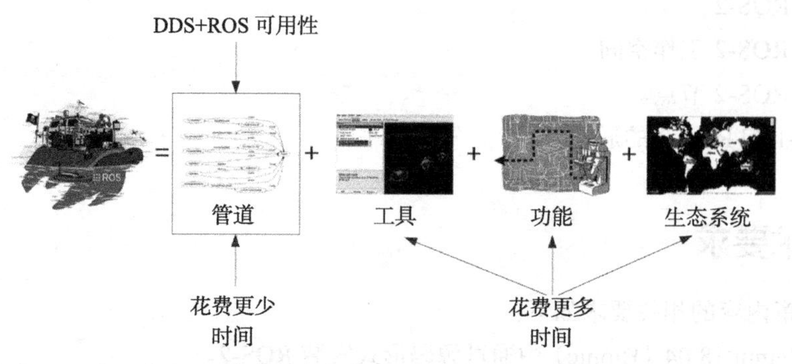

图 2.1　集成 DDS 实现的 ROS 等式（图片来源：ros.org。基于知识共享授权协议 CC-BY-3.0：https://creativecommons.org/licenses/by/3.0/us/legalcode）

这些标准被用于航空系统、医院、金融服务和空间探索系统等对实时性要求极高的应用之中。此实现旨在简化管道策略（发布－订阅基础结构），并使其在不同的硬件和软件组件之间更加可靠，以此确保用户可以更专注于功能和生态系统（而无须过多担心通信问题带来的不确定性）。

2.2.1　ROS-2 发行版

经过几年的 alpha 和 beta 版本的发布，ROS-2 的第一个官方稳定版本于 2017 年 12 月推出。该发行版名为 Ardent Apalone，这是一种典型的按字母顺序命名的方式，OSRF 通常遵循这种命名方式来命名其 ROS 发行版。第二次发布是在 2018 年 6 月，发行版名为 Bouncy Bolson。这个版本增加了新的功能，修复了之前版本的错误，并支持 Ubuntu 18.04 和 Windows 10（开发环境为 Visual Studio 2017）。第三个版本名为 Crystal Clemmys，于 2018 年 12 月发布。所有的 ROS 发行版都以代号形式命名。例如，当前版本代号为 crystal，而前两个版本代号分别为 bouncy 和 ardent。

截至本书撰写期间，最新的版本是 Dashing Diademata，于 2019 年 5 月 31 日发布，代号为 dashing。

ardent 和 bouncy 已经达到了 EOL（End Of License，许可证终止）的最后期限，因此不再受到支持。第三个稳定版本 crystal 的许可证终止日期为 2019 年 12 月，仅余的唯一一个长期稳定版本是 dashing，许可证终止日期为 2021 年 5 月。

2.2.2　支持的操作系统

ROS-2 支持 Linux、Windows、macOS 和**实时操作系统**（RTOS）OS 层，ROS-1 只支持 Linux 和 macOS 层。虽然 ROS 社区有对 Windows 的支持版，但 OSRF 并没有正式推出支持 Windows 的 ROS-1。表 2.1 给出了 ROS-2 发行版及支持的操作系统。

表 2.1　ROS-2 版本及对应的操作系统

ROS-2 发行版	支持的操作系统
Dashing Diademata	Ubuntu 18.04（Bionic——arm64 和 amd64），Ubuntu 18.04（Bionic-arm32），macOS 10.12（Sierra），配置了 Visual Studio 2019 的 Windows 10，Debian Stretch（9）——arm64、amd64 和 arm32，以及 OpenEmbedded Thud（2.6）
Crystal Clemmys	Ubuntu 18.04（Bionic）；Ubuntu 16.04（Xenial）——非 Debian 包，源码安装；macOS 10.12（Sierra）；Windows 10
Bouncy Bolson	Ubuntu 18.04（Bionic）；Ubuntu 16.04（Xenial）——非 Debian 包，源码安装；macOS 10.12（Sierra）；配置了 Visual Studio 2017 的 Windows 10
Ardent Apalone	Ubuntu 16.04（Xenial）、macOS 10.12（Sierra）和 Windows 10

本书中讨论的 ROS-2 版本为 Dashing Diademata，即第四个发行版。

2.2.3　支持的机器人及传感器

ROS-2 正在得到研究机构和工业界，特别是机器人制造业的广泛应用和支持。以下是 ROS-2 支持的机器人和传感器的链接：

- TurtleBot 2：https://github.com/ros2/turtlebot2_demo。
- TurtleBot 3：https://github.com/ROBOTIS-GIT/turtlebot3/tree/ros2。
- Mara robot arm：https://github.com/AcutronicRobotics/MARA。
- Dr. Robot 的 Jaguar 4x4：https://github.com/TRI-jaguar4x4/jaguar4x4。
- Intel Realsense camera：https://github.com/intel/ros2_intel_realsense。
- Ydlidar：https://github.com/Adlink-ROS/ydlidar_ros2。

目前，ROS-2 页面尚未给出支持的机器人和传感器。上述机器人和传感器包是研究人员根据使用 ROS-2 及其硬件的经验提供给社区的。

2.2.4　为什么选择 ROS-2

考虑到机器人社区的需求，ROS-2 的工作原理与 ROS-1 类似。ROS-2 是独立的发行版，不是 ROS-1 的一部分。但是，它又可以嵌入 ROS-1 软件包中并与之协同工作。目前正在开发中的 ROS-2，主要借助现代依赖库和工具克服 ROS-1 存在的不足。ROS-1 的特征栈是用 C++ 编写的，客户端库是用 C++ 和 Python 编写的（其中 Python 编写的客户端库是用一种基于底层的方法构建的，该方法基于 C++ 库编写），而 ROS-2 中的组件是用 C 语言编写的。ROS-2 中有一个用 C 语言编写的独立层，用来连接到 ROS-2 客户端库，客户端库主要包括 `rclcpp`、`rclpy` 和 `rcljava` 等。

ROS-2 对各种网络配置有了更好的支持，并能够提供可靠的通信。ROS-2 还消除了 nodelet[⊖]（http://wiki.ros.org/nodelet）的概念，支持多节点初始化。与 ROS-1 不同，ROS-2 中有两个非常有趣的特性：一是通过状态机周期检测节点的心跳；二是在添加或删除节点和话

⊖ nodelet 是一个可以将多个节点捆绑在一起管理的功能包。——译者注

题时发出通知。这些设计可以帮助提供系统的容错性。此外，ROS-2 很快将支持不同的平台和架构。

至此我们已经了解了 ROS-2 与 ROS-1 的主要区别，下面让我们相对详细地介绍 ROS-2 的基本原理。

2.3 ROS-2 基础

在 ROS-1 中，用户代码将连接到 ROS 客户端库（例如 `rospy` 或 `roscpp`），它们将直接与网络中的其他节点通信；而在 ROS-2 中，ROS 客户端库就像一个抽象层，使用其他节点通过 DDS 实现连接到网络中进行通信的另一层。ROS-1 与 ROS-2 的简单对比如图 2.2 所示。

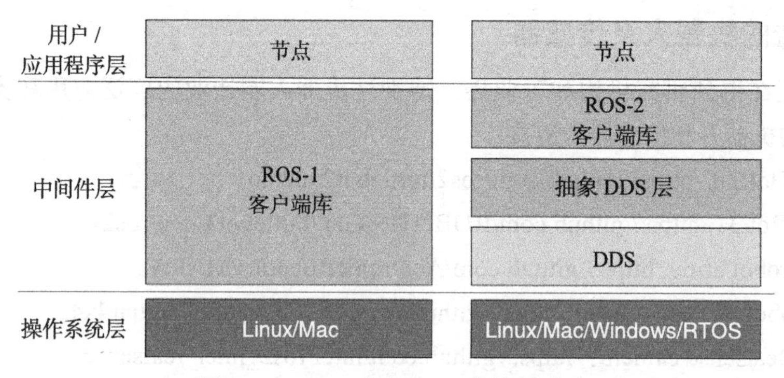

图 2.2 ROS-1 与 ROS-2 的简单对比

如图 2.2 所示，在 ROS-2 中，操作系统层与底层硬件层的通信是通过 DDS 实现完成的。图中的 DDS 组件由相应供应商实现，供应商不同则具体实现不同。

抽象 DDS 层组件与 ROS-2 客户端库连接，并通过 DDS 实现帮助用户连接代码。通过这样的分层抽象，用户无须感知 DDS API 的存在就可以与操作系统连接。此外，ROS-1 和 ROS-2 的区别还在于 ROS-1 使用了自定义传输协议以及自定义中心发现机制，因此需要使用 master，而 ROS-2 则具有抽象的 DDS 层，通过该层可以实现序列化、传输和发现等功能。

2.3.1 什么是 DDS

如前所述，DDS 是 OMG 定义的标准。它是一种发布 – 订阅传输技术，类似于 ROS-1 中使用的技术。与 ROS-1 不同，DDS 实现了一种分布式发现系统技术，可以帮助两个或多个 DDS 程序在不使用 master 的情况下相互通信。发现系统不一定是动态的，实现 DDS 的供应商提供了静态发现的功能选项。

2.3.2 DDS 的实现

由于不同的 DDS 供应商提供具有不同功能的 DDS 实现，因此 ROS-2 支持多种 DDS 实现。例如，RTI 的 Connext 是专门用于微控制器或需要安全认证的应用程序的 DDS 实现。所有的 DDS 实现都是通过一个称为 ROS 中间件层（rmw）的特殊层实现的，如图 2.3 所示。

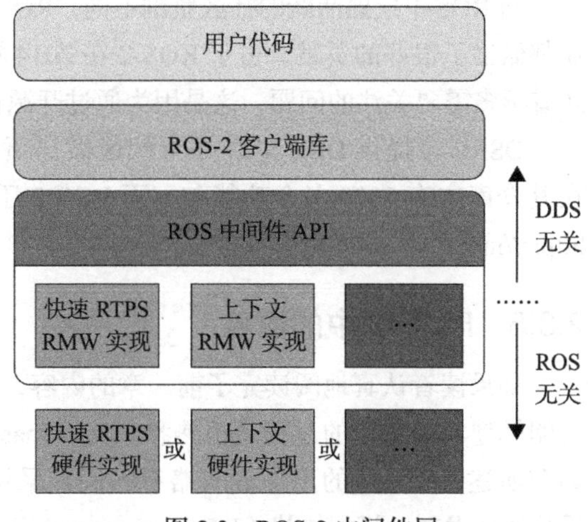

图 2.3　ROS-2 中间件层

用户代码是最上面的块，包含用户逻辑或算法。在 ROS-1 中，用户代码通常位于 ROS 客户端库（如 roscpp 或 rospy）的顶部，这些库帮助用户将其代码与 ROS 中的其他组件（如节点、话题或服务）连接起来。与 ROS-1 中的 ROS 客户端库不同，ROS-2 中的 ROS 客户端库分为两层：

- 一是对应于特定编程语言客户端库（如 rclcpp、rclpy 或 rcljava）的功能层，用于处理诸如 rosspin 之类的线程处理和诸如内存管理之类的进程内通信。
- 二是名为 rcl 的公共层，用 C 语言实现，用来处理名称、服务、参数、时间和控制台日志记录。

ROS 中间件层 rmw 也是用 C 语言实现的，它与位于硬件层顶部的 DDS 实现相连接。该层负责服务调用、节点发现、图形事件和具有**服务质量**（Quality of Services，QoS）的发布 / 订阅调用。ROS-2 中的 QoS 是网络中跨节点性能的度量。默认情况下，ROS-2 遵循 eProsima 的快速 RTPS 实现，因为快速 RTPS 是开源的。

2.3.3　计算图

ROS-2 遵循与 ROS-1 相同的计算图概念，但有一些变化：

- **节点**：在 ROS-2 中，节点被称为参与者。除了可以像 ROS-1 一样在计算图中定义节点之外，在 ROS-2 中一个进程还可以初始化多个节点，它们可能位于同一进程、不同进程或不同机器中。
- **发现**（discovery）：ROS-1 中有一个 master 的概念可以帮助节点互相进行通信，而 ROS-2 中则没有 master 的概念，而是通过一种称为“发现”的机制实现通信。在默认情况下，ROS-2 中的 DDS 标准实现提供了一种分布式发现方法，节点能够在网络中自动发现彼此。此机制有助于实现不同类型的多个机器人之间的可靠通信。

除此之外，我们在前一章中看到的其他概念，如消息、话题、参数服务器、服务和数据包，对于 ROS-2 来说都是一样的。

2.3.4　ROS-2 社区层级

与 ROS-1 成熟活跃的社区氛围不同，ROS-2 社区目前还在发展之中。一些研究机构和企业都做出了很好的贡献。由于 ROS-2 在 2014 年才开始开发，因此关于 ROS-2 的研究和工具还有很多需要关注的问题，这是因为通过开源社区实现实时系统需要克服巨大的困难。

OSRF 与提供 DDS 实现并为社区做出贡献的供应商进行了很好的沟通。目前 ROS-1 在其仓库中有 2000 多个功能包，而 ROS-2 还只有 100 多个。最新的 ROS-2 页面的网址为 https://index.ros.org/doc/ros2/。

2.3.5　ROS-2 中的通信

如果读者认真地阅读完了前一章的内容，那么一定对 ROS-1 如何使用一个简单的发布 – 订阅模型实现通信的过程还很熟悉，其中 master 用于在节点之间建立连接和实现数据通信。如前所述，ROS-2 的工作方式略有不同：采用 DDS 实现进行通信，因此使用的是 **DDS 互操作实时发布 – 订阅协议**（DDS Interoperability Real-Time Publish-Subscribe Protocol，DDSI-RTPS）。其目标是在节点之间建立安全而高效的通信，即使是在异构平台中也能可靠通信。DCPS 模型如图 2.4 所示。

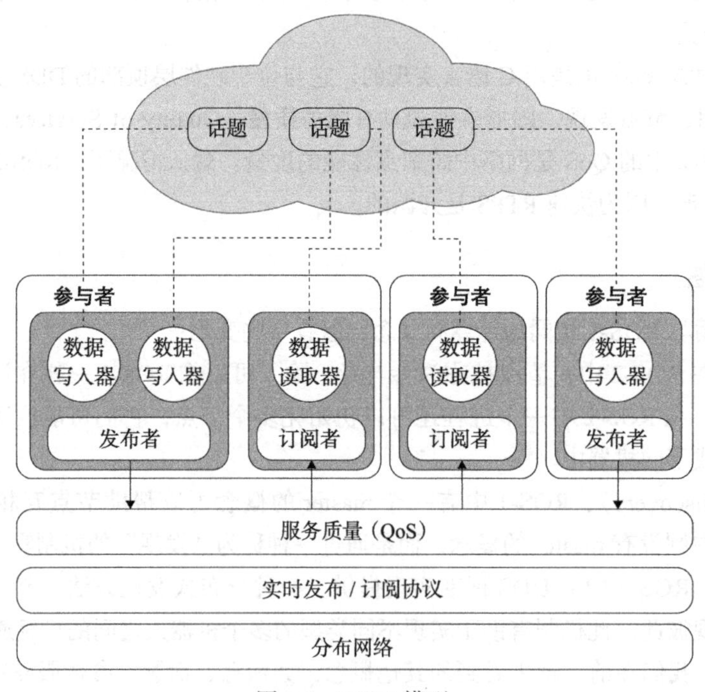

图 2.4　DCPS 模型

如图 2.4 所示，此通信模型中还涉及其他的组件。如前所述，节点在 ROS-2 中被称为参与者。每个参与者可以有一个或多个 DDS 话题，这些话题与 ROS-1 中的话题不同，既不是发布者也不是订阅者，而是 ROS-2 中的代码对象。

这些 DDS 话题可以在全局数据空间中获取。可以通过这些话题创建 DDS 发布者和订阅者，但它们不直接发布或订阅话题。发布或订阅话题的功能由被数据写入器和数据读取器完成。数据写入器和数据读取器以特定的消息类型写入或读取数据，这就是在 ROS-2 中实现通信的方式。设计和构建这些抽象层的目的是确保数据的安全高效传输。用户可以在每个层次上设置 QoS 配置参数，以提供性能最优的配置粒度。

2.3.6　ROS-2 的变化

本节将对 ROS-1 和 ROS-2 之间的区别进行详细说明，以便读者了解 ROS-2 的升级内容目标。为了便于理解，将相关内容罗列于表 2.2 中。

表 2.2　ROS-1 和 ROS-2 之间的区别

	ROS-1	ROS-2
平台	官方为 Ubuntu16.04 持续集成； 社区支持 macOS	官方为 Ubuntu 16.04/18.04、OS X EL Capitan 以及 Windows 10 持续集成
操作系统	Linux 和 macOS	Linux、macOS、Windows 和 RTOS
编程语言	C++ 03、Python 2	C++ 11/14/17、Python 3.5
系统构建	catkin	ament 和 colcon
环境设置	为了使用工作空间中构建的功能功能包，构建工具生成的脚本都将集成进环境中	构建工具生成面向特定功能包和特定工作空间的脚本，使用时仅有这些特定的功能包集成进环境中
多功能包构建	在单个 CMake 上下文中构建多个功能包，因此可能会产生目标名称冲突的问题	如果每个功能包都是单独构建的，则支持独立构建
节点初始化	一个进程中只有一个节点	每个进程都可以有多个节点

除了上述区别之外，ROS-1 和 ROS-2 之间还有其他一些更改，所有这些更改都可以在 http://design.ros2.org/articles/changes.html 上找到。

现在我们已经介绍了 ROS-2 的基本原理，下面介绍 ROS-2 的客户端库。

2.4　ROS-2 客户端库

正如我们在前一章中所看到的，ROS 客户端库只是用于实现 ROS 概念的 API。因此，我们可以在用户代码中直接访问 ROS 客户端库实现的 ROS 的相关概念，如节点、服务和话题。ROS 客户端库提供了对多种编程语言的支持。

由于每种编程语言都有各自的优缺点，所以用户可以根据需要来决定选择哪种语言。例如：如果系统关注效率和更快的响应速度，则可以选择 `rclcpp`；如果系统考虑有限的开发时间要求原型开发优先，则可以选择 `rclpy`。

ROS-2 中的 ROS 客户端库分为两部分：一部分是面向特定于语言的（如 `rclcpp`、`rclpy` 和 `rcljava`），另一部分则是用 C 语言实现的通用功能。这种实现机制使得客户端库具有精简、轻量级和易于开发的优点。

开发人员在 ROS 中编写代码时，很有可能会对代码进行各种迭代，有时还需要改变与网络中其他节点或参与者的连接方式。为了满足这些需求，可能需要更改在代码中实现 ROS 概念的逻辑。由于接口层具有不同的语言支持，因此使用不同编程语言的开发人员仅需要关心代码中的进程内通信和线程处理，这是因为这些处理是基于特定语言实现的。例如，`ros::spin()` 在 C++ 和 Python 中可能有不同的实现方法。

ROS-2 客户端中的两层实现机制使得上述在编程语言层所做的变化将不会影响到 ROS 概念层，因此当进行错误修复时，仅维护为数不多的几个客户端库相对容易。

图 2.5 展示了 ROS-2 的客户端库的结构，其中所有特定语言的 ROS 组件接口（`rclcpp`、`rclpy`、`rcljava` 和 `rclcs`）都位于用户代码下面的层上。下一个公共层 `rcl` 由 C 语言实现，由特定的 ROS 函数组成，如名称、名称空间、服务、话题、时间、参数和日志信息。这种结构使得任何特定语言接口层都能与 `rcl` 层连接，从而轻松地在不同节点或参与者之间建立通信。

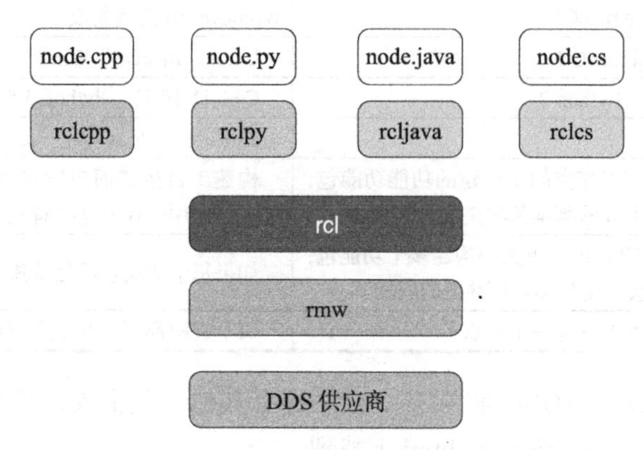

图 2.5　ROS-2 的客户端库架构图示

本节对 ROS-2 的基础原理进行了概要论述，下面我们将对 ROS-2 工具进行介绍。

2.5　ROS-2 工具

相比 ROS-1 的工具，ROS-2 提供了调试消息日志和话题信息的工具。ROS-2 支持可视化和命令行工具。然而，由于 ROS-2 还处于开发之中，因此并不是所有的工具都已经完成了移植。通过 ROS-1 和 ROS-2 的桥接功能包（在后面介绍），读者可以继续使用 ROS-1 工具进行开发。

2.5.1　RViz2

RViz 与 ROS-1 中的定义完全相同。表 2.3 显示了当前已从 `ros-visualization/`

rviz 移植到 ros2/rviz 的功能模块。

表 2.3　已完成移植的 RViz 功能模块

Displays	Tools	View controller	Panels
Camera	Move Camera	Orbit	Displays
Fluid Pressure	Focus Camera	XY Orbit	Help
Grid	Measure	First Person	Selections
Grid Cells	Select	Third Person Follower	Tool Properties
Illuminance	2D Nav Goal	Top-Down Orthographic	Views
Image	Publish Point		
Laser Scan	Initial Pose		
Map			
Marker			
Marker Array			
Odometry			
Point Cloud（1 和 2）			
Point			
Polygon			
Pose			
Pose Array			
Range			
Relative Humidity			
Robot Model			
Temperature			
TF			

其他尚未移植的功能模块包括图像传输筛选器、按话题类型筛选话题列表、消息筛选器以及表 2.4 中显示的功能模块。

表 2.4　未完成移植的功能模块

Displays	Tools	Panels
Axes	Interact	Time
DepthCloud		
Effort		
Interactive Marker		
Oculus		
Pose With Covariance		
Wrench		

读者可以在 http://wiki.ros.org/rviz/DisplayTypes 中查看更多相关工具的信息。图 2.6 是一个简单的 RViz2 默认窗口界面。

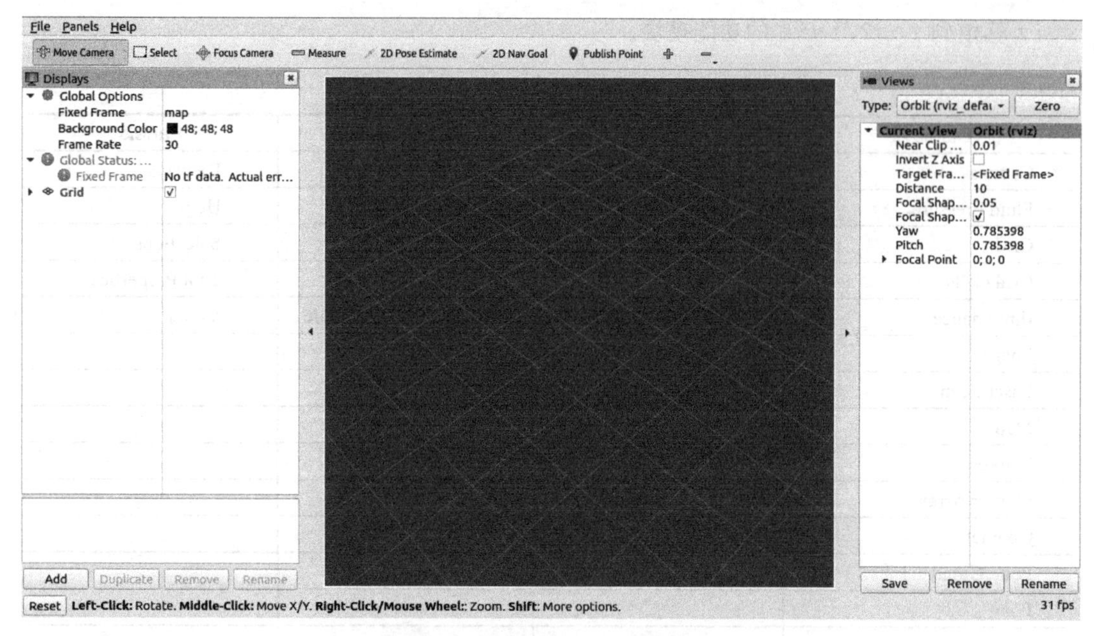

图 2.6　可视化的 RViz2 图示

下面我们介绍另一个 ROS 工具——Rqt。

2.5.2　Rqt

与 ROS-1 一样，ROS-2 也提供 `rqt` 控制台工具。ROS-1 `rqt` 中的大多数插件都已经移植到了 ROS-2，可以在 ROS-2 中使用。读者可以在 http://wiki.ros.org/rqt/Plugins 中查看可用的插件列表。`rqt` 的一些显著优点如下：

- 具有一个 GUI 控制台，它是交互式的，能够控制进程的启动和关闭状态。
- 一个窗口中可以停靠多个小部件。
- 可以使用可用的 Qt 插件并将它们转换为自定义的 `rqt` 插件。
- 支持多种语言（如 Python 和 C++）和多平台（ROS 运行的平台）。

至此，我们已经介绍了 ROS-2 客户端库和工具等的基本知识，并且已经介绍了 ROS-2 的基本原理，下面让我们学习如何安装 ROS-2。

2.6　安装 ROS-2

在前一章中，我们使用功能包管理器设置了 ROS-1 环境、桌面、提取密钥和启动安装。ROS-2 的安装过程与 ROS-1 没有区别，可以遵循相同的方法（但显然使用不同的设置密钥和命令）。然而，与前一章中遵循 Debian 包安装的 ROS-1 安装过程不同，我们将在本章中尝试源代码安装的方式来安装 ROS-2。尽管读者也可以使用 Debian 包方法来进行 ROS-2 的安装，但是最好在 Linux 上手动构建 ROS-2（也就是说，通过源代码安装），这样我们就可以将任何新的更改或版本直接添加到包中并编译它们。下面我们开始通过源代码进行 ROS-2 的安装。

2.6.1　开始安装

我们要安装的 ROS 发行版是 Dashing Diademata，代号为 dashing，安装环境为 Ubuntu 18.04。读者可以访问 https://index.ros.org/doc/ros2/Installation/ 来了解 ROS-2 安装的更多信息。要从源代码开始安装，首先需要设置环境。

1. 设置系统区域

首先我们需要确保安装环境支持 UTF-8 格式。如果在 Docker 中安装，则需要将环境设置为 POSIX。使用以下命令设置指定格式的区域：

```
$ sudo locale-gen en_US en_US.UTF-8
$ sudo update-locale LC_ALL=en_US.UTF-8 LANG=en_US.UTF-8
$ export LANG=en_US.UTF-8
```

正常情况下，执行上述命令后终端窗口的内容如图 2.7 所示。

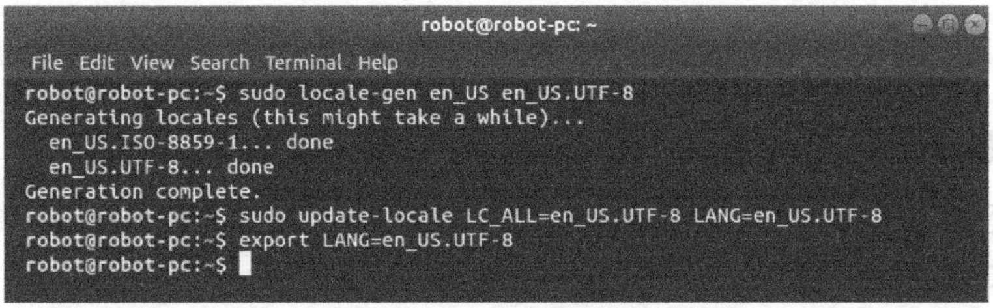

```
robot@robot-pc: ~
File Edit View Search Terminal Help
robot@robot-pc:~$ sudo locale-gen en_US en_US.UTF-8
Generating locales (this might take a while)...
  en_US.ISO-8859-1... done
  en_US.UTF-8... done
Generation complete.
robot@robot-pc:~$ sudo update-locale LC_ALL=en_US.UTF-8 LANG=en_US.UTF-8
robot@robot-pc:~$ export LANG=en_US.UTF-8
robot@robot-pc:~$
```

图 2.7　系统区域设置

如果读者使用的是 UTF-8 支持的其他语言环境（如中文），则上述过程通常也不会有问题（但需要根据实际情况对命令的参数进行修改）。

2. 添加 ROS-2 代码仓库

按照以下步骤添加 ROS-2 代码仓库：

1）确保已经将 ROS-2 的 apt 仓库添加到自己的操作系统之中。需要使用以下命令向功能包管理器进行密钥授权：

```
$ sudo apt update && sudo apt install curl gnupg2 lsb-release

$ curl -s
https://raw.githubusercontent.com/ros/rosdistro/master/ros.asc |
sudo apt-key add -
```

2）使用以下命令将代码仓库添加到你的源列表中：

```
$ sudo sh -c 'echo "deb [arch=amd64,arm64]
http://packages.ros.org/ros2/ubuntu `lsb_release -cs` main" >
/etc/apt/sources.list.d/ros2-latest.list'
```

至此，我们完成了代码仓库的添加，下面开始安装其他必要组件。

3. 安装依赖和 ROS 工具

按照以下步骤安装 ROS 工具：

1）需要通过功能包管理器按照以下命令安装依赖项和工具：

```
$ sudo apt update && sudo apt install -y build-essential cmake git
python3-colcon-common-extensions python3-lark-parser python3-pip
python-rosdep python3-vcstool wget
```

2）使用 pip3 安装测试功能包，命令如下：

```
$ python3 -m pip install -U argcomplete flake8 flake8-blind-except
flake8-builtins flake8-class-newline flake8-comprehensions flake8-
deprecated flake8-docstrings flake8-import-order flake8-quotes
pytest-repeat pytest-rerunfailures pytest pytest-cov pytest-runner
setuptools
```

3）使用以下命令安装 FAST-RTPS 依赖项：

```
$ sudo apt install --no-install-recommends -y libasio-dev
libtinyxml2-dev
```

至此，我们完成了所需工具和依赖项的安装，下面开始创建和编译工作空间。

2.6.2　获取 ROS-2 源码

为了顺利安装 ROS-2，我们需要创建工作空间并将 ROS-2 的代码仓库复制至该工作空间。具体操作为使用以下命令：

```
$ mkdir -p ~/ros2_ws/src
$ cd ~/ros2_ws
$ wget
https://raw.githubusercontent.com/ros2/ros2/release-latest/ros2.repos
```

成功执行上述命令后，终端窗口中将会提示 ros2.repos 已保存，如图 2.8 所示。

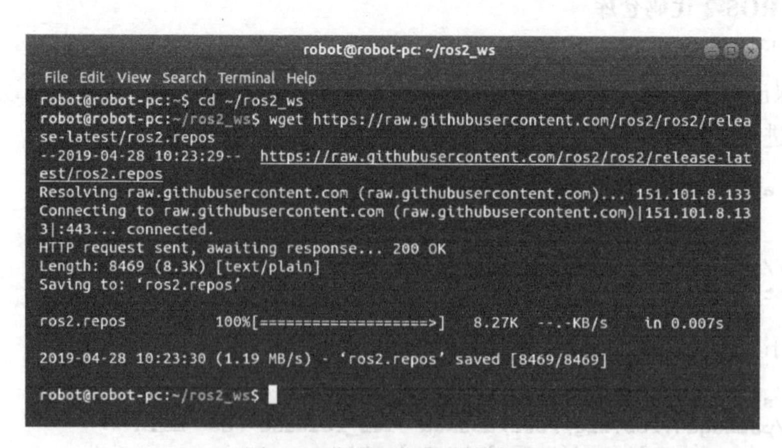

图 2.8　获取最新的代码仓库

如果读者是高级用户，并且希望使用开发版本，则只需在前面的命令中将 release-latest 替换为 master。如果读者想进一步试验，我们还是建议使用前面的命令，因为前面的代码树在发布之前会经过严格的测试。最后一步是使用以下命令导入仓库信息：

```
$ vcs import src < ros2.repos
```

现在设置好了工作空间，下面我们开始安装依赖项。

1. 使用 rosdep 安装依赖

和安装 ROS-1 时的操作一样，我们使用 rosdep 安装依赖项。读者在上一章中应当已经初始化了 rosdep list。如果没有执行该操作，则执行以下命令（否则，跳到下一个命令）：

```
$ sudo rosdep init
```

然后，更新 rosdep：

```
$ rosdep update
```

接下来安装以下依赖项：

```
$ rosdep install --from-paths src --ignore-src --rosdistro dashing -y --
skip-keys "console_bridge fastcdr fastrtps libopensplice67 libopensplice69
rti-connext-dds-5.3.1 urdfdom_headers"
```

正常情况下，成功执行上述命令后，终端窗口的内容将如图 2.9 所示。

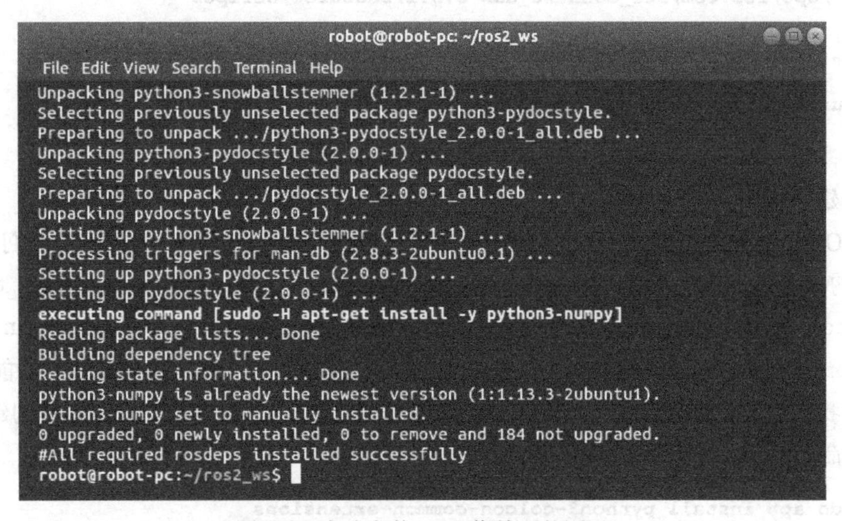

图 2.9　成功安装 ROS 依赖项的图示

如果读者想要额外安装 DDS 实现，则可以执行下一步骤，否则可以跳过该步骤。

2. 安装 DDS 实现（可选）

本步骤供想要安装 DDS 实现的读者参考。安装过程如下：

1）读者需要知道的是，ROS-2 运行于 DDS 之上，而 DDS 则有多家供应商的实现版本。在 ROS-2 中，默认的 DDS 实现中间件是快速 RTPS。读者可以自行选择其他供应商的 DDS 实现，如 OpenSplice 或者 Connext，相应的命令如下：

- OpenSplice：

```
$ sudo apt install libopensplice69
```

- Connext：

```
$ sudo apt install -q -y rti-connext-dds-5.3.1
```

需要注意的是，若安装 Connext，则需要来自 RTI 的授权，当然你也可以尝试试用版，可以从 https:/ / www. rti. com/ free- trial 获取 30 天试用授权。

2）在获取官方或试用版授权后，需要设置授权文件路径。可以使用 $RTI_LICENSE_FILE 环境变量来指定授权文件路径，通过 export 命令为环境变量赋值，命令如下：

```
$ export RTI_LICENSE_FILE=path/to/rti_license.dat
```

3）下载授权文件之后，需要通过 $chmod　+x 命令对 $.run 文件进行权限设置。此外，还需要使用 source 命令导入配置文件，从而设置 $　NDDSHOME 环境变量。进入相应目录的命令如下：

```
$ cd /opt/rti.com/rti_connext_dds-5.3.1/resource/scripts
```

然后，使用 source 命令导入文件：

```
$ source ./rtisetenv_x64Linux3gcc5.4.0.bash
```

至此，就可以进行代码构建了，RTI 支持的构建将与代码的构建一同完成。

3. 构建代码

在 ROS-1 中，可以使用 catkin 工具来编译构建功能包。在 ROS-2 中，我们使用一个升级了的工具，它是 catkin_make、catkin_make_isolated、catkin_tools 和 ament_tools（第一个 ROS-2 发行版中使用的构建系统）的迭代，称为 colcon。这意味着 colcon 也可以用于编译 ROS-1 中的功能包以及 ROS-2 中没有功能包清单的功能包。

后面我们将展示如何使用 colcon 编译单独的功能包。下面，我们首先编译构建 ROS-2。使用以下命令安装 colcon：

```
$ sudo apt install python3-colcon-common-extensions
```

安装完 colcon 之后，我们返回 ROS-2 的工作空间并编译构建 ROS-2，命令如下：

```
$ cd ~/ros2_ws/
```

然后使用以下命令编译功能包：

```
$ colcon build --symlink-install
```

上述过程大概需要 40 分钟到 1 小时的时间，也可能会更长。本书作者大概花费了 1 时 14 分钟。在一切正常的情况下，读者将会看到与图 2.10 类似的终端显示。

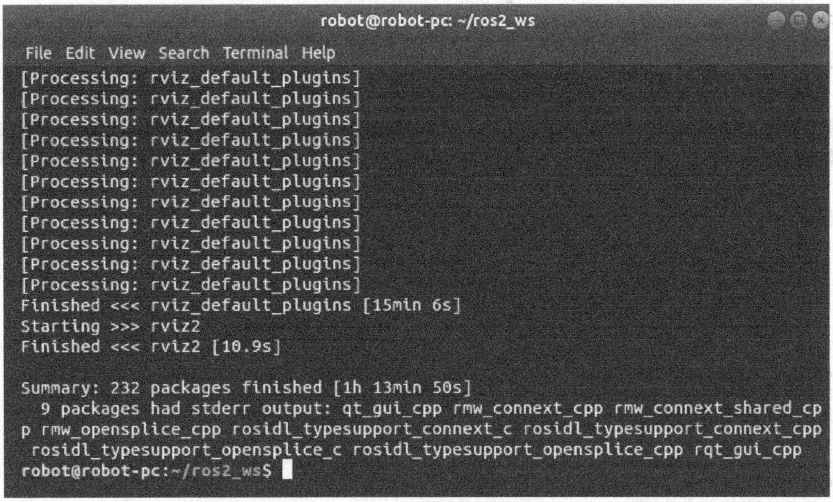

```
robot@robot-pc: ~/ros2_ws
File  Edit  View  Search  Terminal  Help
[Processing: rviz_default_plugins]
[Processing: rviz_default_plugins]
[Processing: rviz_default_plugins]
[Processing: rviz_default_plugins]
[Processing: rviz_default_plugins]
[Processing: rviz_default_plugins]
[Processing: rviz_default_plugins]
[Processing: rviz_default_plugins]
[Processing: rviz_default_plugins]
[Processing: rviz_default_plugins]
[Processing: rviz_default_plugins]
Finished <<< rviz_default_plugins [15min 6s]
Starting >>> rviz2
Finished <<< rviz2 [10.9s]

Summary: 232 packages finished [1h 13min 50s]
  9 packages had stderr output: qt_gui_cpp rmw_connext_cpp rmw_connext_shared_cp
p rmw_opensplice_cpp rosidl_typesupport_connext_c rosidl_typesupport_connext_cpp
 rosidl_typesupport_opensplice_c rosidl_typesupport_opensplice_cpp rqt_gui_cpp
robot@robot-pc:~/ros2_ws$
```

图 2.10　正常的编译过程

如图 2.10 所示，有 9 个功能包未进行编译构建——我们跳过了这 9 个功能包，因为我们没有选择安装 DDS 实现。下面，让我们尝试运行一些已安装功能包里的例子。

2.6.3　ROS-1、ROS-2 以及共存环境设置

现在我们在计算机里同时安装了 ROS-1 和 ROS-2，下面首先让我们学习如何轻松地一起使用和单独使用两个版本的 ROS。

> 如果你是通过 Debian 包的方式安装的 ROS-2，那么可以尝试运行 `roscore` 命令，查看 ROS-1 的相关设置是否正常。读者会遇到一个错误提示。这是因为系统的 bash 搞混了 ROS-1 和 ROS-2 的环境。比较推荐的解决方法是，在需要使用相应的 ROS 版本功能包时，分别执行相应的 `source` 命令来导入对应于 ROS 版本的环境。

为了避免每次使用 ROS 都执行一次 `source` 命令，这里我们介绍一种设置方法。可以通过以下步骤，使用 `alias` 命令将两个环境都设置到 bash 脚本，来进行两个环境的共存设置：

1）使用以下命令调出 bash 脚本并进行编辑：

```
$ sudo gedit ~/.bashrc
```

2）执行以下两条命令：

```
$ alias initros1='source /opt/ros/melodic/setup.bash'
$ alias initros2='source ~/ros2_ws/install/local_setup.bash'
```

3）删除或注释掉以下两条命令（这是我们在前面的章节中添加的）：

```
$ source /opt/ros/melodic/setup.bash
$ source ~/catkin_ws/devel/setup.bash
```

此时你的 bash 文件应如图 2.11 所示。

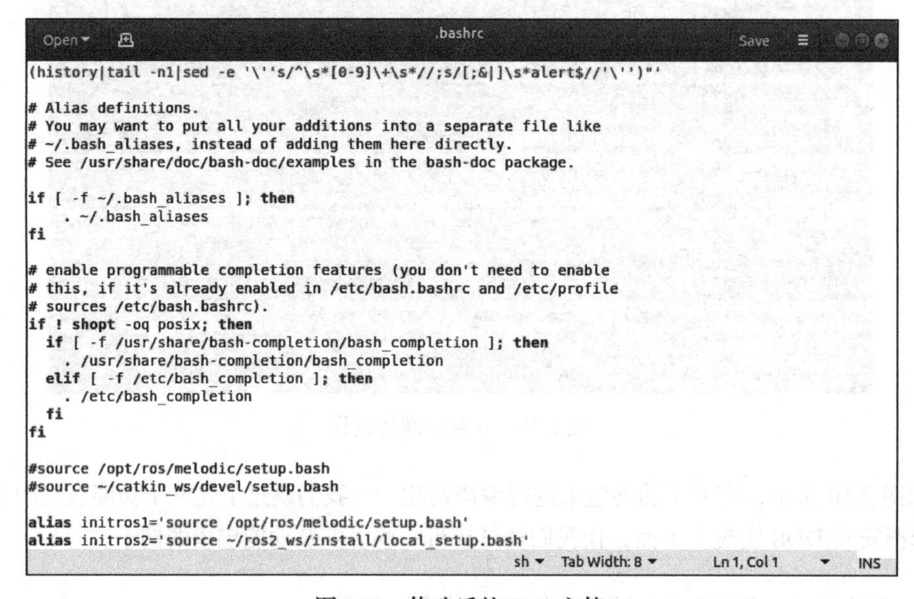

图 2.11　修改后的 bash 文件

保存并退出 bash 脚本。上述步骤是为了确保当打开终端时，无论是 ROS-1 还是 ROS-2 都不会直接被调出。可以使用以下命令使上述设置生效：

```
$ source ~/.bashrc
```

然后，你就可以根据自己的需要，使用 `initros1` 或 `initros2` 命令调出 ROS-1 或 ROS-2 了。

2.6.4　运行测试节点

我们已经完成了 ROS 环境的设置，下面来测试一下 ROS-2 的节点。按照以下步骤进行测试：

1）打开终端窗口，并调出 ROS-2 环境，命令如下：

```
$ initros2
```

你将收到一条提示信息，如图 2.12 所示。

```
robot@robot-pc: ~/ros2_ws
File Edit View Search Terminal Help
robot@robot-pc:~/ros2_ws$ initros2
ROS_DISTRO was set to 'melodic' before. Please make sure that the environment do
es not mix paths from different distributions.
robot@robot-pc:~/ros2_ws$
```

图 2.12　发行版警告信息界面

2）运行和 ROS-1 类似的传统发布者节点，命令如下：

```
$ ros2 run demo_nodes_cpp talker
```

正如读者可能已经注意到的，ROS-1 和 ROS-2 运行节点的方式没有太大区别。上述命令很容易理解：功能包名称是 `demo_nodes_cpp`，节点名称是 `talker`。区别在于这里不是 ROS-1 中的 `rosrun`，而是 ROS-2 中的 `ros2 run`。

请注意 `ros2` 和 `run` 之间的空格。

3）新建一个终端，使用以下命令再次初始化 ROS-2 环境：

```
$ initros2
```

4）运行和 ROS-1 类似的传统订阅者节点，命令如下：

```
$ ros2 run demo_nodes_py listener
```

读者将会看到 `talker` 在说 `Publishing: 'Hello World: 1,2...'`，与此同时，`listener` 在说 `I heard: [Hello World: 1,2...]`。界面输出如图 2.13 所示。

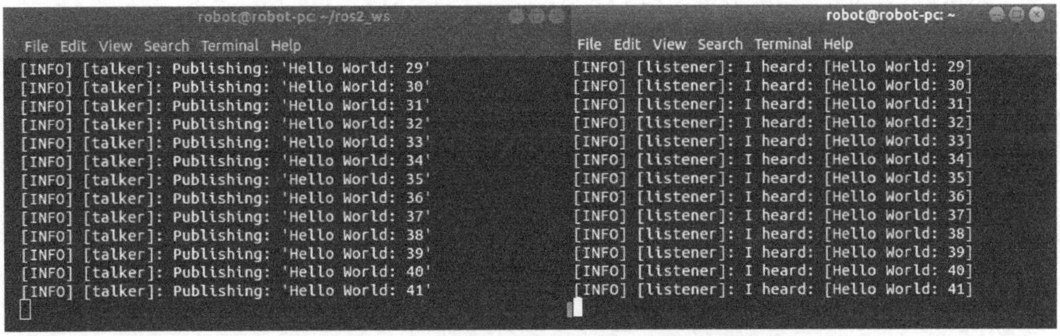

```
robot@robot-pc: ~/ros2_ws
File Edit View Search Terminal Help
[INFO] [talker]: Publishing: 'Hello World: 29'
[INFO] [talker]: Publishing: 'Hello World: 30'
[INFO] [talker]: Publishing: 'Hello World: 31'
[INFO] [talker]: Publishing: 'Hello World: 32'
[INFO] [talker]: Publishing: 'Hello World: 33'
[INFO] [talker]: Publishing: 'Hello World: 34'
[INFO] [talker]: Publishing: 'Hello World: 35'
[INFO] [talker]: Publishing: 'Hello World: 36'
[INFO] [talker]: Publishing: 'Hello World: 37'
[INFO] [talker]: Publishing: 'Hello World: 38'
[INFO] [talker]: Publishing: 'Hello World: 39'
[INFO] [talker]: Publishing: 'Hello World: 40'
[INFO] [talker]: Publishing: 'Hello World: 41'
```

```
robot@robot-pc: ~
File Edit View Search Terminal Help
[INFO] [listener]: I heard: [Hello World: 29]
[INFO] [listener]: I heard: [Hello World: 30]
[INFO] [listener]: I heard: [Hello World: 31]
[INFO] [listener]: I heard: [Hello World: 32]
[INFO] [listener]: I heard: [Hello World: 33]
[INFO] [listener]: I heard: [Hello World: 34]
[INFO] [listener]: I heard: [Hello World: 35]
[INFO] [listener]: I heard: [Hello World: 36]
[INFO] [listener]: I heard: [Hello World: 37]
[INFO] [listener]: I heard: [Hello World: 38]
[INFO] [listener]: I heard: [Hello World: 39]
[INFO] [listener]: I heard: [Hello World: 40]
[INFO] [listener]: I heard: [Hello World: 41]
```

图 2.13　ROS-2 中订阅者与发布者的输出

可以使用 `ros2 topic list` 命令查看当前的话题，如图 2.14 所示。

至此，我们已经成功完成了 ROS-2 的安装，下面我们开始学习 ROS-2 工作空间的相关操作。

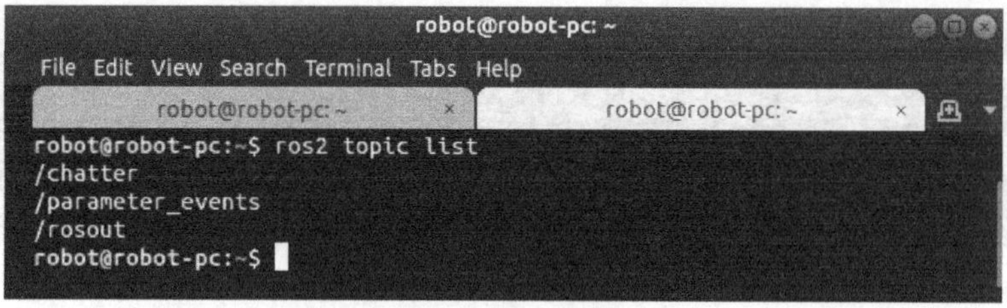

```
robot@robot-pc:~$ ros2 topic list
/chatter
/parameter_events
/rosout
robot@robot-pc:~$
```

图 2.14　ROS-2 话题列表

2.7　设置 ROS-2 工作空间

在 ROS 中，工作空间就是用来存放功能包的文件夹。正如读者在前面章节所看到的，ROS-2 中的编译构建工具已经由原来的 `catkin` 升级为了 `colcon`，因此工作空间布局也有所不同。`colcon` 不使用源代码构建，生成的文件夹如下：

- `build` 文件夹：存储中间文件的位置。
- `install` 文件夹：每个功能包的安装位置。
- `log` 文件夹：所有日志信息可用的位置。
- `src` 文件夹：放置源代码的位置。

请注意，ROS-2 的工作空间不再如 ROS-1 的工作空间那样包含 `devel` 文件夹。

鉴于在前面构建 ROS-2 功能包时我们已经解释并演示过编译构建步骤，这里我们将通过简单的内容介绍应该使用哪些必需的命令来编译构建 ROS-2 的工作空间。

出于演示的目的，我们使用以下命令直接将相应的文件复制至工作空间：

```
$ initros2
$ mkdir ~/ros2_workspace_ws && cd ~/ros2_workspace_ws
$ git clone https://github.com/ros2/examples src/examples
$ cd ~/ros2_workspace_ws/src/examples
```

然后，查看与我们的 ROS 发行版（即 dashing）兼容的分支：

```
$ git checkout dashing
$ cd ..
$ colcon build --symlink-install
```

使用以下命令对构建的功能包进行测试：

```
$ colcon test
```

然后，可以先导入功能包环境，再运行功能包节点，命令如下：

```
$ . install/setup.bash
$ ros2 run examples_rclcpp_minimal_subscriber subscriber_member_function
```

新建一个终端，依次运行以下命令：

```
$ initros2
$ cd ~/ros2_workspace_ws
$ . install/setup.bash
$ ros2 run examples_rclcpp_minimal_publisher publisher_member_function
```

读者将会看到一个与之前进行 ROS-2 安装测试时类似的输出界面。

下面，我们将学习如何运用前面学过的相关概念，在 ROS-2 环境下编写节点。

2.8 编写 ROS-2 节点

在 ROS-2 中编写节点与在 ROS-1 中略有不同，这是因为 ROS-2 引入了我们在 2.3 节中看到的附加软件层。然而，为了节省开发人员的时间和精力，OSRF 已经确保在编写 ROS-2 代码时不会有太大的差异。在本节中，我们将比较 ROS-1 代码和 ROS-2 代码，并介绍在编写和使用这些代码时的差异。

请注意，这里我们只是简单举例，如果读者要为自己的项目编写特定的功能包，则推荐完整学习 ROS-2 的用户手册（https://index.ros.org/doc/ros2/Tutorials/）其中包含了更加全面的指导信息。

2.8.1 ROS-1 代码示例

首先来看一下 ROS-1 中传统的发布 – 订阅代码，即用 Python 编写的 talker-listener 代码。我们假设读者现在已经熟悉了 ROS-1 中使用 catkin_create_pkg 命令创建包的过程。

按照以下步骤创建一个简单的功能包，并运行我们的 ROS-1 节点：

1）新建一个终端窗口，执行以下命令：

```
$ initros1
$ mkdir -p ros1_example_ws/src
$ cd ~/ros1_example_ws/src
$ catkin_init_workspace
$ catkin_create_pkg ros1_talker rospy
$ cd ros1_talker/src/
$ gedit talker.py
```

2）将下列代码键入编辑器并保存文件（也可以复制使用本书源代码）：

```
#!/usr/bin/env python

import rospy
from std_msgs.msg import String
from time import sleep

def talker_main():
    rospy.init_node('ros1_talker_node')
```

```
    pub = rospy.Publisher('/chatter', String)
    msg = String()
    i = 0
    while not rospy.is_shutdown():
        msg.data = "Hello World: %d" % i
        i+=1
        rospy.loginfo(msg.data)
        pub.publish(msg)
        sleep(0.5)

if __name__ == '__main__':
        talker_main()
```

3）保存并关闭文件后，使用以下命令为该文件授权：

```
$ chmod +x talker.py
```

4）返回上一级文件目录，并编译构建功能包：

```
$ cd ~/ros1_example_ws
$ catkin_make
```

5）导入工作空间，并执行相应命令运行节点：

```
$ source devel/setup.bash
$ rosrun ros1_talker talker.py
```

请注意，在执行上述各个命令时，首先应已执行 roscore 命令，即先运行 initros1，然后运行 roscore，之后再运行上述其他命令。

执行上述命令后，读者将会看到节点发布的相关信息。

2.8.2 ROS-2 代码示例

ROS-2 中使用 colcon 构建技术，并且功能包创建过程有所不同。

按照以下步骤创建一个简单的功能包，并运行我们的 ROS-2 节点：

1）新建一个终端窗口，执行以下命令：

```
$ initros2
$ mkdir -p ros2_example_ws/src
$ cd ~/ros2_example_ws/src
$ ros2 pkg create ros2_talker
$ cd ros2_talker/
```

2）移除 CMakeLists.txt 文件：

```
$ rm CMakelists.txt
```

3）使用 $ gedit package.xml 命令修改 package.xml 文件：

```
<?xml version="1.0"?>
<?xml-model
```

```
href="http://download.ros.org/schema/package_format2.xsd"
schematypens="http://www.w3.org/2001/XMLSchema"?>
<package format="2">
  <name>ros2_talker</name>
  <version>0.0.0</version>
  <description>Examples of minimal publishers using
rclpy.</description>

  <maintainer email="ram651991@gmail.com">Ramkumar
Gandhinathan</maintainer>
  <license>Apache License 2.0</license>

  <exec_depend>rclpy</exec_depend>
  <exec_depend>std_msgs</exec_depend>

  <!-- These test dependencies are optional
  Their purpose is to make sure that the code passes the linters -->
  <test_depend>ament_copyright</test_depend>
  <test_depend>ament_flake8</test_depend>
  <test_depend>ament_pep257</test_depend>
  <test_depend>python3-pytest</test_depend>

  <export>
    <build_type>ament_python</build_type>
  </export>
</package>
```

4）创建名为 `setup.py` 的文件，并使用 `$ gedit setup.py` 命令编辑下述代码：

```
from setuptools import setup
setup(
    name='ros2_talker',
    version='0.0.0',
    packages=[],
    py_modules=['talker'],
    install_requires=['setuptools'],
    zip_safe=True,
    author='Ramkumar Gandhinathan',
    author_email='ram651991@gmail.com',
    maintainer='Ramkumar Gandhinathan',
    maintainer_email='ram651991@gmail.com',
    keywords=['ROS'],
    classifiers=[
        'Intended Audience :: Developers',
        'License :: OSI Approved :: Apache Software License',
        'Programming Language :: Python',
        'Topic :: Software Development',
    ],
    description='Example to explain ROS-2',
    license='Apache License, Version 2.0',
    entry_points={
        'console_scripts': [
            'talker = talker:talker_main'
        ],
    },
)
```

5）创建名为 talker.py 的文件，使用 $ gedit talker.py 命令编辑下述代码：

```
#!/usr/bin/env python3

import rclpy
from std_msgs.msg import String
from time import sleep

def talker_main():
    rclpy.init(args=None)
    node = rclpy.create_node('ros2_talker_node')
    pub = node.create_publisher(String, '/chatter')
    msg = String()
    i = 0
    while rclpy.ok():
        msg.data = 'Hello World: %d' % i
        i += 1
        node.get_logger().info('Publishing: "%s"' % msg.data)
        pub.publish(msg)
        sleep(0.5)

if __name__ == '__main__':
    talker_main()
```

如果正常执行了上述步骤，则将得到如图 2.15 所示的文件夹树结构。

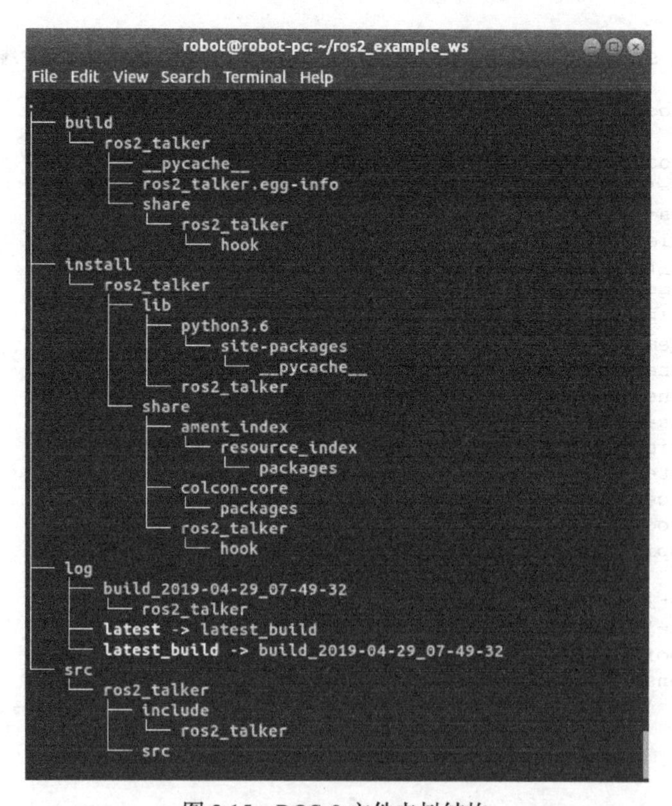

图 2.15　ROS-2 文件夹树结构

6）返回上级文件目录，使用 colcon 命令编译构建功能包：

```
$ cd ~/ros2_example_ws
$ colcon build --symlink-install
```

7）使用以下命令运行节点：

```
$ ros2 run ros2_talker talker
```

读者将会看到和 ROS-1 环境下运行节点时一样的输出信息，下面我们将介绍二者的主要区别。

2.8.3 ROS-1 发布者节点与 ROS-2 发布者节点的区别

为便于理解和对比，我们将 ROS-1 发布者节点和 ROS-2 发布者节点的主要区别列于表 2.5 中。

表 2.5 ROS-1 发布者节点与 ROS-2 发布者节点的区别

ROS-1 发布者节点	ROS-2 发布者节点
`!/usr/bin/env python` ROS-1 使用 Python 2，上述声明指定 Python 目录	`!/usr/bin/env python3` ROS-2 使用 Python 3，上述声明指定 Python 目录

`import rospy`
ROS-1 客户端库是 rospy。以下导入语句没有变化：
`from std_msgs.msg import String`
`from time import sleep`
	`import rclpy`
	ROS-2 客户端库是 rclpy。以下导入语句没有变化：
	`from std_msgs.msg import String`
	`from time import sleep`

`def talker():` 无变化	`def talker():` 无变化

`rospy.init_node('ros1_talker_node')`
此为 ROS-1 中节点的初始化方法，一个文件中只能初始化一个节点，如果想要初始化多个节点，则需要使用 nodelet
	`rclpy.init(args=None)`
	`node = rclpy.create_node('ros2_talker_node')`
	此为 ROS-2 中的节点初始化方法，可以在一个文件中初始化多个节点

`pub = rospy.Publisher('/chatter', String)` 此为 ROS-1 中的话题发布方法	`pub = node.create_publisher(String, '/chatter')` 此为 ROS-2 中的话题发布方法

`msg = String()`
`    i = 0`
`    while not rospy.is_shutdown():`
`        msg.data = "Hello World:%d" % i`
`        i+=1`
消息声明及计数器逻辑
	`msg = String()`
	`    i = 0`
	`    while rclpy.ok():`
	`        msg.data = 'Hello World: %d' % i`
	`        i += 1`
	消息声明及计数器逻辑。与 ROS-1 中的 is_shutdown() 不同，此处使用的是 rclpy 中的 shutdown()，但是不能用于前面使用 Python 的 sleep 的数据发布方法，因此调用了 ok() 函数

`rospy.loginfo(msg.data)` 此为 ROS-1 日志信息的显示方法	`node.get_logger().info('Publishing: "%s"' % msg.data)` 此为 ROS-2 日志信息的显示方法

（续）

ROS-1 发布者节点	ROS-2 发布者节点

pub.publish(msg)
    sleep(0.5)
if __name__ == '__main__':
    talker_main()
无变化
	pub.publish(msg)
	    sleep(0.5)
	if __name__ == '__main__':
	    talker_main()
	无变化

表 2.5 列出了 ROS-1 节点代码与 ROS-2 节点代码的主要区别。

请注意，前面的 ROS-2 节点仅以 ROS-1 节点为基本参考进行了简单的展示，主要是为了简单对比发布者节点编写中的区别。实际上，在 ROS-2 中有许多编写节点的方法。实际上，我们已经讨论了基于 QoS 度量的发布－订阅模式，它可以确保节点在有干扰的网络中高效地通信。本书暂不涉及这些内容的详细解释。如果读者想了解更多关于 ROS-2 的信息，请访问 ROS-2 的用户教程网站 https://index.ros.org/doc/ros2/Tutorials/。

下面我们介绍如何桥接 ROS-1 和 ROS-2。

2.9 ROS-1 和 ROS-2 的通信

如我们所知，ROS-2 仍处于开发之中，目前尚没有一个稳定的长期支持的发行版。因此，直接在 ROS-2 中编写节点程序或将 ROS-1 下已有的节点程序移植到 ROS-2 下将是一项艰巨的任务。为了使得用户能够使用 ROS-1 和 ROS-2 的功能包进行项目开发，可以通过一个名为 `ros1_bridge` 的功能包实现 ROS-1 和 ROS-2 的通信，从而实现两个版本的连接与共用。

`ros1_bridge` 实际上是一个 ROS-2 功能包，用于自动或手动建立消息、话题和服务的映射，并在 ROS-1 和 ROS-2 节点之间进行通信。`ros1_bridge` 可以在某个 ROS 版本中订阅消息，然后在其他 ROS 版本中发布它们。当读者想使用一个模拟器（比如带有 ROS-2 的 Gazebo）来测试自己的项目时，这个软件包就派上了用场。在撰写本书时，`ros1_bridge` 功能包仅支持一定数量的消息。我们期待其他功能包能很快移植到 ROS-2 中，或者其消息能够得到 `ros1_bridge` 功能包的支持，这样我们就可以在 ROS-1 和 ROS-2 中并行运行它们。

测试 ros1_bridge 功能包

`ros1_bridge` 功能包默认安装在我们使用的发行版 crystal 中。下面让我们在 ROS-1 中运行一个节点，然后打开 `ros1_bridge`，测试 ROS-2 中发布的话题。此试验需要打开四个独立的终端，具体如下：

1）在第一个终端窗口中，同时初始化 ROS-1 和 ROS-2 的工作空间，然后启动 `ros1_bridge` 功能包：

```
$ initros1
$ initros2
$ ros2 run ros1_bridge simple_bridge_1_to_2
```

读者将会看到 Trying to connect to the ROS master 的错误提示。

2）在第二个终端窗口中，初始化 ROS-1 工作空间，并运行 roscore 命令：

```
$ initros1
$ roscore
```

读者将会看到连接到 ROS master 的信息。

3）在第三个终端窗口中，启动 ROS-1 的发布者节点：

```
$ initros1
$ rosrun rospy_tutorials talker.py
```

读者将会在终端 1 和 3 中看到发布的信息。

4）在第四个终端窗口中，初始化 ROS-2 的工作空间，并启动订阅者节点：

```
$ initros2
$ ros2 run demo_nodes_py listener
```

读者将会在终端 1、3、4 中看到发布的信息。

四个终端窗口的输出信息应如图 2.16 所示。

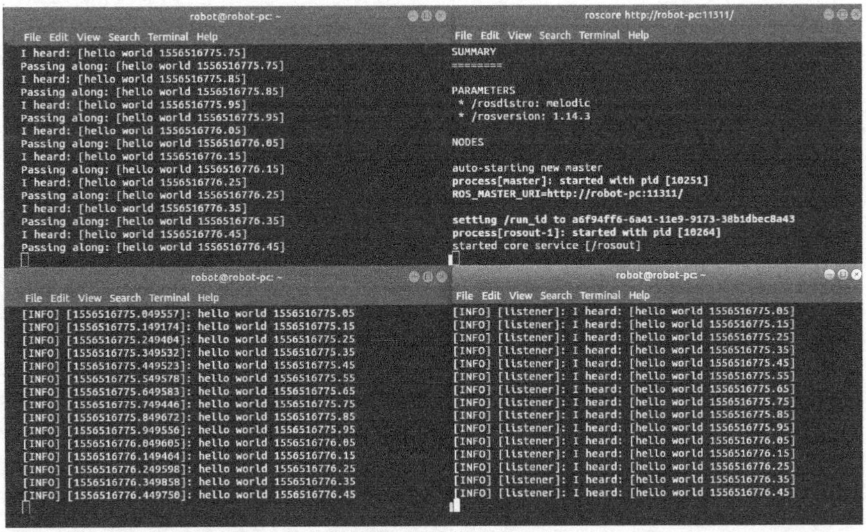

图 2.16　ROS-1 与 ROS-2 的通信示意图，从左到右、从上到下分别为终端 1 ～ 4

基于上述操作，读者将方便地建立起 ROS-1 与 ROS-2 之间的连接，实现两个版本 ROS 功能包的通信。此外，还可以采用同样的方法，通过使用 `simple_bridge_2_to_1` 节点实现 ROS-1 与 ROS-2 的通信。

建议读者尝试 `dynamic_bridge` 节点，该节点能够自动建立 ROS-1 和 / 或 ROS-2 节点间的通信连接。

2.10 本章小结

本章概述了 ROS-2 的相关概念与操作，对比了 ROS-2 与 ROS-1 在功能与特性上的区别。通过本章内容，读者应理解两个版本编译构建系统的不同以及如何在不同版本下编写节点代码，我们对比了在 ROS-1 和 ROS-2 下编写简单节点的区别。由于 ROS-2 目前还处于研发之中，因此为了便于在 ROS-2 下使用 ROS-1 的相关功能包，我们介绍了 `ros1_bridge` 功能包的用法。在后续章节中，我们将介绍如何在 ROS-1 环境下构建有趣的机器人项目。

在下一章中，我们将学习如何构建一个工业级的移动机械臂。

第3章 构建工业级移动机械臂

机器人学是一个跨多个学科的工程领域，在当今有着广泛的应用。与移动机器人和不移动机器人的标准分类不同，机器人还根据应用场景、工作介质等进行分类，如地上移动机器人、空中机器人、海洋机器人和空间机器人等。其中，最常见的是移动机器人，此类机器人通过了解和学习环境的变化来进行移动，通过对环境进行感知，执行应用程序要求的必要操作。另一类常用的静态机器人是机械臂，它在工业中有着广泛的应用。它最初主要用于进行起重，这类任务通常能够自动完成且具有重复性，但目前机械臂已经变得足够“聪明”，能够理解环境和感兴趣的物体，并与人类一起执行任务。这类机械臂现在被称为cobot。读者可以想象一下将机械臂和具有足够有效载荷能力的移动机器人组合在一起的场景，这类机器人就是**移动机械臂**。

移动机械臂在工业中具有广阔的应用前景，因为它可以随身携带物体，并根据需要将其传送到相应的工作单元或工作站。这使得机器人可以自由地到达空间中的几乎所有点，不像那些不能移动的机械臂那样仅有有限的工作空间。对于大部分工厂自动化管理系统而言，都要求具有一定的灵活性，因此移动机械臂将是一个非常好的补充工具。除了工业领域，移动机械臂在其他领域也很有用，如太空探索、采矿、零售和军事应用。可以采用自主控制或半自主控制模式，也可以根据应用场景的需要进行手动控制。

本章是我们开始使用ROS构建机器人的第一章。本章将主要介绍常见的移动机械臂，以便更好地了解如何使用它们。在此基础上，我们将探讨构建移动机械臂项目的先决条件和方法。通过对本章的学习，读者可以分别对机器人底座和机械臂进行建模和模拟，然后将它们组合在一起，并查看运行情况。

本章涵盖的主题包括：

- 常见的移动机械臂。
- 移动机械臂应用场景。
- 移动机械臂构建入门。
- 单位及坐标系。
- 机器人底座构建。
- 机械臂构建。

- 系统集成。

3.1 技术要求

学习本章内容的相关要求如下：

- Ubuntu 18.04（Bionic）系统，预先安装 ROS Melodic Morenia 和 Gazebo 9。
- ROS 功能包：`ros_control`、`ros_controllers` 和 `gazebo_ros_control`。
- 时间线及测试平台：
  - ❑ **预计学习时间**：平均约 120 分钟。
  - ❑ **项目构建时间（包括编译和运行）**：平均约 90 分钟。
  - ❑ **项目测试平台**：惠普 Pavilion 笔记本电脑（Intel® Core™ i7-4510U CPU @ 2.00 GHz × 4，8GB 内存，64 位操作系统，GNOME-3.28.2 桌面环境）。

本章代码可以从以下网址下载：

https://github.com/PacktPublishing/ROS-Robotics-Projects-SecondEdition/tree/master/chapter_3_ws/src/robot_description。

下面介绍常见的移动机械臂。

3.2 常见的移动机械臂

移动机械臂已经进入市场相当长一段时间了。大学和研究机构最初为了提高移动机器人和机械臂的灵活性，开始组合使用移动机器人和机械臂。当 ROS 在 2007 年初开始流行时，来自 Willow Garage 的移动机械臂 PR2（http://www.willowgarage.com/pages/pr2/overview）是测试各种 ROS 功能包的试验台，如图 3.1 所示。

图 3.1　OSRF 的 PR2（图片来源：https://www.flickr.com/photos/jiuguangw/5136649984，由 Jiuguang Wang 提供。基于知识共享授权协议 CC-BY-SA 2.0：https://creativecommons.org/licenses/by-sa/2.0/legalcode）

PR2 像人类一样具有理性导航的机动性和在环境中操纵物体的灵巧性。然而，工业界最初并不喜欢 PR2，因为购买一台 PR2 需要花费 40 万美元。很快，移动机器人制造商开始在现有的移动机器人底座上建造机械臂。这是最初构建移动机械臂的流行方式，因为与 PR2 相比，这样的方式成本更低。其中一些著名的制造商包括 Fetch Robotics、Pal Robotics、Kuka 等。

Fetch Robotics 公司有一款名为 Fetch

的移动机械臂（https://fetchrobotics.com/robotics-platforms/fetch-mobile-manipulator/）。Fetch 是一个 7 自由度机械臂和一个附加自由度（源自移动机器人底座）的组合，躯干提升装置安装在一个移动机器人底座上，目标是承载 100 千克的有效载荷。Fetch 有 5 英尺（约 1.5 米）高，可以通过深度摄像头和激光扫描仪等传感器感知环境。它坚固耐用、成本低廉。Fetch 使用一个平行的爪形夹持器作为其末端执行器，并具有一个额外的基于摇摄和倾斜的头部（带有深度传感器）组件。该机械臂可承载 6 千克的有效载荷。

Pal Robotics 公司的移动机械臂名为 Tiago（http://tiago.pal-robotics.com/）（参见图 3.2），其设计与 Fetch 类似。相比 Fetch，Tiago 有一些优点，目前得到了欧洲和世界各地研究机构的广泛使用。它也有一个 7 自由度的机械臂，但它的手腕上还有一个力扭矩传感器，可以细致监测相关操作。然而，其有效载荷能力略低于 Fetch：其手臂只能承载 3 千克左右的有效载荷，而底座只能承载 50 千克。Tiago 有许多内置的软件功能，如 NLP 系统和人脸识别软件包，这些功能能够随时部署。

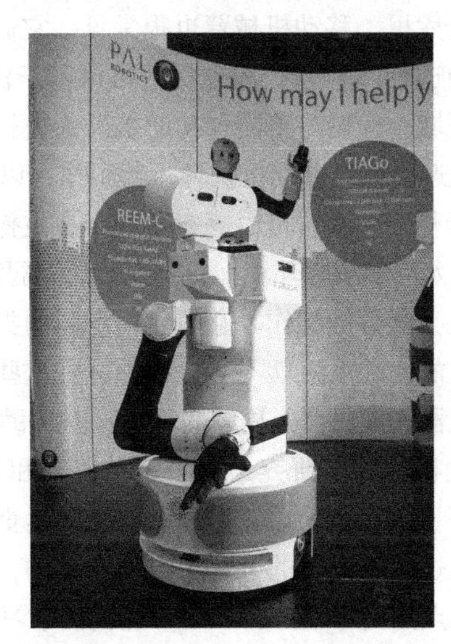

图 3.2 Pal Robotics 的 Tiago（图片来源：https://commons.wikimedia.org/wiki/File:RoboCup_2016_Leipzig_-_TIAGo.jpg，由 ubahnverleih 提供。基于公共领域共享许可协议：https://creativecommons.org/publicdomain/zero/1.0/legalcode）

Kinova Robotics 公司的移动机械臂称为 MOVO（https://www.kinovarobotics.com/en/knowledge-hub/movo-mobile-manipulator）。该机械臂具有两条手臂，与 PR2 类似。与前面介绍的两款机械臂不同，这一款机械臂的动作复杂、缓慢且平滑。

除了上述移动机械臂外，目前其他的移动机械臂主要利用现有的移动机器人和机械臂进行组合构建。例如，Clearpath Robotics 公司拥有各种各样的移动机械臂，均使用自己的移动底座——husky 和 ridgebacks，分别与 Universal Robots 的 UR5 机械臂和 Baxter 平台组合构建。此外，Robotnik 的移动机械臂由其移动底座 RB-Kairos 和 Universal Robots 的 UR5 机械臂组合而成。

至此我们大致了解了移动机械臂的基本情况，下面我们介绍它的主要应用场景。

3.3 移动机械臂应用场景

工业界过去常常使用关节式机械臂来完成枯燥而危险的重复性工作。随着时间的推移，这些机器人变得越来越现代化，能够与人类操作员一起工作，而不是单独在工作间工作。因此，这种机器人与工业级地面车辆的结合有助于完成某些工业应用。最常见的应用之一是**机器维护**，它是当今最具发展趋势的应用之一，许多机器人正在这一领域得到部署。机器维护机器人是指帮助执行某些“维护”机器任务的机器人。一些典型的维护任务包括从机器上装载和卸载零件、装配操作、气象检查等。

在仓库里，移动机械臂也很常见。它们用于物料搬运任务，如物料的装卸等。机器人还可以帮助进行库存监控和分析，可以基于消费或市场需求来帮助识别库存数量的突然减少。在这一领域，人们与不同种类的机器人进行了大量的合作。无人机等空中机器人在仓库中同样很受欢迎，它与移动机械臂一起工作，以监控和跟踪库存并进行其他检查活动。

由于移动机械臂可以是自主或半自主操作，因此这些机器人可以用于不适合人类生存的地方（如太空和危险环境）。这些机器人常用于太空和核反应堆工厂，在没有人类的情况下执行类似人类执行的操作。它们使用专门的类似人手的末端执行器，并根据环境进行操作，这样机器人的内部系统就不会遭到损坏。这些机器人由专业人员控制，专业人员通过某些传感器观察机器人和机器人周围的环境，并借助复杂的人机界面设备执行操作。

移动机械臂的研究是军事领域研究和发展的一个重点。移动机械臂配有小型侦察机器人，可用于监视行动。它们能够用来搬运重物，甚至能够把受伤的人运到安全的地方。它们还可以通过人工操作的方式进行作业活动，士兵可以操纵移动机械臂执行炸弹拆除或打开无人值守地点的门等任务。下面，让我们学习构建移动机械臂的方法。

3.4 移动机械臂构建入门

通过上面的内容，读者已经了解了移动机械臂的概念、组成以及典型的应用场景。下面我们开始通过模拟的方式构建一台移动机械臂。正如读者现在非常清楚的，一个移动机械臂需要一个良好的载重移动机器人底座和一个机械臂，所以我们将分别构建移动机器人底座和机械臂，然后把二者结合起来构成完整的移动机械臂。我们还要考虑某些参数和约束，以便对其进行构建和模拟。为了避免机器人类型过于复杂，并考虑简单有效的模拟，让我们考虑以下假设：

对于一个良好的载重移动机器人底座，我们的需求是：

- 可以在平坦或倾斜的平面上移动，但不能在不规则的平面上移动。
- 可以是差动驱动机器人，具有固定的方向盘和全轮驱动。
- 目标载荷为50千克。

对于机械臂，我们的需求是：

- 5个自由度。
- 目标载荷为5千克。

接下来，我们介绍ROS的单位和坐标系约定。

3.4.1　单位及坐标系

开始在 Gazebo 和 ROS 中构建移动机械臂之前，我们需要记住 ROS 遵循的测量单位和坐标约定。这些在设计文档中定义的信息，称为 **ROS 增强建议**（ROS Enhancement Proposal，REP）。该增强建议是社区成员在使用 ROS 构建项目时的标准参考。在 ROS 中引入或计划引入的任何新特性都将提供相应的文档作为社区的建议文档。REP-0103（http://www.ros.org/reps/rep-0103.html）定义了标准测量单位和坐标约定。读者可以在 REP 索引中找到所有可用的 REP 的列表：http://www.ros.org/REPS/REP-0000.html。

就我们的需求而言，以下信息足够我们继续建造移动机械臂。

测量单位如下：

- **底座单位**：长度以米为单位；质量以千克为单位；时间以秒为单位。
- **推导单位**：角度以弧度为单位；频率以赫兹为单位；力以牛顿为单位。
- **运动学推导单位**：线速度以米每秒为单位；角速度以弧度每秒为单位。

坐标系约定如下：

- 使用右手坐标系：拇指为 z 轴，中指为 y 轴，食指为 x 轴。而且，绕 z 轴逆时针旋转为正，顺时针旋转为负。

在下一节中，我们将对 Gazebo 和 ROS 下的机器人模型格式进行说明。

3.4.2　Gazebo 及 ROS 机器人模型格式设定

正如我们所知，Gazebo 是一个支持 ROS 的物理模拟引擎，它也可以在没有 ROS 的情况下独立运行。在 Gazebo 中创建的大多数模型都符合一种称为**模拟描述格式**（Simulation Description Format，SDF）的 XML 格式。ROS 则有不同的方法来表示机器人模型：以一种称为**通用机器人描述格式**（Universal Robotic Description Format，URDF）的 XML 格式定义。对用户而言，虽然 Gazebo 和 ROS 下的机器人模型格式不同，但无须过多担心，因为如果模型是用 URDF 创建的，则虽然文件中有一些额外的 XML 标记，但是 Gazebo 可以很容易地理解它们——URDF 文件能够在 Gazebo 的保护下自动转换成 SDF。但是如果模型是在 SDF 中定义的，则在引入某些基于 ROS 的特性时则可能会存在一些问题。

目前有多种基于 SDF 的插件能够在 ROS 下工作或者向 ROS 发送消息，但这些插件仅限于少数传感器和控制器。我们在安装 ROS-1 Melodic Morenia 的同时安装了 Gazebo 9。尽管我们有最新版本的 Gazebo 和 ROS（截至撰写本书时），但大多数 `ros_controllers` 仍然不支持 SDF，需要我们创建自定义的控制器来与 SDF 一同工作。鉴于此，我们将以 URDF 格式创建机器人模型，并允许 Gazebo 的内置 API（URDF2SDF：http://osrf-distributions.s3.amazonaws.com/sdformat/api/6.0.0/classsdf_1_1URDF2SDF.html）完成转换工作，生成 Gazebo 支持的格式。

为了实现 ROS 与 Gazebo 的集成，我们需要在两者之间建立一定的依赖关系，并将 ROS 消息转换为 Gazebo 可接受的信息。我们还需要一个框架实现准实时的机器人控制器，实现对机器人运动的控制。前者构成了 gazebo_ros_pkgs 包，它是一堆 ROS 包的封装，用于帮助 Gazebo 理解 ROS 消息和服务；后者构成了 ros_control 和 ros_controller 包，提供机器人关节和执行器空间转换处理以及基于现有控制器对位置、速度以及力的控制处理功能。读者可以通过以下命令安装上述所需的功能包：

```
$ sudo apt-get install ros-melodic-ros-control
$ sudo apt-get install ros-melodic-ros-controllers
$ sudo apt-get install ros-melodic-Gazebo-ros-control
```

由于已经定义了抽象层，因此我们将使用 ros_control 的 hardware_interface::RobotHW 类，此外我们将使用 ros_controllers 的 joint_trajectory_controller 和 diff_drive_controller 来分别实现对机械臂和机器人底座的控制。

读者可以从 http://www.theoj.org/joss-papers/joss.00456/10.21105.joss.00456.pdf 了解更多关于 ros_control 和 ros_controllers 的信息。

至此，读者已经了解了移动机械臂构建的基础内容，下面我们开始构建机器人底座。

3.5 机器人底座构建

下面让我们开始构建机器人底座。如前所述，ROS 从 URDF 的角度理解机器人。URDF 是包含机器人的所有必要信息的 XML 标记列表。创建了机器人底座的 URDF 文件之后，我们将在代码周围引入必要的连接器和封装，以便可以与独立的物理模拟器（如 Gazebo）交互和通信。接下来我们介绍机器人底座是如何一步步建成的。

3.5.1 机器人底座需求

要构建机器人底座，需要满足以下需求：

- 一个坚固的底盘，包含一组具有良好摩擦性能的轮子。
- 强大的驱动器，可以帮助携带所需的有效载荷。
- 驱动控制。

如果读者计划建立一个真正的机器人底座，那么可能还需要考虑其他因素，例如电源管理系统（能够在预期续航时间内保障机器人有效运行）、必要的电气和嵌入式特性以及机械动力传输系统。实际上，ROS 能够帮助读者更好地实现上述需要。为什么？这是因为基于 ROS 能够对真实工作的机器人进行仿真（更准确地说，是模拟。但如果读者调整一些参数并应用实时约束，则肯定能够以更高的逼真度进行仿真），需要考虑的因素及实现如下所示：

- 底盘和轮子可以用 URDF 中的物理特性定义。
- 驱动器可以使用 Gazebo-ros 插件定义。
- 驱动器控制可以基于 ros_controllers 定义。

基于上述考虑，如果要构建自定义机器人，首先我们要考虑机器人的规格参数。

1. 机器人底座规格参数

我们的机器人底座可能需要携带一个机器人手臂和一些额外的负载。此外，还应确保它是机电稳定的，使得它有足够的扭矩拉动自己的负载以及额定负载，并以较少的顿挫和边际位姿误差顺利地平滑移动。

TIP 所谓位姿包含了物体相对于世界 / 地球 / 环境的位置和旋转（姿态）坐标。

对于我们要构建的机器人底座而言，具体规格参数为：

- **尺寸**：600 × 450 × 200（长 × 宽 × 高，单位为毫米）。
- **类型**：四轮差分驱动机器人。
- **速度**：最高 1 米 / 秒。
- **载荷**：50 千克（包含机械臂）。

2. 机器人底座运动学模型

我们的机器人底座只有两个自由度：沿 x 轴平移和沿 z 轴旋转。由于方向盘固定，因此机器人不能在 y 轴上瞬时移动。因为机器人只能在地面上移动，所以它也不能在 z 轴上移动。此外，沿着 x 轴或 y 轴旋转意味着机器人要么向左或右倒下，要么向前或后倒下，因此这也是不可能的。

TIP 如果是麦卡纳姆轮系（又称为瑞典轮）的情况下，机器人底座将有 3 个自由度，可以在 x 和 y 轴构成的平面上万向平移，并能沿 z 轴旋转。

因此，我们的机器人运动学模型如下所示：

$$\begin{matrix} x' \\ y' \\ \theta' \end{matrix} = \begin{matrix} \cos(\omega\delta t) & -\sin(\omega\delta t) & 0 \\ \sin(\omega\delta t) & \cos(\omega\delta t) & 0 \\ 0 & 0 & 1 \end{matrix} \times \begin{matrix} x-\mathrm{ICC}x \\ y-\mathrm{ICC}y \\ \theta \end{matrix} + \begin{matrix} \mathrm{ICC}x \\ \mathrm{ICC}y \\ \omega\delta t \end{matrix}$$

其中，x'、y' 和 θ' 表征了机器人的最终位姿，ω 表征了机器人的角速度，δt 表征了时间步长。这就是所谓的正向运动学方程，因为我们是根据机器人的尺寸和速度来确定机器人的位姿的。

上述公式中的未知量为：

$$R = l/2 \times (\mathrm{nl} + \mathrm{nr})/(\mathrm{nr}-\mathrm{nl})$$

其中，nl 和 nr 为左右两个轮子的编码器计数值，l 是轮子的轴长：

$$\mathrm{ICC} = [x-R\sin\theta, y + R\cos\theta]$$

同样可以得到：

$$\omega\delta t = (\mathrm{nr}-\mathrm{nl})\mathrm{step}/l$$

其中，step 是每个编码器刻度中轮子所覆盖的距离。

3.5.2 软件参数

现在，我们已经有了机器人的规格参数，下面让我们了解一下构建一个移动机械臂所需要的 ROS 相关的信息。假设我们把移动机器人底座看作一个黑匣子：如果给它特定的速度，则机器人底座应该按指定速度移动，然后输出它移动到的位置。在 ROS 术语中，移动机器人通过一个名为 `/cmd_vel`（命令速度）的话题接收信息，并发出 `/odom`（里程计）。一个简单的消息传递过程如图 3.3 所示。

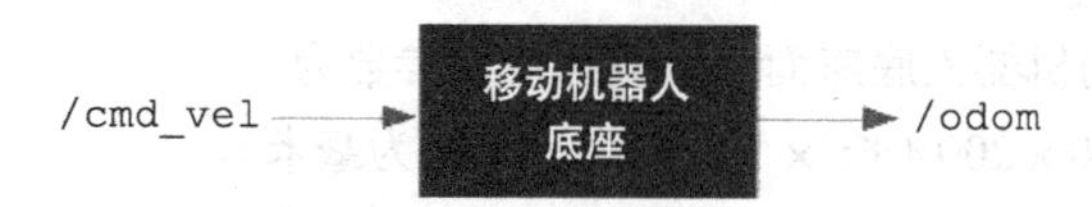

图 3.3　将移动机器人底座视为黑盒时的消息传递

下面我们来了解一下消息格式。

1. ROS 消息格式

`/cmd_vel` 遵从 `geometry_msgs/Twist` 消息格式。该消息格式的具体内容参见 http://docs.ros.org/melodic/api/geometry_msgs/html/msg/Twist.html。

`/odom` 遵从 `nav_msgs/Odometry` 消息格式。该消息格式的具体内容参见 http://docs.ros.org/melodic/api/nav_msgs/html/msg/Odometry.html。

由于我们的机器人底座为 2 自由度的差分驱动机器人，因此无须解释其他相关消息格式。

2. ROS 控制器

我们将使用 `diff_drive_controller` 插件对机器人底座的差分运动学模型进行定义。该插件定义了我们之前介绍过的机器人运动学公式，能够帮助我们实现机器人在空间中的运动。有关该插件的更多信息参见 http://wiki.ros.org/diff_drive_controller。

3.5.3 机器人底座建模

至此我们已经具备了构建机器人底座所需的所有信息，下面我们开始进行机器人建模。我们构建的机器人模型如图 3.4 所示。

图 3.4　我们的移动机械臂模型

在开始使用 URDF 为机器人建模之前，需要先了解一些基础知识。可以使用几何标记来定义标准形状（如圆柱体、球体和长方体），但不能使用几何标签来对复杂的几何体建模或设置其样式。这些工作可以使用第三方软件来完成，例如：复杂的**计算机辅助设计**（Computer Aided Design，CAD）软件，如 Creo 或 Solidworks；开源建模工具，如 Blender、FreeCAD 和 Meshlab。完成建模后，可以将其作为网格元素导入。本书中的模型是由这样的开源建模工具完成建模的，并作为网格元素导入到了 URDF 中。此外，有时如果在建模时编写了过多的 XML 标记，则会给我们带来麻烦，使得在构建复杂的机器人时迷失方向。因此，我们将使用宏定义的方式进行建模，宏在 URDF 中被称为 `xacro`（http://wiki.ros.org/xacro），这将有助于简化代码并避免标记重复。

我们的机器人底座模型主要使用以下标记：

- `<xacro>`：帮助定义宏以供重用。
- `<link>`：包含机器人的几何表示和可视化信息。
- `<inertial>`：包含连杆的质量和惯性矩。
- `<joint>`：包含具有约束定义的连杆之间的连接。
- `<Gazebo>`：包含在 Gazebo 和 ROS 之间建立连接的插件以及模拟属性。

我们的机器人底座模型包含一个底盘和四个轮子，如图 3.5 所示，读者可以查看相应的连杆元素的信息。

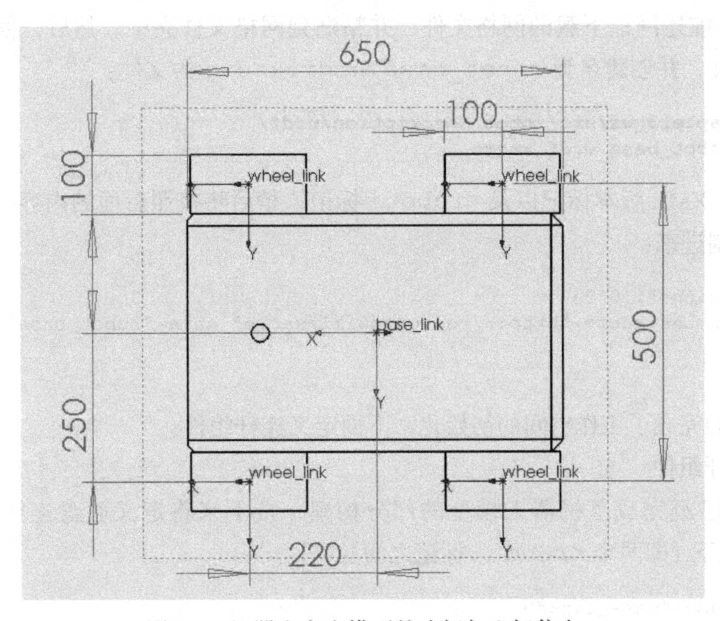

图 3.5 机器人底座模型的连杆与坐标信息

底盘名为 `base_link`，可以在其中心看到坐标系。轮子（或 `wheel_frames`）相对于底座连杆 `base_link` 框架放置。如图 3.5 所示，模型遵循右手坐标系。现在，可以确定机器人的前进方向将始终朝向 x 轴，旋转方向围绕 z 轴。另外，请注意，轮子相对于其参考系绕 y 轴旋转（将在后面的代码中看到此参考系）。

1. 初始化工作空间

我们需要做的就是为机器人模型定义类似 `<link>` 和 `<joint>` 网格的标记。网格文件可以从https://github.com/PacktPublishing/ROS-Robotics-Projects-SecondEdition/tree/master/chapter_3_ws/src/robot_description/meshes 获取。

按照以下步骤初始化工作空间：

1）创建ROS工作空间，添加我们的文件。在新建的终端窗口中使用以下命令生成功能包：

```
$ initros1
$ mkdir -p ~/chapter3_ws/src
$ catkin_init_workspace
$ cd ~/chapter3_ws/src
$ catkin_create_pkg robot_description catkin
$ cd ~/chapter3_ws/
$ catkin_make
$ cd ~/chapter3_ws/src/robot_description/
```

2）使用以下命令创建文件夹：

```
$ mkdir config launch meshes urdf
```

3）复制从前述网址下载的网格文件，并粘贴到网格文件夹中。然后，使用以下命令进入urdf文件夹，并创建名为robot_base.urdf.xacro的文件：

```
$ cd ~/chapter3_ws/src/robot_description/urdf/
$ gedit robot_base.urdf.xacro
```

4）初始化XML版本标记以及<robot>标记，稍后将按照后面的内容一步步地将下载得到的源码复制进来：

```
<?xml version="1.0"?>
  <robot xmlns:xacro="http://ros.org/wiki/xacro" name="robot_base"
>
</robot>
```

至此，我们完成了工作空间的初始化，下面定义连杆组件。

2. 定义连杆组件

目前我们已经完成了机器人模型的部分构建，接下来将定义底盘连杆的代码复制到<robot>标记下（即两个<robot>标记之间）：

```
  <link name="base_link">
    <visual>
      <origin
        xyz="0 0 0"
        rpy="1.5707963267949 0 3.14" />
      <geometry>
        <mesh filename="package://robot_description/meshes/robot_base.stl"
/>
      </geometry>
      <material
        name="">
        <color
          rgba="0.79216 0.81961 0.93333 1" />
```

```
      </material>
    </visual>
  </link>
```

连杆元素定义代码定义了机器人的几何特征以及可视化信息，上述代码定义的是机器人底盘，我们称之为base_link。

标签很简单。如果读者想要深入学习相关内容，可以访问 http://wiki.ros.org/urdf/XML/link。

我们需要将四个轮子连接到base_link。为了便于定义，我们将通过xacro来实现同一段轮子模型代码的复用，复用时将对其进行重命名，以实现对四个轮子的区分。首先创建一个名为robot_essentials.xacro的文件，然后定义标准的宏，以便对轮子模型进行复用：

```
<?xml version="1.0"?>
<robot xmlns:xacro="http://ros.org/wiki/xacro" name="robot_essentials" >
<xacro:macro name="robot_wheel" params="prefix">
<link name="${prefix}_wheel">
<visual>
<origin
xyz="0 0 0"
rpy="1.5707963267949 0 0" />
<geometry>
<mesh filename="package://robot_description/meshes/wheel.stl" />
</geometry>
<material
name="">
<color
rgba="0.79216 0.81961 0.93333 1" />
</material>
</visual>
</link>
</xacro:macro>
</robot>
```

至此，我们在上述文件中创建了一个轮子的通用宏。现在需要做的是在自己的机器人模型文件robot_base.urdf.xacro中调用该宏文件，具体如下所示：

```
<xacro:robot_wheel prefix="front_left"/>
<xacro:robot_wheel prefix="front_right"/>
<xacro:robot_wheel prefix="rear_left"/>
<xacro:robot_wheel prefix="rear_right"/>
```

通过上述操作，读者能够用很少的代码通过宏的形式实现对相同连杆元素模型代码的复用。下面将定义关节组件。

如果读者想要深入学习xacro的相关内容，可以访问 http://wiki.ros.org/xacro。

3. 定义关节组件

如图3.5所示，作为关节组件的轮子仅与机器人底盘相连接，因此轮子连接至base_

link，并且绕各自坐标系中的 y 轴旋转。鉴于此，我们可以使用连续型的关节组件。同时，由于四个轮子是相同的，因此我们将作为轮子的关节组件以 xacro 的形式定义在 robot_essentials.xacro 文件中：

```
<xacro:macro name="wheel_joint" params="prefix origin">
  <joint name="${prefix}_wheel_joint" type="continuous">
    <axis xyz="0 1 0"/>
    <parent link ="base_link"/>
    <child link ="${prefix}_wheel"/>
    <origin rpy ="0 0 0" xyz= "${origin}"/>
  </joint>
</xacro:macro>
```

可以看到，在原来的代码块中，只有很少的原始代码以及名称需要进行修改。由此，在 robot_base.urdf.xacro 文件中，我们可以对轮子关节组件进行如下定义：

```
<xacro:wheel_joint prefix="front_left" origin="0.220 0.250 0"/>
<xacro:wheel_joint prefix="front_right" origin="0.220 -0.250 0"/>
<xacro:wheel_joint prefix="rear_left" origin="-0.220 0.250 0"/>
<xacro:wheel_joint prefix="rear_right" origin="-0.220 -0.250 0"/>
```

至此，我们已经完成了机器人底座的模型构建，下面我们通过可视化工具 rviz 来看一下构建的模型是否和预期一致。具体操作为在新建的终端窗口中执行以下命令：

```
$ initros1
$ cd ~/chapter3_ws/
$ source devel/setup.bash
$ roscd robot_description/urdf/
$ roslaunch urdf_tutorial display.launch model:=robot_base.urdf.xacro
```

添加机器人模型，并在“Global”选项中将“Fixed Frame”设置为 base_link。如果一切顺利的话，读者将能够在可视化界面中看到我们构建的机器人底座模型。可以通过将 gui 参数设置为 true 来启动滑块控制器，进而通过拖动滑块来移动底座上的轮子。

下面我们介绍如何进行机器人底座模拟。

3.5.4 机器人底座模拟

通过上一节的操作，我们完成了可以用于 ROS 的机械臂 URDF 文件。我们已经构建了一个可以用于 ROS 的机器人模型，下面我们需要添加一些标签，以便在 Gazebo 中查看该模型。我们将从定义碰撞开始。

1. 定义碰撞

为了在 Gazebo 中进行机器人模型的可视化，我们需要添加 <collision> 标签，位于 <link> 标签中，与 <visual> 标签同级，如下所示：

```
<collision>
<origin
xyz="0 0 0"
rpy="1.5707963267949 0 3.14" />
```

```
<geometry>
<mesh filename="package://robot_description/meshes/robot_base.stl" />
</geometry>
</collision>
```

对于底座，由于我们在 robot_base.urdf.xacro 文件中定义了 base_link，因此将上述内容添加至该文件中的相应位置。

对于所有的四个轮子连杆，由于我们在 robot_essentials.xacro 中进行的定义，因此将以下内容添加至该文件中：

```
<collision>
  <origin
   xyz="0 0 0"
   rpy="1.5707963267949 0 0" />
  <geometry>
    <mesh filename="package://robot_description/meshes/wheel.stl" />
  </geometry>
</collision>
```

由于 Gazebo 是一个物理模拟器，因此我们需要在 <inertial> 标签中添加物理学属性。我们可以从第三方软件中获得质量和惯性特性，将获得的惯性特性与适当的标签一起添加到 <link> 标签内，如下所示：

- 对于底座，添加的内容如下：

```
<inertial>
 <origin
   xyz="0.0030946 4.78250032638821E-11 0.053305"
   rpy="0 0 0" />
 <mass value="47.873" />
 <inertia
   ixx="0.774276574699151"
   ixy="-1.03781944357671E-10"
   ixz="0.00763014265820928"
   iyy="1.64933255189991"
   iyz="1.09578155845563E-12"
   izz="2.1239326987473" />
</inertial>
```

- 对于所有的四个轮子，添加的内容如下：

```
<inertial>
 <origin
   xyz="-4.1867E-18 0.0068085 -1.65658661799998E-18"
   rpy="0 0 0" />
 <mass value="2.6578" />
 <inertial>
   ixx="0.00856502765719703"
   ixy="1.5074118157338E-19"
   ixz="-4.78150098725052E-19"
   iyy="0.013670640432096"
   iyz="-2.68136447099727E-19"
   izz="0.00856502765719703" />
</inertial>
```

至此，我们完成了 Gazebo 的属性添加，下面创建机械装置。

2. 定义执行器

下面我们需要在 robot_base_essentials.xacro 文件中为机器人轮子定义执行器信息：

```
<xacro:macro name="base_transmission" params="prefix ">
 <transmission name="${prefix}_wheel_trans" type="SimpleTransmission">
  <type>transmission_interface/SimpleTransmission</type>
  <actuator name="${prefix}_wheel_motor">
<hardwareInterface>hardware_interface/VelocityJointInterface</hardwareInter
face>
  <mechanicalReduction>1</mechanicalReduction>
  </actuator>

 <joint name="${prefix}_wheel_joint">
<hardwareInterface>hardware_interface/VelocityJointInterface</hardwareInter
face>
 </joint>
 </transmission>
</xacro:macro>
```

在机器人模型文件中以宏的形式调用：

```
<xacro:base_transmission prefix="front_left"/>
<xacro:base_transmission prefix="front_right"/>
<xacro:base_transmission prefix="rear_left"/>
<xacro:base_transmission prefix="rear_right"/>
```

读者可以在本书的 GitHub 仓库查看 robot_base_essentials.xacro 文件，网址为 https://github.com/PacktPublishing/ROS-Robotics-Projects-SecondEdition/blob/master/chapter_3_ws/src/robot_description/urdf/robot_base_essentials.xacro。

至此，我们完成了执行器机械装置的调用。下面，我们将调用控制器，以便能够使用机械装置并使机器人动起来。

3. 定义控制器

最后，我们将导入建立 Gazebo 和 ROS 通信连接所必需的插件。添加的方法为创建一个包含 <Gazebo> 标签的 gazebo_essentials_base.xacro 文件。

在创建的文件中，添加以下 gazebo_ros_control 插件：

```
<Gazebo>
  <plugin name="gazebo_ros_control" filename="libgazebo_ros_control.so">
   <robotNamespace>/</robotNamespace>
   <controlPeriod>0.001</controlPeriod>
   <legacyModeNS>false</legacyModeNS>
  </plugin>
</Gazebo>
```

机器人的差分驱动插件为：

```
<Gazebo>

<plugin name="diff_drive_controller"
filename="libgazebo_ros_diff_drive.so">
 <legacyMode>false</legacyMode>
 <alwaysOn>true</alwaysOn>
 <updateRate>1000.0</updateRate>
 <leftJoint>front_left_wheel_joint, rear_left_wheel_joint</leftJoint>
 <rightJoint>front_right_wheel_joint, rear_right_wheel_joint</rightJoint>
 <wheelSeparation>0.5</wheelSeparation>
 <wheelDiameter>0.2</wheelDiameter>
 <wheelTorque>10</wheelTorque>
 <publishTf>1</publishTf>
 <odometryFrame>map</odometryFrame>
 <commandTopic>cmd_vel</commandTopic>
 <odometryTopic>odom</odometryTopic>
 <robotBaseFrame>base_link</robotBaseFrame>
 <wheelAcceleration>2.8</wheelAcceleration>
 <publishWheelJointState>true</publishWheelJointState>
 <publishWheelTF>false</publishWheelTF>
 <odometrySource>world</odometrySource>
 <rosDebugLevel>Debug</rosDebugLevel>
</plugin>

</Gazebo>
```

轮子的摩擦属性以宏的形式定义，具体如下：

```
<xacro:macro name="wheel_friction" params="prefix ">
  <Gazebo reference="${prefix}_wheel">
    <mu1 value="1.0"/>
    <mu2 value="1.0"/>
    <kp value="10000000.0" />
    <kd value="1.0" />
    <fdir1 value="1 0 0"/>
  </Gazebo>
</xacro:macro>
```

在机器人模型文件中调用宏的方式如下：

```
<xacro:wheel_friction prefix="front_left"/>
<xacro:wheel_friction prefix="front_right"/>
<xacro:wheel_friction prefix="rear_left"/>
<xacro:wheel_friction prefix="rear_right"/>
```

读者可以在本书的 GitHub 仓库查看 `gazebo_essentials_base.xacro` *文件，网址为* https://github.com/PacktPublishing/ROS-Robotics-Projects-SecondEdition/blob/master/chapter_3_ws/src/robot_description/urdf/gazebo_essentials_base.xacro。

至此，我们定义了包含 Gazebo 插件的机器人宏，下面我们将把它们添加到机器人模型文件中。具体步骤很简单，只需要在机器人模型文件的 `<robot>` 宏标签内添加以下代码：

```
<xacro:include filename="$(find
robot_description)/urdf/robot_base_essentials.xacro" />
<xacro:include filename="$(find
robot_description)/urdf/gazebo_essentials_base.xacro" />
```

至此，我们完成了URDF文件的构建，下面对控制器进行配置。首先创建以下我们将要使用到的配置文件：先返回工作空间，进入我们创建的配置文件夹，再创建控制器配置文件。执行的命令如下所示：

```
$ cd ~/chapter3_ws/src/robot_description/config/
$ gedit control.yaml
```

然后，将从本书代码仓库获取的文件复制到配置文件中，获取文件的链接为https://github.com/PacktPublishing/ROS-Robotics-Projects-SecondEdition/blob/master/chapter_3_ws/src/robot_description/config/control.yaml。

3.5.5 机器人底座测试

至此，我们已经完成了机器人底座的模型构建，下面我们将运行该模型，查看机器人底座是怎样运动的。具体步骤如下：

1）创建一个启动文件来启动机器人及其控制器。执行以下命令，进入launch文件夹并创建以下启动文件：

```
$ cd ~/chapter3_ws/src/robot_description/launch
$ gedit base_gazebo_control_xacro.launch
```

2）将以下代码复制到上述启动文件中，并保存：

```
<?xml version="1.0"?>

<launch>
  <param name="robot_description" command="$(find xacro)/xacro --
inorder $(find robot_description)/urdf/robot_base.urdf.xacro" />
  <include file="$(find gazebo_ros)/launch/empty_world.launch"/>
  <node name="spawn_urdf" pkg="gazebo_ros" type="spawn_model"
args="-param robot_description -urdf -model robot_base" />
  <rosparam command="load" file="$(find
robot_description)/config/control.yaml" />
  <node name="base_controller_spawner" pkg="controller_manager"
type="spawner" args="robot_base_joint_publisher
robot_base_velocity_controller"/>

</launch>
```

3）执行以下命令，查看机器人底座的可视化形象：

```
$ cd ~/chapter3_ws
$ source devel/setup.bash
$ roslaunch robot_description base_gazebo_control_xacro.launch
```

启动Gazebo环境之后，读者将会在终端窗口看到类似图3.6所示的信息输出，其中没有出现错误提示信息。

```
/home/robot/chapter_3_ws/src/robot_description/launch/base_gazebo_control_xacro.launch http://localhost:11311
File Edit View Search Terminal Help
process[spawn_urdf-4]: started with pid [23271]
process[base_controller_spawner-5]: started with pid [23272]
[ INFO] [1557664801.100103700]: Finished loading Gazebo ROS API Plugin.
[ INFO] [1557664801.103041871]: waitForService: Service [/gazebo/set_physics_properties] has not been advertised, waiting...
[ INFO] [1557664801.239502410]: Finished loading Gazebo ROS API Plugin.
[ INFO] [1557664801.242657079]: waitForService: Service [/gazebo_gui/set_physics_properties] has not been advertised, waiting...
[ INFO] [1557664801.615825535, 0.023000000]: waitForService: Service [/gazebo/set_physics_properties] is now available.
[ INFO] [1557664801.666036358, 0.069000000]: Physics dynamic reconfigure ready.
[ INFO] [1557664802.009308761, 0.314000000]: Loading gazebo_ros_control plugin
[ INFO] [1557664802.009494434, 0.314000000]: Starting gazebo_ros_control plugin in namespace: /
[ INFO] [1557664802.010807312, 0.314000000]: gazebo_ros_control plugin is waiting for model URDF in parameter [robot_description] on the ROS p
aram server.
[ INFO] [1557664802.215271155, 0.314000000]: Loaded gazebo_ros_control.
[spawn_urdf-4] process has finished cleanly
log file: /home/robot/.ros/log/0dcc156c-74b3-11e9-8061-38b1dbec8a43/spawn_urdf-4*.log
[ INFO] [1557664802.251202646, 0.314000000]: Starting plugin DiffDrive(ns = //)
[ INFO] [1557664802.251419943, 0.314000000]: DiffDrive(ns = //): <rosDebugLevel> = Debug
[ INFO] [1557664802.252370583, 0.314000000]: DiffDrive(ns = //): <tf_prefix> =
[DEBUG] [1557664802.252506285, 0.314000000]: DiffDrive(ns = //): <commandTopic> = cmd_vel
[DEBUG] [1557664802.252539237, 0.314000000]: DiffDrive(ns = //): <odometryTopic> = odom
[DEBUG] [1557664802.252564858, 0.314000000]: DiffDrive(ns = //): <odometryFrame> = map
[DEBUG] [1557664802.252613353, 0.314000000]: DiffDrive(ns = //): <robotBaseFrame> = base_link
[DEBUG] [1557664802.252722087, 0.314000000]: DiffDrive(ns = //): <publishWheelTF> = false
[ WARN] [1557664802.252766247, 0.314000000]: DiffDrive(ns = //): missing <publishOdomTF> default is true
[DEBUG] [1557664802.252795882, 0.314000000]: DiffDrive(ns = //): <publishWheelJointState> = true
[DEBUG] [1557664802.252900507, 0.314000000]: DiffDrive(ns = //): <wheelSeparation> = 0.5
[DEBUG] [1557664802.252940285, 0.314000000]: DiffDrive(ns = //): <wheelDiameter> = 0.20000000000000001
[DEBUG] [1557664802.252969589, 0.314000000]: DiffDrive(ns = //): <wheelAcceleration> = 2.7999999999999998
[DEBUG] [1557664802.252998123, 0.314000000]: DiffDrive(ns = //): <wheelTorque> = 10
[DEBUG] [1557664802.253028607, 0.314000000]: DiffDrive(ns = //): <updateRate> = 1000
[DEBUG] [1557664802.253199561, 0.314000000]: DiffDrive(ns = //): <odometrySource> = world := 1
[DEBUG] [1557664802.253282733, 0.314000000]: DiffDrive(ns = //): <leftJoint> = front_left_wheel_joint, rear_left_wheel_joint
[ INFO] [1557664802.553809450, 0.600000000]: Controller state will be published at 50Hz.
[ INFO] [1557664802.556058217, 0.600000000]: Wheel separation will be multiplied by 1.
[ INFO] [1557664802.557208962, 0.601000000]: Left wheel radius will be multiplied by 1.
[ INFO] [1557664802.557322897, 0.601000000]: Right wheel radius will be multiplied by 1.
[ INFO] [1557664802.558400608, 0.602000000]: Velocity rolling window size of 10.
[ INFO] [1557664802.561558254, 0.605000000]: Velocity commands will be considered old if they are older than 0.5s.
```

图 3.6　Gazebo 成功启动的图示

4）新建终端窗口，执行 `rostopic list` 命令来查看执行上述过程所必需的 ROS 话题：

```
$ initros1
$ rostopic list
```

图 3.7 展示了相应的 ROS 话题。

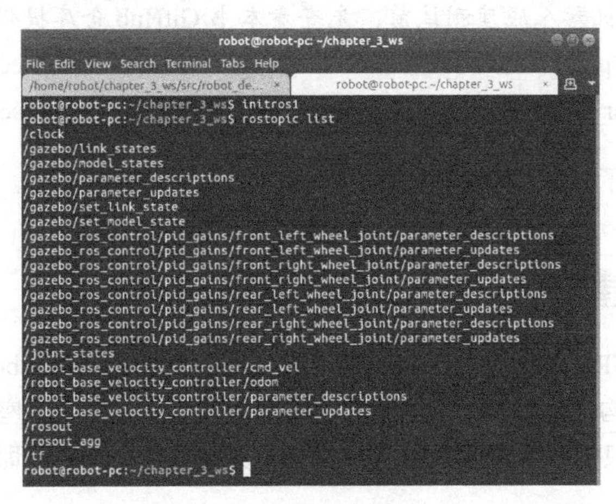

图 3.7　ROS 话题列表

Gazebo 显示的机器人如图 3.8 所示。

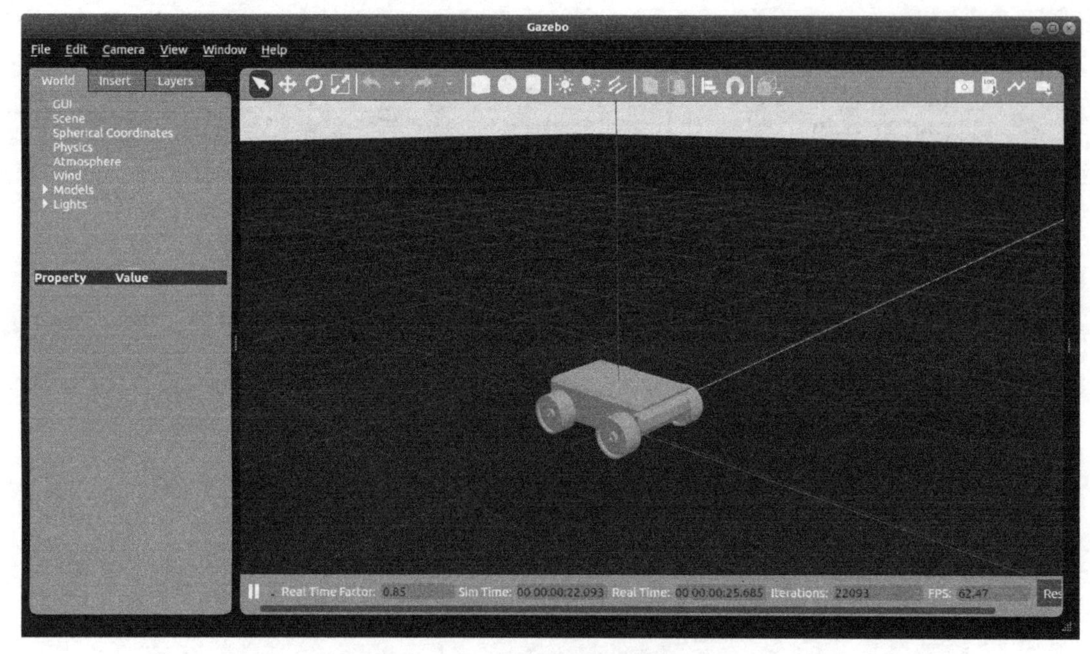

图 3.8　Gazebo 中显示的机器人底座

5）执行以下命令，使用 `rqt_robot_steering` 节点控制机器人底座移动：

```
$ rosrun rqt_robot_steering rqt_robot_steering
```

在出现的窗口界面，选择我们的话题 `/robot_base_controller/cmd_vel`，然后，移动滑块即可控制机器人底座移动。

建议读者在进行机器人底座测试前，先查看本书 GitHub 仓库提供的机器人 URDF 文件，网址为 https://github.com/PacktPublishing/ROSRoboticsProjects-SecondEdition/blob/master/chapter_3_ws/src/robot_description/urdf/robot_base.urdf.xacro。

至此，我们完成了机器人底座的构建，下面我们开始构建机械臂。

3.6　机械臂构建

我们已经使用 URDF 构建了一个机器人底座模型，并在 Gazebo 中将其进行了可视化，下面让我们开始构建机械臂。机械臂的构建过程类似于机器人底座的构建过程，均使用 URDF 的方式构建，只需要对机器人底座的 URDF 文件进行一些更改即可。下面让我们介绍机械臂的建立过程。

3.6.1 机械臂需求

构建机械臂的需求包括：

- 一组独立运动且具有良好力矩的连杆。
- 一套好的执行器，可以提供足够的有效载荷。
- 驱动控制。

如果读者计划建立一个真正的机械臂，则基于实际需求，需要考虑类似的嵌入式架构和电子控制、执行器之间的实时通信、电源管理系统以及一个好的终端执行器。如我们所知，还有更多其他需要考虑的因素，而这些不在本书的范围之内。本书的目的是在 ROS 中模拟机械臂，使其在现实中也能以同样的方式工作。接下来我们将介绍机械臂的规格参数。

1. 机械臂规格参数

我们要建立一个移动机械臂，而它不需要承载吨级的有效载荷。事实上，在现实中，这样级别的机器人需要重型机械驱动和机械动力传输系统，因此在可移动平台上安装可能不那么容易。

让我们从实际出发，考虑市场上一些常见的工业 cobot 的主流参数：

- **类型**：5 自由度的机械臂。
- **有效载荷**：3 ～ 5 千克。

下面介绍机械臂的运动学模型。

2. 机械臂运动学模型

机械臂的运动学模型与机器人底座的运动学模型略有不同。需要将 5 个不同的执行器移动到 5 个不同的位置，才能将机械臂按照要求移动到指定的位置。机械臂的数学建模遵循 Denavit-Hartenberg（DH）运动学计算方法。解释 DH 方法超出了本书的范围，因此我们直接查看运动学方程。

机械臂运动学方程由一个 4 × 4 的齐次变换矩阵定义，该矩阵将所有 5 个连杆连接到机器人底座坐标系上，如下所示：

$$T = \begin{matrix} C_1C_{234}C_5 + S_1S_5 & -C_1C_{234}S_5 + S_1C_5 & -C_1S_{234} & C_1(-d_5S_{234} + a_3C_{23} + a_2C_2) \\ C_1C_{234}C_5 - S_1S_5 & -S_1C_{234}S_5 - C_1C_5 & -S_1S_{234} & S_1(-d_5S_{234} + a_3C_{23} + a_2C_2) \\ -S_{234}C_5 & S_{234}S_5 & -C_{234} & d_1 - a_2S_2 - a_3S_{23} - d_5C_{234} \\ 0 & 0 & 0 & 1 \end{matrix}$$

其中，

$$C_{ijk} = \cos(q_i + q_j + q_k)，S_{ijk} = \sin(q_i + q_j + q_k)$$

上式由三角函数表示。其中，q_i 是法线相对于旋转轴（通常是 x_i）和旋转轴（通常是 z_i）构成平面的角度，q_j 和 q_k 分别是法线相对三个轴构成其他两个平面的角度；d_i 是旋转轴 z_i 相对于原点系统（即第 i–1）轴的距离；a_i 是两个相邻轴系间的最小距离。

基于上述齐次变换，第一个 3 × 3 块代表了夹持器或其他执行工具的旋转，最下一行代表了尺度因子，而执行工具的位姿则由其他元素给定：

$$\text{Tool}_{\text{pose}} = \begin{matrix} C_1(-d_5S_{234} + a_3C_{23} + a_2C_2) \\ S_1(-d_5S_{234} + a_3C_{23} + a_2C_2) \\ d_1 - a_2S_2 - a_3S_{23} - d_5C_{234} \end{matrix}$$

下面我们介绍相应的软件参数。

3.6.2 软件参数

如果我们将机械臂视为一个黑匣子，机械臂将会根据每个执行器接收到的命令给出一个位姿，如图3.9所示。命令可以是位置、力/效力或速度命令的形式。

图3.9 将机械臂视为黑匣子的图示

下面介绍相应的消息表示格式。

1. ROS消息格式

用来指挥或控制机械臂的话题为/arm_controller/command，其消息格式为trajectory_msgs/JointTrajectory。

2. ROS控制器

在给定一系列关节位姿后，我们使用joint_trajectory_controller控制机械臂执行关节空间轨迹。控制器的轨迹是由控制器的名称空间follow_joint_trajectory中的有关接口发送的，该接口为control_msgs::FollowJointTrajectoryAction。

关于控制器的更多信息，可以访问http://wiki.ros.org/joint_trajectory_controller。

下面我们介绍如何建模机械臂。

3.6.3 机械臂建模

在ROS中构建的机械臂的可视化形象如图3.10所示。

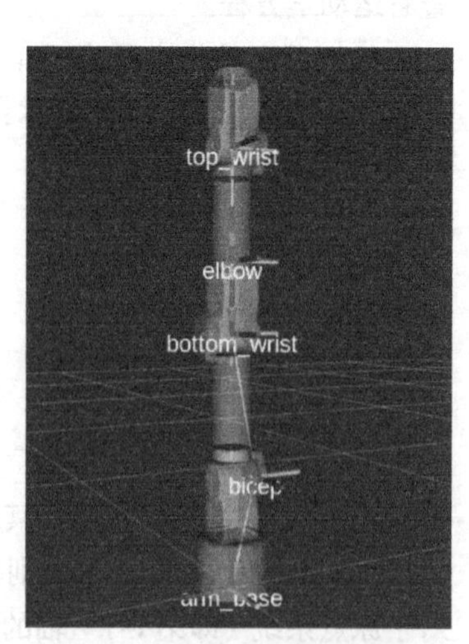

图3.10 基于2D连杆元素展示的机械臂可视化形象

由于已经在3.5.3节中对如何使用相关方法进行建模进行了所有必要的解释，并且本部分也将采用相同的方法进行机械臂建模，因此我们直接开始逐步构建机械臂模型。

1. 初始化工作空间

我们将在专为本章创建的工作空间（chapter_3_ws）中进行初始化。首先在前面给出的链接中下载网格文件，然后进入urdf文件夹，创建一个名为robot_arm.urdf.

xacro 的文件，具体命令如下：

```
$ cd ~/chapter3_ws/src/robot_description/urdf/
$ gedit robot_arm.urdf.xacro
```

使用以下代码初始化 XML 的 version 标签以及 <robot> 标签，然后一步步地将下载得到的文件中的代码按照后面的内容添加到该文件中：

```
<?xml version="1.0"?>
 <robot xmlns:xacro="http://ros.org/wiki/xacro" name="robot_base" >

 </robot>
```

至此我们完成了工作空间的初始化，下面定义连杆组件。

2. 定义连杆组件

至此，我们已经定义了机器人模型的一部分，下面将下列代码复制到 <robot> 标签中（即将代码复制到两个 <robot> 标签之间）。需要注意的是，由于 5 个连杆组件均包含各自不同的坐标信息，因此我们直接在此对其进行定义。下面我们给出 5 个连杆组件之一——机械臂底座的详细定义信息：

```
<link name="arm_base">
    <visual>
      <origin
        xyz="0 0 0"
        rpy="0 0 0" />
      <geometry>
        <mesh filename="package://robot_description/meshes/arm_base.stl" />
      </geometry>
      <material
        name="">
        <color
          rgba="0.79216 0.81961 0.93333 1" />
      </material>
    </visual>
</link>
```

读者可以从 https://github.com/PacktPublishing/ROS-Robotics-Projects-SecondEdition/blob/master/chapter_3_ws/src/robot_description/urdf/robot_arm.urdf.xacro 中找到其他连杆组件的定义信息，如二头肌组件、bottom_wrist、肘部连杆组件和 bottom_wrist 等。

可以尝试将 <visual> 和 <collision> 标签中的参数定义分别修改为宏定义的形式，但这有时可能会使初学者困惑。因此，为了简单起见，我们在本书中只定义了最小的宏。如果读者觉得自己已经掌握了宏，欢迎通过添加更多的宏来测试相应的技能。

3. 定义关节组件

我们将为机械臂定义可旋转的关节，即可以在指定区间之间旋转运动。由于此机械臂中的所有关节都在指定区间之间移动，并且对所有关节都是通用的，因此我们将这些关节组件定义在之前构建机器人底座时创建的同一 robot_essentials.xacro 文件中：

```
<xacro:macro name="arm_joint" params="prefix origin">

 <joint name="${prefix}_joint" type="continuous">
   <axis xyz="0 0 1"/>
   <parent link="arm_base"/>
   <child link="${prefix}_joint"/>
   <origin rpy="0 0 0" xyz="${origin}"/>
 </joint>

 </xacro:macro>
```

在robot_arm.urdf.xacro文件中定义关节组件，如下所示：

```
<xacro:arm_joint prefix="shoulder" parent="arm_base" child="bicep"
originxyz="-0.05166 0.0 0.20271" originrpy="0 0 1.5708"/>
 <xacro:arm_joint prefix="bottom_wrist" parent="bicep" child="bottom_wrist"
originxyz="0.0 -0.05194 0.269" originrpy="0 0 0"/>
 <xacro:arm_joint prefix="elbow" parent="bottom_wrist" child="elbow"
originxyz="0.0 0 0.13522" originrpy="0 0 0"/>
 <xacro:arm_joint prefix="top_wrist" parent="elbow" child="top_wrist"
originxyz="0.0 0 0.20994" originrpy="0 0 0"/>
```

至此我们完成了文件内容的添加，下面我们可以使用rviz进行可视化，查看构建的机械臂是否和我们预期的一样。具体操作过程为执行以下命令：

```
$ initros1
$ cd ~/chapter3_ws/
$ source devel/setup.bash
$ roscd robot_description/urdf/
$ roslaunch urdf_tutorial display.launch model:=robot_arm.urdf.xacro
```

添加机器人模型，并在选项“Global”中将“Fixed Frame”设置为arm_base。如果一切顺利的话，读者将能够在可视化界面中看到我们构建的机器人模型。可以添加tf显示，并与图3.10进行对比。可以通过将gui参数设置为true来启动滑块控制器，进而通过拖动滑块来移动机械臂连杆。

3.6.4　机械臂模拟

通过上一节的操作，我们完成了可以用于ROS的机械臂URDF文件。现在我们构建了一个可以用于ROS的机器人模型，下面我们需要添加一些标签，以便在Gazebo中查看该模型。我们将从定义碰撞开始。

1. 定义碰撞

为了在Gazebo中查看机器人模型，我们需要添加<collision>标签。它位于<link>标签中，与<visual>标签同级，定义方法与前面在<link>标签中定义<visual>标签的方法相同，只需在连杆上指定必要的视觉和惯性标签即可：

- 对于arm_base连杆，具体如下：

```
<collision>
    <origin
```

```
          xyz="0 0 0"
          rpy="0 0 0" />
        <geometry>
          <mesh
    filename="package://robot_description/meshes/arm_base.stl" />
        </geometry>
     </collision>

    <inertial>
        <origin
          xyz="7.7128E-09 -0.063005 -3.01969999961422E-08"
          rpy="0 0 0" />
        <mass
          value="1.6004" />
        <inertia
          ixx="0.00552196561445819"
          ixy="7.9550614501301E-10"
          ixz="-1.34378458924839E-09"
          iyy="0.00352397447953875"
          iyz="-1.10071809773382E-08"
          izz="0.00553739792746489" />
      </inertial>
```

- 对于其他连杆，请参考 https://github.com/PacktPublishing/ROS-Robotics-Projects-SecondEdition/blob/master/chapter_3_ws/src/robot_description/urdf/robot_arm.urdf.xacro 中 robot_arm.urdf.xacro 文件的代码。

至此，我们为机器人模型添加了 Gazebo 属性，下面开始创建机械装置。

2. 定义执行器

现在我们为所有的连杆添加执行器信息。执行器宏定义在 robot_arm_essentials.xacro 文件中，如下所示：

```
<xacro:macro name="arm_transmission" params="prefix ">

 <transmission name="${prefix}_trans" type="SimpleTransmission">
   <type>transmission_interface/SimpleTransmission</type>
   <actuator name="${prefix}_motor">
<hardwareInterface>hardware_interface/PositionJointInterface</hardwareInter
face>
    <mechanicalReduction>1</mechanicalReduction>
   </actuator>
   <joint name="${prefix}_joint">
<hardwareInterface>hardware_interface/PositionJointInterface</hardwareInter
face>
   </joint>
 </transmission>

 </xacro:macro>
```

在机械臂文件中调用上述宏，具体如下：

```
<xacro:arm_transmission prefix="arm_base"/>
<xacro:arm_transmission prefix="shoulder"/>
<xacro:arm_transmission prefix="bottom_wrist"/>
```

```
<xacro:arm_transmission prefix="elbow"/>
<xacro:arm_transmission prefix="top_wrist"/>
```

读者可以在本书的GitHub仓库中查看robot_arm_essentials.xacro文件，网址为https://github.com/PacktPublishing/ROS-Robotics-Projects-SecondEdition/blob/master/chapter_3_ws/src/robot_description/urdf/robot_arm_essentials.xacro。

添加了机械装置的定义之后，就可以调用控制器来使用相应的模型组件并让机器人动起来了。

3. 定义控制器

最后，我们来导入建立Gazebo和ROS通信连接所必需的插件。具体方法是向已经创建的gazebo_essentials_arm.xacro文件中添加一个控制器joint_state_publisher：

```
<Gazebo>
     <plugin name="joint_state_publisher"
filename="libgazebo_ros_joint_state_publisher.so">
       <jointName>arm_base_joint, shoulder_joint, bottom_wrist_joint,
elbow_joint, bottom_wrist_joint</jointName>
     </plugin>
   </Gazebo>
```

joint_state_publisher控制器（http://wiki.ros.org/joint_state_publisher）用于发布机械臂连杆在空间中的状态信息。

读者可以在本书的GitHub仓库中查看gazebo_essentials_arm.xacro文件，网址为https://github.com/PacktPublishing/ROS-Robotics-Projects-SecondEdition/blob/master/chapter_3_ws/src/robot_description/urdf/gazebo_essentials_arm.xacro。

至此，我们为机器人模型定义了宏和Gazebo插件，下面我们把这些内容添加到机械臂文件中。可以通过在<robot>宏标签内添加以下代码的方法实现：

```
<xacro:include filename="$(find
robot_description)/urdf/robot_arm_essentials.xacro" />
  <xacro:include filename="$(find
robot_description)/urdf/gazebo_essentials_arm.xacro" />
```

下面创建一个名为arm_control.yaml的文件，并定义机械臂控制器的配置参数：

```
$ cd ~/chapter3_ws/src/robot_description/config/
$ gedit arm_control.yaml'
```

将以下代码复制到上述文件中：

```
arm_controller:
    type: position_controllers/JointTrajectoryController
    joints:
```

```
          - arm_base_joint
          - shoulder_joint
          - bottom_wrist_joint
          - elbow_joint
          - top_wrist_joint
    constraints:
      goal_time: 0.6
      stopped_velocity_tolerance: 0.05
      hip: {trajectory: 0.1, goal: 0.1}
      shoulder: {trajectory: 0.1, goal: 0.1}
      elbow: {trajectory: 0.1, goal: 0.1}
      wrist: {trajectory: 0.1, goal: 0.1}
    stop_trajectory_duration: 0.5
    state_publish_rate:  25
    action_monitor_rate: 10
/gazebo_ros_control:
    pid_gains:
      arm_base_joint: {p: 100.0, i: 0.0, d: 0.0}
      shoulder_joint: {p: 100.0, i: 0.0, d: 0.0}
      bottom_wrist_joint: {p: 100.0, i: 0.0, d: 0.0}
      elbow_joint: {p: 100.0, i: 0.0, d: 0.0}
      top_wrist_joint: {p: 100.0, i: 0.0, d: 0.0}
```

至此，我们完成了机械臂模型的构建，下面在 Gazebo 中对其进行测试。

3.6.5 机械臂测试

在进行机械臂的测试之前，建议读者先查看以下机器人 URDF 文件内容，以确保构建的机械臂模型文件内容无误，文件链接为 https://github.com/PacktPublishing/ROS-Robotics-Projects-SecondEdition/blob/master/chapter_3_ws/src/robot_description/urdf/robot_arm.urdf.xacro。

下面我们对机械臂模型进行激活并测试，查看它是怎样运动的。具体步骤如下：

1）创建一个启动文件来启动机械臂及其控制器。执行以下命令，进入 `launch` 文件夹并创建启动文件：

```
$ cd ~/chapter3_ws/src/robot_description/launch
$ gedit arm_gazebo_control_xacro.launch
```

将以下代码复制到上述文件中：

```
<?xml version="1.0"?>
<launch>

<param name="robot_description" command="$(find xacro)/xacro --
inorder $(find robot_description)/urdf/robot_arm.urdf.xacro" />
  <include file="$(find gazebo_ros)/launch/empty_world.launch"/>
  <node name="spawn_urdf" pkg="gazebo_ros" type="spawn_model"
args="-param robot_description -urdf -model robot_arm" />
  <rosparam command="load" file="$(find
robot_description)/config/arm_control.yaml" />
  <node name="arm_controller_spawner" pkg="controller_manager"
type="controller_manager" args="spawn arm_controller"
```

```
respawn="false" output="screen"/>
  <rosparam command="load" file="$(find
robot_description)/config/joint_state_controller.yaml" />
  <node name="joint_state_controller_spawner"
pkg="controller_manager" type="controller_manager" args="spawn
joint_state_controller" respawn="false" output="screen"/>
  <node name="robot_state_publisher" pkg="robot_state_publisher"
type="robot_state_publisher" respawn="false" output="screen"/>

</launch>
```

2）运行以下命令，对机械臂进行可视化：

```
$ initros1
$ roslaunch robot_description arm_gazebo_control_xacro.launch
```

可以打开一个新的终端窗口，并在其中执行以下命令来查看相应的话题列表：

```
$ initros1
$ rostopic list
```

3）使用以下命令尝试控制机械臂移动：

```
$ rostopic pub /arm_controller/command
trajectory_msgs/JointTrajectory '{joint_names: ["arm_base_joint",
"shoulder_joint", "bottom_wrist_joint", "elbow_joint",
"top_wrist_joint"], points: [{positions: [-0.1,
0.210116830848170721, 0.022747275919015486, 0.0024182584123728645,
0.00012406874824844039], time_from_start: [1.0,0.0]}]}'
```

上述方法通过发布运动数值控制机械臂移动，在后续的章节中，我们将介绍不需要通过发布数值实现机械臂运动的方法。下一节我们将介绍设置移动机械臂的方法。

3.7　系统集成

至此，我们成功创建了一个机器人底座和一个机械臂，并且在Gazebo中对其进行了模拟测试，距离构建移动机械臂只有一步之遥。

3.7.1　移动机械臂建模

我们将通过xacro简单地实现机器人底座和机械臂的连接。在创建最终的URDF文件之前，我们需要理解图3.6中的相关信息，即创建移动机械臂的目标是将机械臂与机器人底座连接。因此，我们此时要做的就是将机械臂模型中的arm_base连杆组件连接到机器人底座模型中的base_link连杆组件上。具体方法为创建一个名为mobile_manipulator.urdf.xacro文件，并将下列代码复制到该文件中：

```
<?xml version="1.0"?>

<robot xmlns:xacro="http://ros.org/wiki/xacro" name="robot_base" >
```

```
<xacro:include filename="$(find
robot_description)/urdf/robot_base.urdf.xacro" />
<xacro:include filename="$(find
robot_description)/urdf/robot_arm.urdf.xacro" />

<xacro:arm_joint prefix="arm_base_link" parent="base_link" child="arm_base"
originxyz="0.0 0.0 0.1" originrpy="0 0 0"/>

</robot>
```

可以使用以下命令启动 rviz，加载移动机械臂模型并对其进行可视化，与使用 rviz 加载机器人底座模型和机械臂模型并进行可视化的过程一样，具体如下：

```
$ cd ~/chapter_3_ws/
$ source devel/setup.bash
$ roslaunch urdf_tutorial display.launch model:=mobile_manipulator.urdf
```

启动后的 rviz 界面如图 3.11 所示。

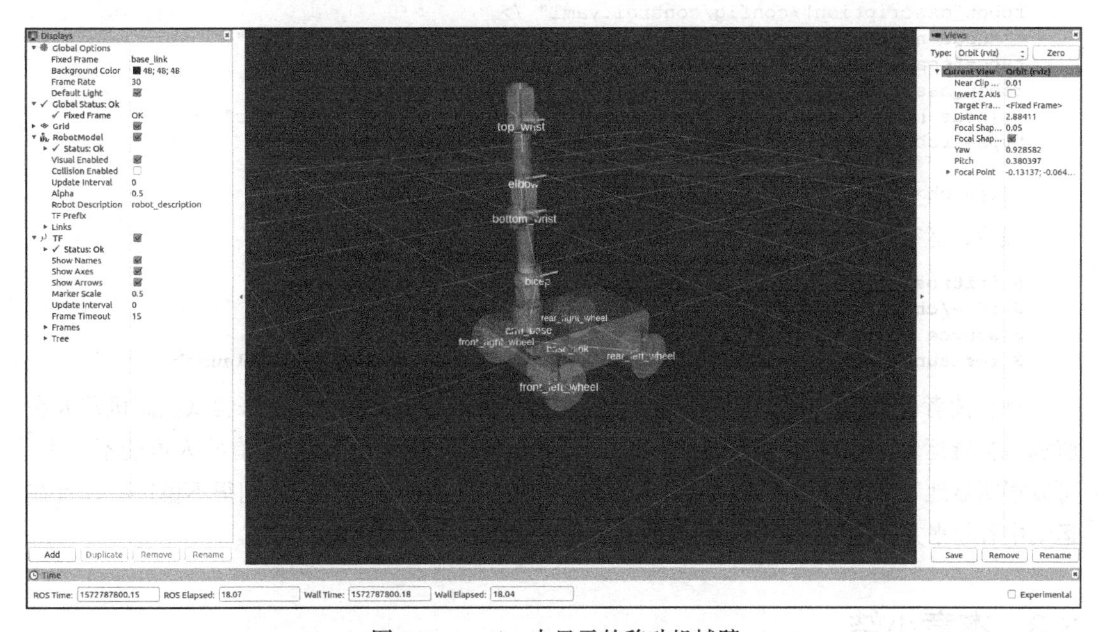

图 3.11　rviz 中显示的移动机械臂

下面，让我们对模型进行模拟测试。

3.7.2 移动机械臂模拟与测试

首先使用以下命令创建启动文件：

```
$ cd ~/chapter3_ws/src/robot_description/launch
$ gedit mobile_manipulator_gazebo_control_xacro.launch
```

然后，将以下代码复制到启动文件中：

```
<?xml version="1.0"?>
<launch>

<param name="robot_description" command="$(find xacro)/xacro --inorder
$(find robot_description)/urdf/mobile_manipulator.urdf" />
  <include file="$(find gazebo_ros)/launch/empty_world.launch"/>
  <node name="spawn_urdf" pkg="gazebo_ros" type="spawn_model" args="-param
robot_description -urdf -model mobile_manipulator" />
  <rosparam command="load" file="$(find
robot_description)/config/arm_control.yaml" />
  <node name="arm_controller_spawner" pkg="controller_manager"
type="controller_manager" args="spawn arm_controller" respawn="false"
output="screen"/>
  <rosparam command="load" file="$(find
robot_description)/config/joint_state_controller.yaml" />
  <node name="joint_state_controller_spawner" pkg="controller_manager"
type="controller_manager" args="spawn joint_state_controller"
respawn="false" output="screen"/>
  <rosparam command="load" file="$(find
robot_description)/config/control.yaml" />
  <node name="base_controller_spawner" pkg="controller_manager"
type="spawner" args="robot_base_joint_publisher
robot_base_velocity_controller"/>
  <node name="robot_state_publisher" pkg="robot_state_publisher"
type="robot_state_publisher" respawn="false" output="screen"/>

</launch>
```

最后，运行以下命令以可视化移动机械臂模型：

```
$ initros1
$ cd ~/chapter_3_ws
$ source devel/setup.bash
$ roslaunch robot_description mobile_manipulator_gazebo_xacro.launch
```

现在读者可以基于前面介绍过的机器人底座和机械臂运动控制方法来尝试控制机器人底座和机械臂运动。有些人可能对机器人的导入和移动方式感到满意，但有些人可能不满意。可以很明显地看到，机器人底座和机械臂在运动过程中发生了抖动，它们很不稳定，并且在运动中看起来并不能达到我们期望的效果，这是因为控制器没有调整到位。

3.8 本章小结

在本章中，我们了解了如何在 ROS 中借助 Gazebo 定义、建模和模拟机器人。我们通过 Gazebo 上的插件定义了机器人的物理特性。从机器人底座开始，我们创建了一个 5 自由度的机械臂，最后，我们将机器人底座和机械臂组合在一起，构成了一个移动机械臂。我们在 Gazebo 上对构建的移动机械臂进行了模拟，进而了解了机器人应用是如何在 ROS 中定义的。此外，本章还帮助我们了解了机器人在工业中的应用。

在理解了本章内容的基础上，让我们进入下一章内容的学习。在下一章中，我们将学习如何使机器人处理复杂的任务。然后，我们将学习如何在 ROS 中创建一个机器人应用程序，并在 Gazebo 上对应用程序进行模拟。

第4章 基于状态机的复杂机器人任务处理

机器人是通过感知环境来满足应用程序的行动要求并进行执行的机器。它们通过各种传感器感知环境的各种细节，然后通过计算系统计算行动逻辑，并将其转换为必要的控制动作。在实际中，在计算各种行动逻辑时，它们还需要考虑其他影响自身行为的因素。

在本章中，我们将介绍状态机在机器人和ROS中的作用。读者将了解状态机的基本原理，了解使用反馈机制处理任务的工具（如actionlib），并了解名为executive_smach的ROS状态机功能包。我们将通过示例介绍如何在actionlib和状态机中编写应用程序，这将帮助我们在第5章中使用在第3章中创建的机器人构建工业级应用程序。

本章涵盖的主题包括：

- ROS动作机制简介。
- 服务员机器人应用示例。
- 状态机简介。
- SMACH简介。
- SMACH实例入门。

4.1 技术要求

学习本章内容的相关要求如下：

- Ubuntu 18.04（Bionic）系统，预先安装ROS和Gazebo 9。
- ROS功能包：actionlib、smach、smach_ros、smach_viewer。
- 时间线及测试平台：
  - ❑ **预计学习时间**：平均约100分钟。
  - ❑ **项目构建时间（包括编译和运行）**：平均约45分钟。
  - ❑ **项目测试平台**：惠普Pavilion笔记本电脑（Intel® Core™ i7-4510U CPU @ 2.00 GHz×4，8GB内存，64位操作系统，GNOME-3.28.2桌面环境）。

本章代码可以从以下网址下载：

https://github.com/PacktPublishing/ROS-Robotics-Projects-SecondEdition/tree/master/

chapter_4_ws/src。

下面介绍 ROS 动作机制。

4.2 ROS 动作机制简介

首先想象下面的场景：假设有一家餐厅使用机器人作为服务员来为顾客提供服务。顾客就座后，通过按下餐桌上的按钮呼叫服务员。服务员机器人响应呼叫并通过导航来到相应的餐桌旁，取走顾客的订单并送到厨房，将订单交给厨师，然后在食物做好后将食物送到顾客的餐桌上。在该场景中，机器人的任务包括导航至顾客的位置、取订单、将订单送到厨房、将食物送至顾客的位置。

典型的方法是为单个任务定义一个具有多个函数的脚本，通过一系列条件语句将它们组合在一起，然后运行应用程序。基于此类方法编制的应用程序有时可能会像预期的那样工作，但实际的环境可能不总是一样的。看看一些实际的限制条件：如果机器人在行进途中被几个人挡住了怎么办？如果机器人的电池没电了，因而它要么不按时送菜，要么不按时点菜，导致顾客沮丧地离开餐厅怎么办？由于冗余和编码的复杂性，这些机器人行为并不总是能够通过脚本来实现，但是可以通过状态机进行分类。

根据前面的服务员机器人示例，在从顾客处获取订单后，机器人将需要导航到不同的位置。在导航过程中，机器人导航可能会受到周围行人的干扰。一开始避障算法可能有助于机器人避开人，但在一定时间内，机器人仍有可能无法到达目标位置，这可能是由于机器人被困在一个试图避开人的回路中。在这种情况下，机器人要在没有任何反馈机制的情况下穿越目标，但是它被困在试图到达目的地的回路中。上述场景的处理很费时，可能导致食物无法按时送到顾客手中。为了避免这种情况，我们可以使用名为动作的 ROS 概念（http://wiki.ROS.org/actionlib）。ROS 动作是一种 ROS 实现，用于完成耗时或面向目标的行为。它更灵活、更强大，只需稍加改进就可以用于复杂的系统。接下来我们将介绍它的工作原理。

4.2.1 服务器 – 客户端结构概述

ROS 动作遵循服务器 – 客户端的概念，如图 4.1 所示。客户端负责发送控制信号，而服务器负责监听这些控制信号并提供必要的反馈。

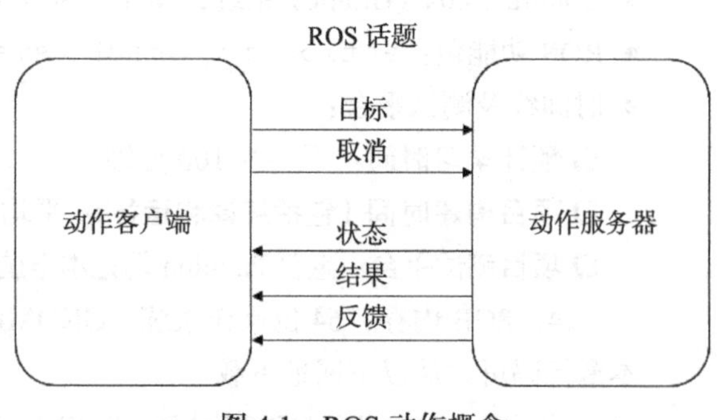

图 4.1　ROS 动作概念

客户端节点和服务器节点通过建立在 ROS 消息之上的 ROS 动作协议进行通信。客户端节点将发送一个目标或一个目标列表或者取消所有目标，而服务器应用程序将返回关于目标已实现或取消的定期信息，包括该目标的状态、目标完成时的结果以及反馈。下面让我们通过一个例子来更详细地说明这一点。

4.2.2　actionlib 示例：机械臂客户端

让我们回到前一章，在 Gazebo 下运行我们构建的机械臂示例，命令如下：

```
$ roslaunch robot_description mobile_manipulator_gazebo_xacro.launch
```

然后，在新的终端窗口中运行 `$ rostopic list` 命令，此时，读者将看到类似于图 4.2 的界面。

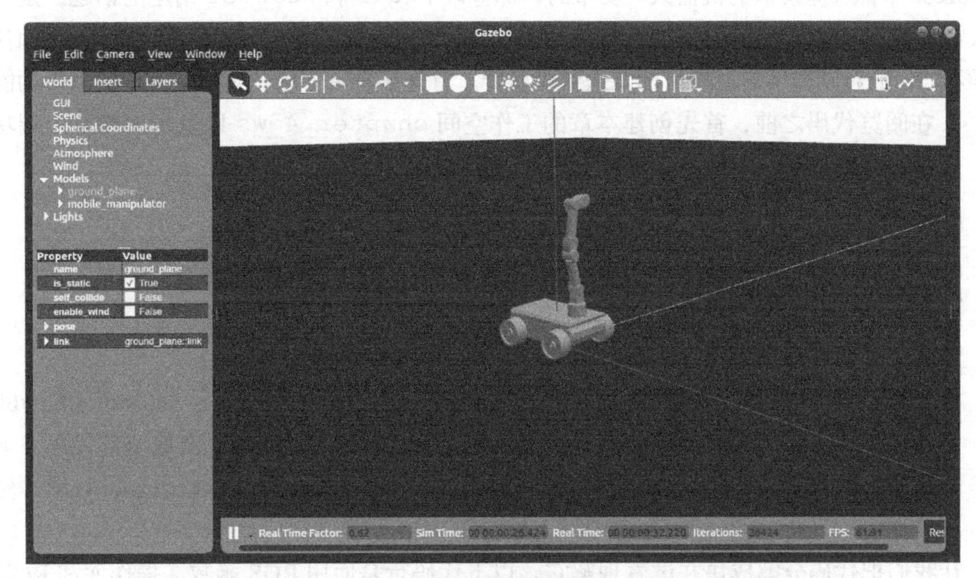

a）Gazebo 界面

```
/arm_controller/command
/arm_controller/follow_joint_trajectory/cancel
/arm_controller/follow_joint_trajectory/feedback
/arm_controller/follow_joint_trajectory/goal
/arm_controller/follow_joint_trajectory/result
/arm_controller/follow_joint_trajectory/status
/arm_controller/state
```

b）ROS 话题列表

图 4.2　机械臂的 Gazebo ROS 话题

在图 4.2 中，读者能看到以 `/goal`、`/cancel`、`/result`、`/status` 和 `/feedback` 结尾的话题，这些就是 ROS 动作的实现。

`joint_trajectory_controller` 用于执行给定关节位姿列表的一系列关节空间轨迹。轨迹是由控制器的 `follow_joint_trajectory` 名称空间下的 `control_msgs::FollowJointTrajectoryAction` 动作接口发送的。`FollowJointTracjectoryAction`

是position_controllers/JointTrajectoryController的结果，是我们调用的arm_controller插件。

读者可以访问http://wiki.ros.org/joint_trajectory_controller，了解更多信息，FollowJointTrajectoryAction的定义位于http://docs.ros.org/api/control_msgs/html/action/FollowJointTrajectory.html。

作为arm_controller插件调用的结果，FollowJointTrajectory动作服务器已经成为Gazebo节点的一部分。那些以/result、/status和/feedback结尾的话题，是由Gazebo节点（即模拟的机器人）发布的；那些以/goal和/cancel结尾的话题，是由机器人订阅的。因此，要移动机械臂，我们需要向已实现的动作服务器发送一个目标。下面让我们学习如何通过动作客户端将目标发送到机械臂。首先来看一下动作客户端实现的以下功能：

- 在阅览代码之前，首先创建本章的工作空间chapter_4_ws以及机械臂客户端功能包，命令如下：

```
$ initros1
$ mkdir -p /chapter_4_ws/src
$ cd ~/chapter_4_ws/src
$ catkin_init_workspace
$ catkin_create_pkg arm_client
$ cd ~/chapter_4_ws/src/arm_client
```

- 可以访问https://github.com/PacktPublishing/ROS-Robotics-Projects-SecondEdition/blob/master/chapter_4_ws/src/battery_simulator/src/arm_action_client.py获取全部代码。下载代码，并将其放置于文件夹下，使用命令$ chmod +x给文件授予root权限，然后使用$ catkin_make命令编译工作空间。

让我们把代码分解成块并试着理解它。以下代码行是使用ROS函数、操作库和ROS消息所必需的import语句：

```
import rospy
import actionlib
from std_msgs.msg import Float64
from trajectory_msgs.msg import JointTrajectoryPoint
from control_msgs.msg import JointTrajectoryAction, JointTrajectoryGoal,
FollowJointTrajectoryAction, FollowJointTrajectoryGoal
```

在主程序中，我们完成初始化节点及客户端以及发送目标的工作。我们的例子使用SimpleActionClient函数。服务器名为arm_controller/follow_joint_trajectory，是ros_controller插件的结果及其消息类型。我们等待来自服务器的响应，一旦收到响应，则执行move_joint函数，具体代码如下：

```
if __name__ == '__main__':
    rospy.init_node('joint_position_tester')
    client =
actionlib.SimpleActionClient('arm_controller/follow_joint_trajectory',
```

```
FollowJointTrajectoryAction)
   client.wait_for_server()
   move_joint([-0.1, 0.210116830848170721, 0.022747275919015486,
0.0024182584123728645, 0.00012406874824844039])
```

move_joint() 函数接收每个关节的角度值并将其作为轨迹发送给机械臂。如前所述，我们向 /arm_controller/follow_joint_trajectory/command 话题发布了一些信息。我们需要通过 FollowJointTrajectoryGoal() 消息来发布同样的信息，包括 joint_names、点（即关节数值）以及机械臂移动到指定轨迹的时间，具体代码如下：

```
def move_joint(angles):
    goal = FollowJointTrajectoryGoal()
    goal.trajectory.joint_names = ['arm_base_joint',
'shoulder_joint','bottom_wrist_joint' ,'elbow_joint', 'top_wrist_joint']
    point = JointTrajectoryPoint()
    point.positions = angles
    point.time_from_start = rospy.Duration(3)
    goal.trajectory.points.append(point)
```

下面的代码行通过客户端发送一个目标。该函数将发送该目标直至目标完成。当然也可以设置一个时间段，则其将发送目标直至时间段结束，代码如下：

```
client.send_goal_and_wait(goal)
```

上述 SimpleActionClient 在同一时间仅支持一个目标。对于用户来说，这是一个易于使用的封装器。

可以基于以下步骤对上述代码进行测试：

1）打开一个终端窗口，使用以下命令打开 Gazebo 文件：

```
$ cd ~/chapter_3_ws/
$ source devel/setup.bash
$ roslaunch robot_description
mobile_manipulator_gazebo_xacro.launch
```

2）新建一个终端窗口，运行动作客户端文件，查看机械臂的运动，具体命令为：

```
$ cd ~/chapter_4_ws/
$ source devel/setup.bash
$ rosrun arm_client arm_action_client.py
```

读者将会看到，机械臂将按照代码给定的位置数据进行运动。

读者可以访问 https://docs.ros.org/melodic/api/actionlib/html/classactionlib_1_1SimpleActionClient.html#_details 了解更多信息。

下面我们来看另一个例子。

4.2.3　基于 actionlib 的服务器 – 客户端示例：电池模拟器

在前面的例子中，我们编写了一个向服务器发送目标的客户端程序，该程序已经成为

Gazebo 插件的一部分。在本节的例子中，我们将尝试从头实现 ROS 动作。创建 ROS 动作的基本步骤如下所示：

1）创建一个功能包，并在其中创建一个名为 action 的文件夹；

2）创建一个包含目标、结果以及反馈的动作文件；

3）修改功能包文件并编译功能包；

4）定义服务器；

5）定义客户端。

让我们考虑一个电池模拟器的例子。当我们给机器人通电时，机器人依靠电池供电，并最终在一定时间内不再充电，该时间取决于电池类型。让我们使用服务器 - 客户端实现来模拟相同的场景。模拟器将是我们的服务器，并将在机器人启动时启动。我们将使用客户端更改电池的状态，即充电或放电，电池服务器将根据此状态进行充电或放电。因此，让我们执行实现 ROS 动作的步骤。

1. 创建功能包及 action 文件夹

在我们之前创建的工作空间 chapter_4_ws/src 中创建一个名为 battery_simulator 的功能包，具体命令如下：

```
$ cd ~/chapter_4_ws/src
$ catkin_create_pkg battery_simulator actionlib std_msgs
```

现在，进入创建的功能包，然后创建名为 action 的文件夹：

```
$ cd ~/chapter_4_ws/src/battery_simulator/
$ mkdir action
```

下一步我们将在 action 文件夹中定义动作文件。

2. 创建包含目标、结果及反馈的动作文件

首先创建名为 battery_sim.action 的动作文件，命令如下：

```
$ gedit battery_sim.action
```

在该文件中添加以下注释信息：

```
#goal
bool charge_state
---
#result
string battery_status
---
#feedback
float32 battery_percentage
```

在这里，可以看到目标、结果和反馈是按层次顺序定义的，用 --- 隔开。

3. 修改功能包文件并编译功能包

为了使功能包能够理解动作的定义并帮助功能包使用动作文件，我们需要修改

package.xml 和 CMakeLists.txt 文件。在 package.xml 文件中，确保包含以下代码行以用于调用动作包。如果没有，请添加：

```
<build_depend>actionlib_msgs</build_depend>
<exec_depend>actionlib_msgs</exec_depend>
```

在 CMakeLists.txt 文件中，将动作文件添加到 add_action_files() 调用函数中：

```
add_action_files(
DIRECTORY action
FILES battery_sim.action
)
```

某些语句可能被注释了。可以直接取消注释，或者将这些代码行复制并粘贴到 CMakeLists.txt 文件中。

指明 generate_messages() 调用中的依赖项：

```
generate_messages(
DEPENDENCIES
actionlib_msgs
std_msgs
)
```

指明 catkin_package() 调用中的依赖项：

```
catkin_package(
CATKIN_DEPENDS
actionlib_msgs
)
```

至此我们完成了功能包的配置，可以使用以下语句编译功能包：

```
$ cd ~/chapter_4_ws
$ catkin_make
```

得到的文件列表如图 4.3 所示。

我们将在代码中将这些文件作为消息结构使用。现在，让我们定义服务器和客户端。

4. 定义服务器

首先让我们看一看相关代码。我们将调用必要的 import 语句。

可以在我们的代码仓库中查看相关代码：https://github.com/PacktPublishing/ROS-Robotics-Projects-SecondEdition/blob/master/chapter_4_ws/src/battery_simulator/src/battery_sim_server.py。

请注意，我们启用了多处理，并从 battery_simulator 功能包调用了必要的 actionlib 消息：

```
#! /usr/bin/env python
```

```
import time
import rospy
from multiprocessing import Process
from std_msgs.msg import Int32, Bool
import actionlib
from battery_simulator.msg import battery_simAction, battery_simGoal,
battery_simResult, battery_simFeedback
```

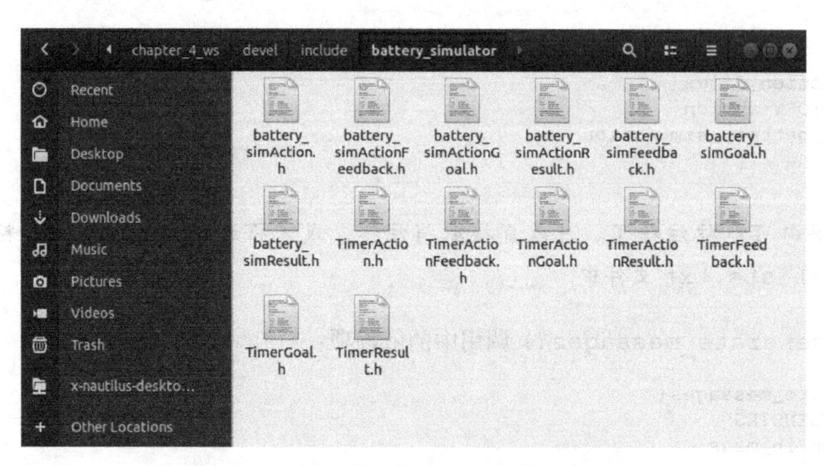

图4.3 编译后的动作消息与动作文件列表

在主函数中，我们初始化节点和服务器的battery_simulator并启动服务器。为了保持服务器的正常运行，我们使用rospy.spin()：

```
if __name__ == '__main__':
rospy.init_node('BatterySimServer')
server = actionlib.SimpleActionServer('battery_simulator',
battery_simAction, goalFun, False)
server.start()
rospy.spin()
```

服务器调用goalFun()函数，该函数并行启动batterySim()函数。我们假设客户端的目标是布尔值。如果接收到的目标为0，则表示电池处于放电状态；如果目标为1，则表示电池处于充电状态。为便于使用，我们将设置ROS参数，以便启用或禁用充电：

```
def goalFun(goal):
  rate = rospy.Rate(2)
  process = Process(target = batterySim)
  process.start()
  time.sleep(1)
  if goal.charge_state == 0:
  rospy.set_param("/MyRobot/BatteryStatus",goal.charge_state)
  elif goal.charge_state == 1:
  rospy.set_param("/MyRobot/BatteryStatus",goal.charge_state)
```

batterySim()函数检查参数值，并根据收到的charge_state目标运行电池的递增或递减代码：

```
def batterySim():
  battery_level = 100
  result = battery_simResult()
  while not rospy.is_shutdown():
  if rospy.has_param("/MyRobot/BatteryStatus"):
    time.sleep(1)
    param = rospy.get_param("/MyRobot/BatteryStatus")
    if param == 1:
      if battery_level == 100:
        result.battery_status = "Full"
        server.set_succeeded(result)
        print "Setting result!!!"
        break
      else:
        print "Charging...currently, "
        battery_level += 1
        print battery_level
        time.sleep(4)
    elif param == 0:
      print "Discharging...currently, "
      battery_level -= 1
      print battery_level
      time.sleep(2)
```

如果电已充满，则使用 server.set_succeeded(result) 函数将结果设置为成功。现在，让我们定义客户端。

5. 定义客户端

我们已经定义了一个服务器，现在需要使用一个客户端为服务器提供合适的目标，在 4.2.2 节之后，读者现在应该已经熟悉了这个目标。让我们创建一个 battery_sim_client.py 文件并将以下代码复制到其中：

```
#! /usr/bin/env python

import sys
import rospy
from std_msgs.msg import Int32, Bool
import actionlib
from battery_simulator.msg import battery_simAction, battery_simGoal,
battery_simResult

def battery_state(charge_condition):
  goal = battery_simGoal()
  goal.charge_state = charge_condition
  client.send_goal(goal)

if __name__ == '__main__':
  rospy.init_node('BatterySimclient')
  client = actionlib.SimpleActionClient('battery_simulator',
battery_simAction)
  client.wait_for_server()
  battery_state(int(sys.argv[1]))
  client.wait_for_result()
```

我们接收充电状态作为参数，并在充电或放电时将目标相应地发送到服务器。我们在客户端声明（在主函数中）中定义了需要发送目标的服务器。我们等待它的回应并发送必要的目标。

我们有了自己的 ROS 动作实现，现在可以查看 battery_simulator 的运行情况，步骤如下：

- 在第一个终端窗口中启动 $ roscore。
- 在第二个终端窗口中，使用以下命令启动服务器：

```
$ cd ~/chapter_4_ws/
$ source devel/setup.bash
$ rosrun battery_simulator battery_sim_server.py
```

- 在第三个终端窗口中，使用以下命令启动客户端：

```
$ cd ~/chapter_4_ws/
$ source ~/chapter_4_ws/devel/setup.bash
$ roslaunch battery_simulator battery_sim_client.py 0
```

可以看到作为 ROS 日志记录的结果，电池信息被打印出来。将状态更改为 1 并再次运行节点。你可以看到电池正在充电。

现在，让我们以已经讨论过的例子为基础来介绍服务员机器人的应用示例。

4.3 服务员机器人应用示例

让我们继续介绍服务员机器人应用示例，以更好地理解状态机。此场景如图 4.4 所示。

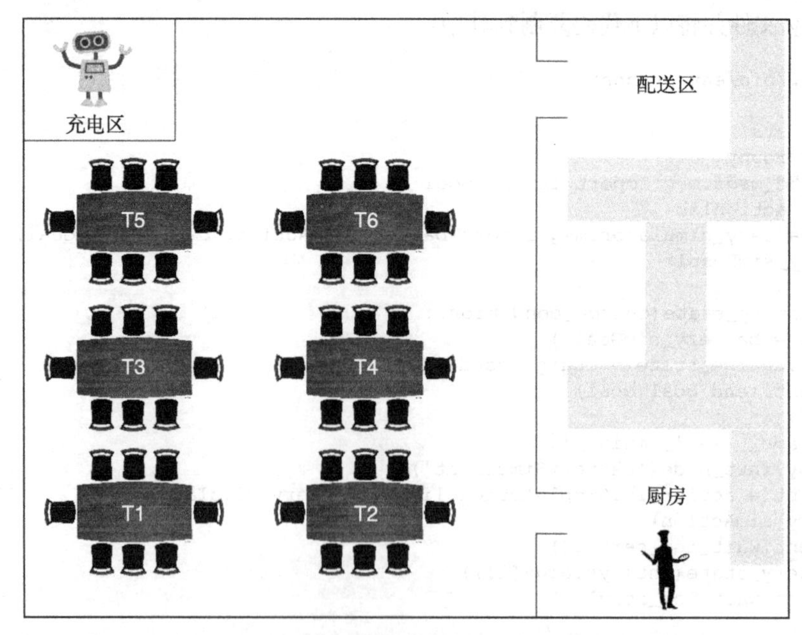

图 4.4　服务员机器人应用示例场景

让我们试着深入思考并列出可能需要机器人执行的任务：

- 导航到餐桌（T1，T2，…，T6，如图 4.4 所示）。
- 接受顾客的订单。
- 去厨房（必要时和厨师确认）。
- 把食物带给顾客（从配送区，如图 4.4 所示）。

机器人可以自主地在餐厅中导航，并根据顾客所在的餐桌到达顾客的位置。在这个过程中，机器人通过它创建的地图获得了必要的信息，例如餐桌、配送区、厨房、储藏室和充电区的位置。假设一旦机器人到达餐桌，就通过一个基于触摸的交互系统和基于语音的交互从顾客那里接收订单。

一旦收到订单，机器人就会通过中央管理系统将订单发送到厨房。一旦厨房确认收到订单，机器人就会前往配送区，等待食物送到。如果厨房没有确认订单，机器人就会去厨房和厨师确认订单。一旦食物准备好，机器人就从配送区把食物送到特定的顾客桌上。一旦食物被送到，机器人就会前往它的待机位置或者充电区。该过程的伪代码如下所示：

```
table_list = (table_1, table_2,....)
robot_list = (robot_1, robot_2,....)
locations = (table_location, delivery_area, kitchen, store_room,
charging_area, standoff)

customer_call = for HIGH in [table_list], return table_list(i) #return
table number
customer_location = customer_call(table_list)

main ():
 while customer_call is "True"
   navigate_robot(robot_1, customer_location)
   display_order()
   accept_order()
   wait(60) # wait for a min for order acceptance from kitchen
   if accept_order() is true
      navigate_robot(robot_1, delivery_area)
   else
      navigate_robot(robot_1, kitchen)
      inform_chef()
      wait(10)
   wait_for_delivery_status()
      pick_up_food()
      navigate_robot(robot_1, customer_location)
      deliver_food()
```

上述伪代码允许我们根据特定的函数调用按顺序执行所有任务。如果我们想做的不仅仅是按顺序执行任务呢？例如，如果机器人需要跟踪其电池使用情况并执行必要的任务，则前面的 main() 函数可以进入另一个条件代码块，该条件代码块监视电池状态，并在电池状态低于所述阈值时使机器人导航到充电区。

但是，如果机器人在尝试运送食物时恰巧进入低电量状态呢？它可能和食物一起进入充电区，而不是去顾客的餐桌。取而代之的是，机器人可以在尝试运送食物前预测其电池状态，并在厨师准备食物时充电；或者在最坏的情况下，它可以调用另一个处于空闲状态且有足够电量运送食物的机器人。为这些特殊情况编写脚本的工作将更复杂，会给开发人员带来噩梦。相反，我们需要的是一个简单的方法，以标准的方式实现这种复杂的行为，并且能够并行地诊断、调试和运行任务。这样的实现是通过状态机完成的。

下一节我们将介绍状态机，这将帮助我们更好地理解状态机的概念与内涵。

4.4 状态机简介

状态机是一种将问题分解为更小的操作或过程块的图形化表示方法。这些较小的操作以串行或并行的方式相互通信，并以一定的顺序完成任务。状态机是计算机科学中的基本概念，通过花费比编码更多的时间可视化地分析问题来解决复杂系统决策。

图4.5展示了通过状态机表示的服务员机器人示例。

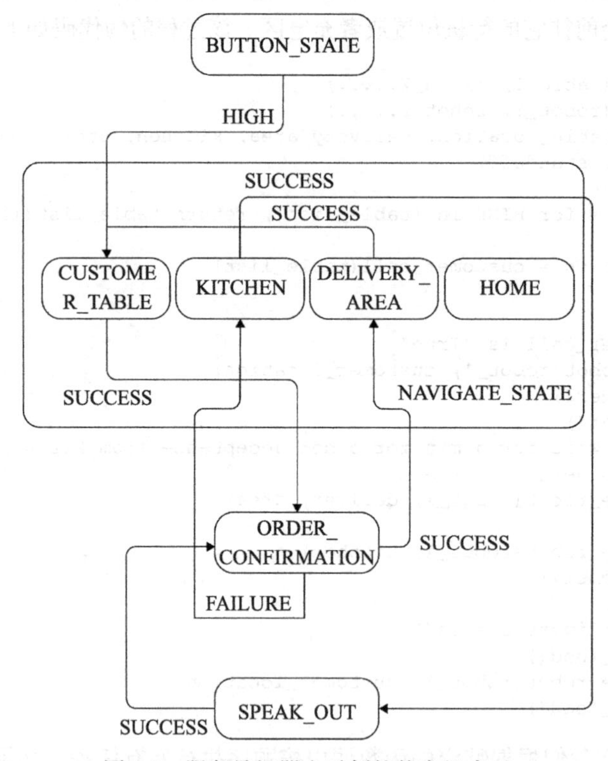

图4.5　服务员机器人示例的状态机表示

带圆圈的组件是机器人状态。这些状态是机器人执行特定动作达到的特定状态。连接这些圆的线称为边，代表状态之间的转移变换。这些线上的值或描述表示状态的结果是已完成的、未能完成的还是正在进行的。

需要说明的是，上述示例只是帮助读者理解状态机的简单表示，并不是机器人应用程序的完整表示。当顾客按下按钮时，会转换到一种称为 NAVIGATION_STATE（导航状态）的状态。如读者所见，NAVIGATION_STATE 在内部有一些其他状态，它们被定义为 CUSTOMER_TABLE（顾客餐桌）、KITCHEN（厨房）、DELIVERY_AERA（配送区）和 HOME（待机区）。读者将在下一节中看到我们是怎样对它们进行简化以及如何定义它们的。一旦到达 CUSTOMER_TABLE，机器人就会展示菜单，接受订单（图中未显示），并等待厨师确认订单（ORDER_CONFIRMATION 状态，即订单确认状态）。如果 SUCCESS，机器人将导航到 DELIVERY_AREA；否则，它将导航到 KITCHEN，并通过 SPEAK_OUT 状态发出订单确认请求。如果 SUCCESS，它将进入 DELIVERY_AREA，获取订单，并将相同的订单交付给 CUSTOMER_TABLE。

下一节我们将对 SMACH 进行介绍。

4.5　SMACH 简介

SMACH（发音为 smash）是一个基于 Python 的库，帮助我们处理复杂的机器人行为。它是一个独立的 Python 工具，可用于构建分层或并发状态机。虽然它的核心是 ROS 独立的，但封装器是在 smach_ros 包（http://wiki.ros.org/smach_ros?distro=melodic）中编写的，支持通过动作、服务和话题与 ROS 系统集成。当读者能够更明确地描述机器人的行为和动作（如前面的服务员机器人示例的状态机图）时，SMACH 是最有用的。SMACH 是使用和定义状态机的简单而美妙的工具，与 ROS 动作结合使用时非常强大。由此产生的组合可以帮助我们构建更复杂的系统。让我们详细了解一下它的一些概念，以便更详细地理解 SMACH。

SMACH 的概念

SMACH 是具有良好的日志记录和实用功能的轻量级底层核心库。它有两个基本接口：

- **状态**：状态是希望机器人表现的一种行为或执行的一个动作。它有潜在的 outcome 作为执行动作的结果。在 ROS 中，行为或动作在 execute() 函数中定义，该函数将一直运行，直到返回一个确定的 outcome。
- **容器**：容器是状态的集合。它实现的执行策略可以是分层的、一次执行多个状态（并发的）或在特定时间段内执行状态（迭代的）。

具体示例如图 4.6 所示。让我们思考图 4.6，并更详细地研究 SMACH 的概念。

1. outcome 属性

outcome 是执行动作或行为后状态返回的潜在结果。在图 4.6 中，outcome 是 nav_plug_in、unplug、succeeded、aborted、preempted 和 done。状态的结果可以是不同的，并且可以对不同的状态执行不同的操作。例如，它可能有助于转换到另一个状态或终止该状态。因此，从状态的角度来看，outcome 是不相关的。在 ROS 中，outcome 与状态一起初始化，以确保 outcome 与状态的一致性，并在 execute() 代码块之后返回（我们将在后面的示例中研究它们）。

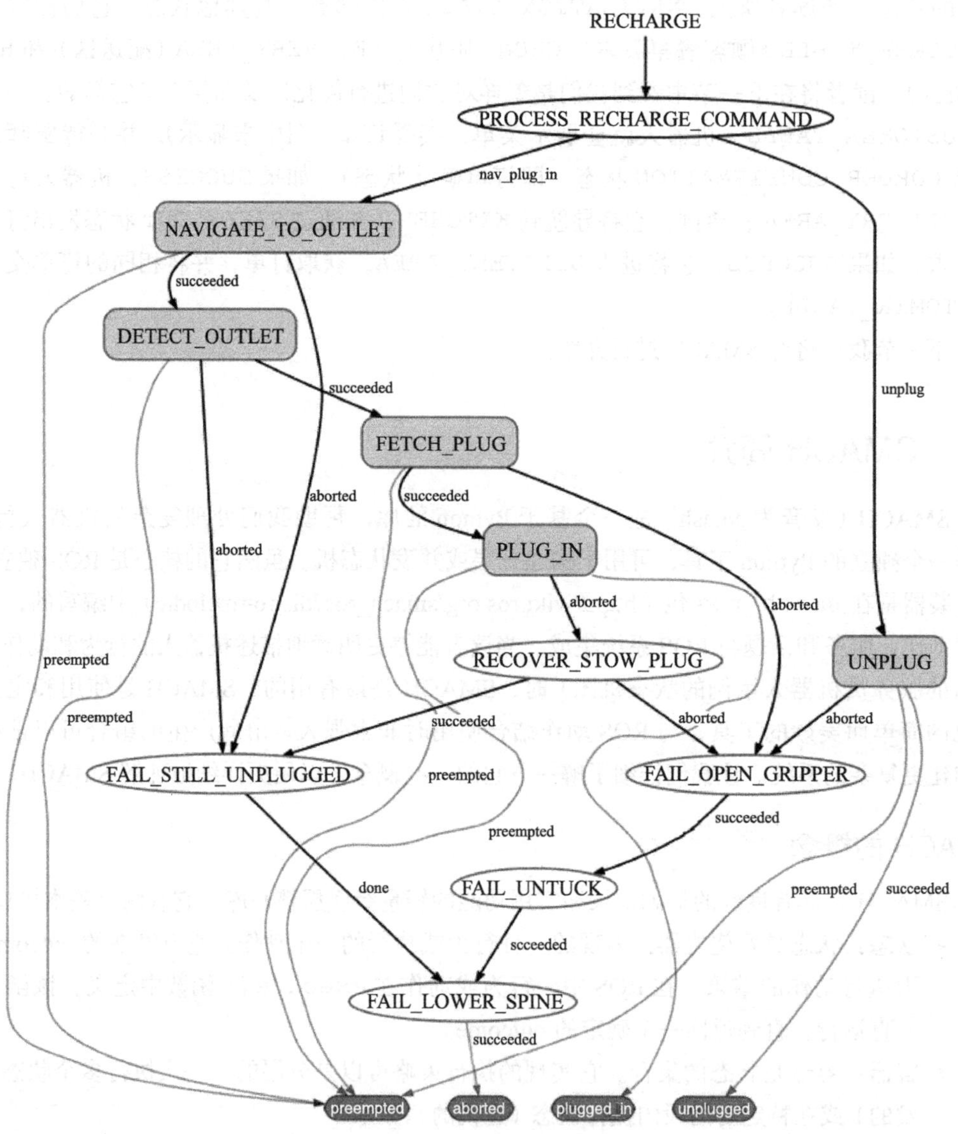

图 4.6 ROS 中的简单状态机（图片来源：http://wiki.ros.org/smach/Tutorials/Getting%20Started。基于知识共享授权协议 CC-BY-3.0：https://creativecommons.org/licenses/by/3.0/us/legalcode）

2. 用户数据

状态或容器可能需要用户的输入或以前的状态（在自治系统中）来进行转换。信息可以是从环境中读取的传感器数据，也可以基于任务所用时间的优先级排序调用。它们还可能需要将特定信息返回给其他状态或容器，以便执行这些状态。该信息被描述为输入键和输出键。输入键是状态执行时可能需要的，因此状态不能操纵它接收到的信息（如传感器信息）。输出键是状态作为输出返回到其他状态（例如优先级调整调用）的内容，可以对其进行操作。用户数据有助于防止错误并有助于调试。

3. 抢占

抢占是一种中断状态，使得我们可以立即注意到正在执行的动作以外的其他事情。在 SMACH 中，`State` 类有一个用于处理状态和容器之间的抢占请求的实现。这种内置行为有助于从用户或执行程序顺利过渡到终止状态。

4. 内省

我们在 `smach_ros` 中设计或创建的状态机可以通过名为 SMACH viewer 的工具进行可视化调试或分析。图 4.7 展示了 SMACH viewer 在前面的 PR2 机器人示例中的应用（这里我们有意将图像中的文本和数字处理得难以辨认）。

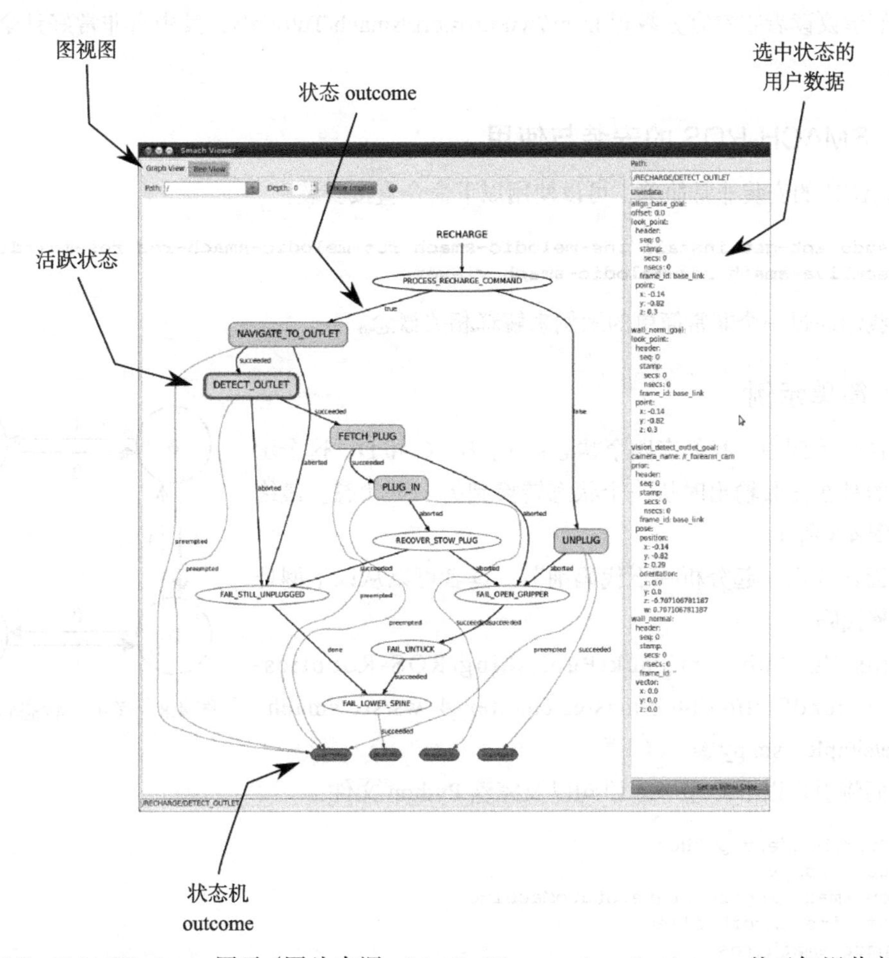

图 4.7　SMACH viewer 图示（图片来源：http://wiki.ros.org/smach_viewer。基于知识共享授权协议 CC-BY-3.0:https://creativecommons.org/licenses/by/3.0/us/legalcode）

机器人当前处于 DETECT_OUTLET 状态，在图 4.7 中以突出边框显示。

要在 SMACH viewer 中查看这些状态，必须在 SMACH 代码中定义一个内省服务器。

我们已经对 SMACH 有了基本的了解。接下来，让我们介绍几个基于 SMACH 的示例。

4.6 SMACH 入门

通过示例学习 SMACH 是最好的方法。下面让我们介绍一些简单的 SMACH 入门示例，以便可以为我们的服务员机器人示例创建状态机。需要注意的是，由于篇幅有限，本书仅对 SMACH ROS 的入门知识进行介绍，不会涵盖和解释 SMACH 中使用的所有示例和方法。因此，我们建议读者查看官方教程 http://wiki.ros.org/smach/Tutorials，其中有非常好且全面的教程列表。

4.6.1 SMACH-ROS 的安装与使用

SMACH 的安装非常简单，可以使用以下命令直接安装：

```
$ sudo apt-get install ros-melodic-smach ros-melodic-smach-ros ros-melodic-executive-smach ros-melodic-smach-viewer
```

让我们通过一个非常简单的示例来解释相关概念。

4.6.2 简单示例

在这个示例中，我们有四个状态：A、B、C 和 D。这个示例的目的是在接收输出时从一个状态转换到另一个状态。最终结果如图 4.8 所示。

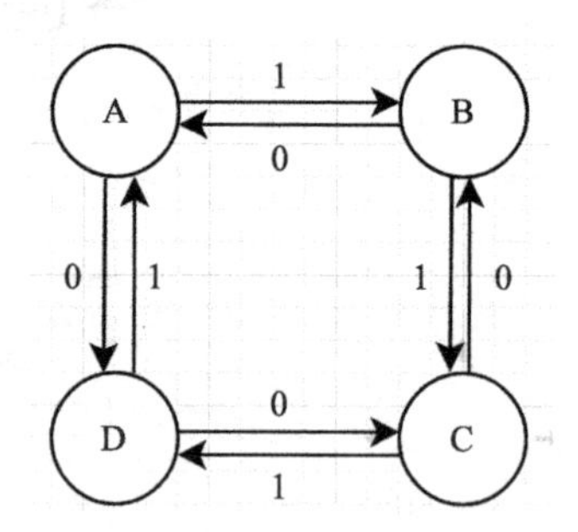

图 4.8　简单的状态转移示例

下面让我们一起分析一下代码细节。读者可以从以下网址下载完整代码：

https://github.com/PacktPublishing/ROS-Robotics-ProjectsSecondEdition/blob/master/chapter_4_ws/src/smach_example/simple_fsm.py。

我们将引入以下 import 语句以及完整 Python 文件：

```
#!/usr/bin/env python
import rospy
from smach import State,StateMachine
from time import sleep
import smach_ros
```

然后单独定义这些状态，以便它们接收来自用户的输入：

```
class A(State):
    def __init__(self):
        State.__init__(self, outcomes=['1','0'], input_keys=['input'],
output_keys=[''])

    def execute(self, userdata):
        sleep(1)
        if userdata.input == 1:
        return '1'
        else:
        return '0'
```

在这里，我们定义了状态 A，它的 outcome 是 1 和 0。我们通过 input_keys 定义状态所需的输入。我们保持 output_keys 为空，因为不会输出任何用户数据。我们在 execute() 函数中执行状态动作。在本例中，如果用户输入为 1，则返回 1；如果用户输入为 0，则返回 0。我们用同样的方式定义其他状态。

在主函数中，我们初始化节点和状态机，并将用户数据分配给状态机：

```
rospy.init_node('test_fsm', anonymous=True)
sm = StateMachine(outcomes=['success'])
sm.userdata.sm_input = 1
```

在基于 Python 的 with() 函数的帮助下，我们添加了前面的状态并定义了转换：

```
with sm:
    StateMachine.add('A', A(), transitions={'1':'B','0':'D'},
remapping={'input':'sm_input','output':''})
    StateMachine.add('B', B(), transitions={'1':'C','0':'A'},
remapping={'input':'sm_input','output':''})
    StateMachine.add('C', C(), transitions={'1':'D','0':'B'},
remapping={'input':'sm_input','output':''})
    StateMachine.add('D', D(), transitions={'1':'A','0':'C'},
remapping={'input':'sm_input','output':''})
```

对于状态 A，我们将状态名定义为 A，调用定义的 A() 类，然后将输入重新映射到我们在主函数中定义的输入。之后，根据状态的 outcome 定义状态转换。在这种情况下，如果 outcome 是 1，那么调用状态 B；如果 outcome 是 0，那么调用状态 D。我们可以通过类似的方式添加其他状态。

为了检查状态转换，我们使用 smach_ros 的 smach_viewer 包。要在 smach_viewer 中查看状态，我们需要调用指明了服务器名、状态机和要连接到的状态的根名称的 IntrospectionServer() 函数。然后，启动 IntrospectionServer()：

```
sis = smach_ros.IntrospectionServer('server_name', sm, '/SM_ROOT')
sis.start()
```

最后，在循环中执行状态机：

```
sm.execute()
rospy.spin()
sis.stop()
```

转换完成后，使用 stop() 函数停止内省服务器。图 4.9 展示了我们示例的 smach_

viewer 视图。图中个别文本仅供参考，无须阅读。

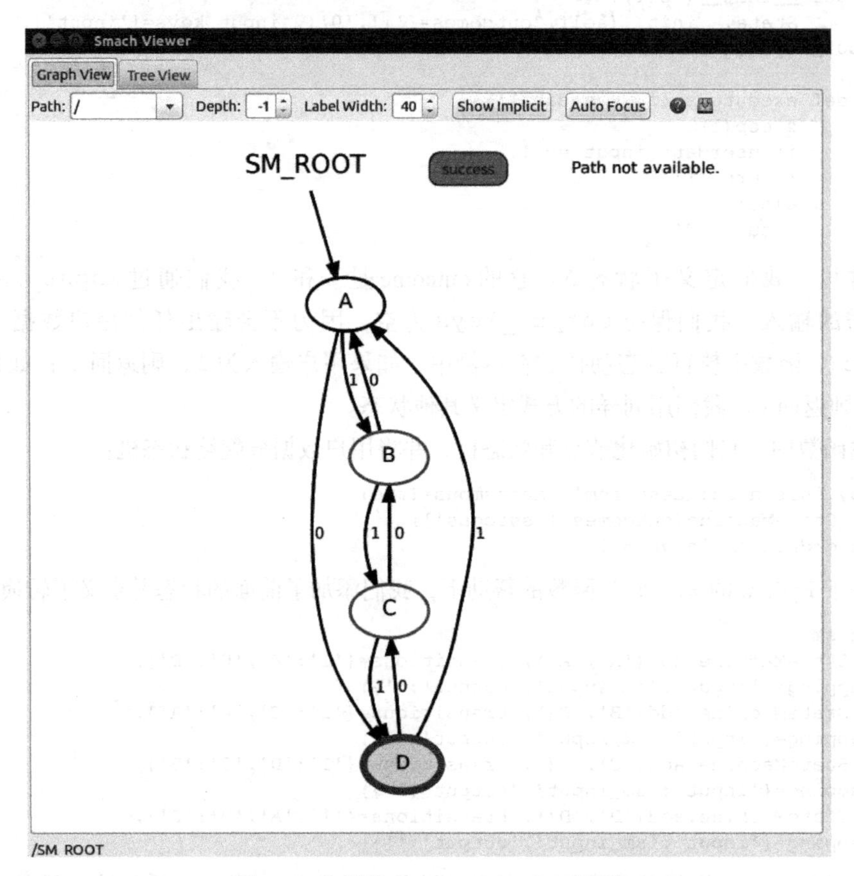

图 4.9 本例的 smach_viewer 视图

在图 4.9 中，可以看到加粗的边框显示当前的活动状态，还可以看到每个状态之间的状态转换。如果在主函数中将 sm_input 更改为 0，则会看到转换更改。

4.6.3 餐厅机器人应用示例

我们已经了解了状态机的工作原理，下面让我们尝试创建一个状态机，用于完成服务员机器人的任务。从实用性的角度考虑，机器人必须执行以下任务：

- 打开电源。
- 检查是否有顾客呼叫。
- 根据呼叫导航到对应顾客餐桌的位置。
- 接受顾客的订单。
- 如果订单已确认，则前往配送区，否则前往厨房。
- 给顾客运送食物。

现在，我们可以开始定义机器人：

- STATES_MACHINE：机器人需要启动和初始化，所以我们需要一个 POWER_ON 状态。一旦机器人启动，我们需要检查是否有顾客下过订单。我们通过 BUTTON_STATE 来实现这一点。一旦机器人收到顾客的呼叫，则必须导航到顾客餐桌的位置，这就是我们定义 GO_TO_CUSTOMER_TABLE 状态的原因。由于机器人有更多这样的导航目标，因此我们定义了对应的各个状态，主要有 GOT_TO_DELIVERY_AREA、GO_TO_KITCHEN 和 GO_TO_HOME 等，通过动作机制实现。

  一旦顾客决定向厨房下订单，机器人就必须接受顾客的确认。假设客户通过触摸屏与机器人交互，并在下订单后点击下单按钮。这需要 ORDER_CONFIRMATION 过程状态。ORDER_CONFIRMATION 状态不仅确认用户订单，还将订单发送到厨房。如果订单是在厨房确认的，例如由厨师确认，则机器人就会去配送区等待。如果订单没有被确认，机器人就会亲自去厨房通知厨师。这可以通过使用 SPEAK_OUT 状态基于语音输出来完成。一旦厨师确认了相应订单，机器人就会去配送区。
- STATES：有了状态机之后，就可以定义相应的状态了。机器人需要打开电源并初始化自身。我们用 PowerOnRobot() 类实现这一点。一旦调用某一状态，它（在此示例中）实际上就开始启动并将相应的状态设置为 succeeded：

```
class PowerOnRobot(State):
    def __init__(self):
    State.__init__(self, outcomes=['succeeded'])

def execute(self, userdata):
    rospy.loginfo("Powering ON robot...")
    time.sleep(2)
    return 'succeeded'
```

然后，我们需要读取按钮状态并转到特定的餐桌位置。在本示例中，我们通过假设只有一个餐桌并导航到该位置来简化情况。实际场景中将会有更多的餐桌，并且可以通过餐桌标签和位姿字典来定义这些餐桌。因此，在我们的示例中，如果按钮状态为弹起（即未按下），则状态被设置为 succeeded 或 aborted：

```
class ButtonState(State):
    def __init__(self, button_state):
        State.__init__(self, outcomes=['succeeded','aborted','preempted'])
        self.button_state=button_state

    def execute(self, userdata):
        if self.button_state == 1:
            return 'succeeded'
        else:
            return 'aborted'
```

对于我们的例子，机器人通过触摸屏与用户通信，并接受订单。如果订单是从用户端确认的，则会触发一个隐藏的子流程（在此处的机器人处理过程中没有定义），该流程会尝试向厨师下订单。如果厨师接受订单，那么我们将状态设置为 succeeded；否则，状态将被中止。我们收到厨师的确认作为用户输入：

```
class OrderConfirmation(State):
    def __init__(self, user_confirmation):
        State.__init__(self, outcomes=['succeeded','aborted','preempted'])
        self.user_confirmation=user_confirmation

    def execute(self, userdata):
        time.sleep(2)
        if self.user_confirmation == 1:
            time.sleep(2)
            rospy.loginfo("Confirmation order...")
            time.sleep(2)
            rospy.loginfo("Order confirmed...")
            return 'succeeded'
        else:
            return 'preempted'
```

如果厨师没有确认订单，则机器人需要发出声音以提示。我们使用 SpeakOut() 类实现这一功能，在这个类中，机器人发出声音来确认订单并设置相应的状态：

```
class SpeakOut(State):
def __init__(self,chef_confirmation):
State.__init__(self, outcomes=['succeeded','aborted','preempted'])
self.chef_confirmation=chef_confirmation

def execute(self, userdata):
sleep(1)
rospy.loginfo ("Please confirm the order")
sleep(5)
if self.chef_confirmation == 1:
return 'succeeded'
else:
return 'aborted'
```

最后，机器人需要在不同的位置之间移动。这一需求可以被定义为一个特定的状态，但是为了简单起见，我们将它们定义为几个状态。需要说明的是，所有的状态都有一个共同的特定状态以使机器人移动，即 move_base_state。此处我们利用之前介绍过的 ROS 动作机制实现。机器人有一个 move_base 服务器，它以适当的消息格式接受目标。我们通过以下代码为这种状态定义客户端调用：

```
move_base_state = SimpleActionState('move_base', MoveBaseAction,
goal=nav_goal, result_cb=self.move_base_result_cb,
exec_timeout=rospy.Duration(5.0), server_wait_timeout=rospy.Duration(10.0))
```

我们给定的目标如下：

```
quaternions = list()
euler_angles = (pi/2, pi, 3*pi/2, 0)
for angle in euler_angles:
q_angle = quaternion_from_euler(0, 0, angle, axes='sxyz')
q = Quaternion(*q_angle)
```

```
quaternions.append(q)

# Create a list to hold the waypoint poses
self.waypoints = list()
self.waypoints.append(Pose(Point(0.0, 0.0, 0.0), quaternions[3]))
self.waypoints.append(Pose(Point(-1.0, -1.5, 0.0), quaternions[0]))
self.waypoints.append(Pose(Point(1.5, 1.0, 0.0), quaternions[1]))
self.waypoints.append(Pose(Point(2.0, -2.0, 0.0), quaternions[1]))
room_locations = (('table', self.waypoints[0]),
('delivery_area', self.waypoints[1]),
('kitchen', self.waypoints[2]),
('home', self.waypoints[3]))
self.room_locations = OrderedDict(room_locations)
nav_states = {}

for room in self.room_locations.iterkeys():
nav_goal = MoveBaseGoal()
nav_goal.target_pose.header.frame_id = 'map'
nav_goal.target_pose.pose = self.room_locations[room]
move_base_state = SimpleActionState('move_base', MoveBaseAction,
goal=nav_goal, result_cb=self.move_base_result_cb,
exec_timeout=rospy.Duration(5.0),
server_wait_timeout=rospy.Duration(10.0))
nav_states[room] = move_base_state
```

完整可用代码的网址为https://github.com/PacktPublishing/ROS-Robotics-Projects-SecondEdition/blob/master/chapter_4_ws/src/smach_example/waiter_robot_anology.py。如果成功运行上述代码，则应该会看到某些特定的输出。图4.10展示了机器人示例的状态机，其中的文本仅供参考，无须阅读。

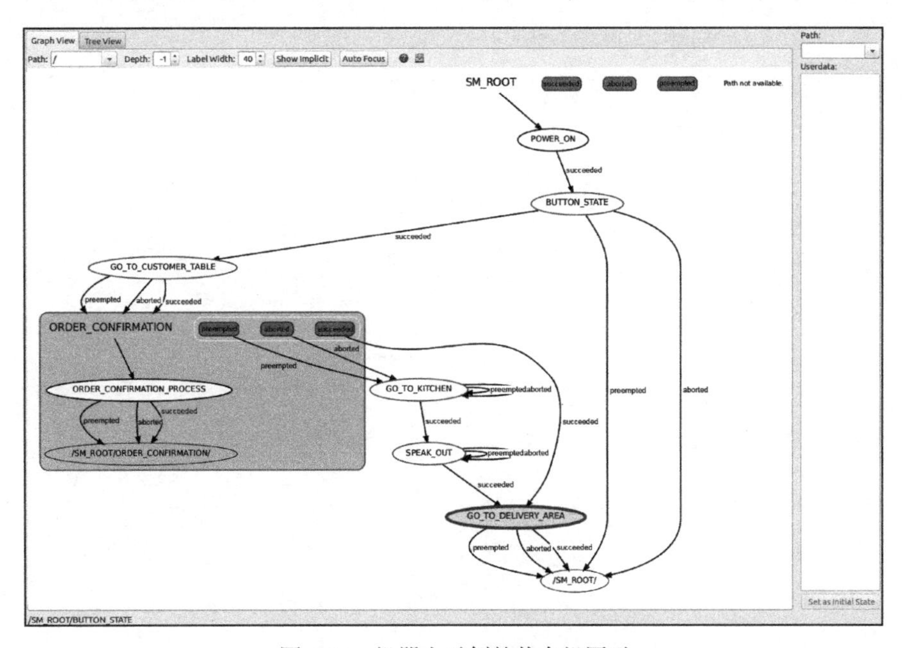

图4.10 机器人示例的状态机图示

在图4.10的smach_viewer视图中，可以从每个状态及其转换中看到相应的outcome，即succeed、aborted或preempted。加粗的边框表示机器人的当前状态。另外，正如读者可能已经注意到的，ORDER_CONFIRMATION是一个子状态，用灰色方框表示。

4.7 本章小结

在本章中，我们采用了一个简单的应用示例对状态机以及服务器-客户端进行了介绍，并将相应示例分割成更小的代码块进行了分别介绍，同时展示了在ROS下的实现。首先，我们引入了一个基于反馈的消息传递系统，并展示了它与话题和服务相比所具有的优势。然后，我们介绍了如何创建这样的消息传递机制。最后，我们介绍了机器人如何处理复杂的任务，通过将较小的块定义为状态来执行相应的任务，并以顺序、并发、迭代和嵌套的方式运行这些状态。至此，我们就可以利用本章和第3章所学的知识来学习如何实现机器人应用程序了。

在下一章中，我们将学习如何使用状态机和在第3章中创建的机器人模型来构建工业级应用程序。

第5章 构建工业级应用程序

通过前面章节的学习，读者应该已经熟悉了如何基于ROS构建机器人，并能使用状态机控制机器人处理复杂的任务。基于上述知识，本章我们将综合前面几章中学习到的所有概念开发一个工业级应用程序。本章将帮助我们有效地学习如何利用ROS对应用的概念进行证明。我们将介绍一个实时的应用案例，展示对机器人的研究和应用。在本章的末尾，有一个关于改进的部分（5.6节），可以帮助读者克服机器人在作为应用程序的一部分执行其任务时所面临的一些限制。

本章涵盖的主题包括：

- 应用案例：机器人送货上门。
- 机器人底座智能化。
- 机械臂智能化。
- 应用模拟。
- 机器人改进。

5.1 技术要求

学习本章内容的相关要求如下：

- Ubuntu 18.04（Bionic）系统，预先安装ROS和Gazebo 9。
- ROS功能包：Moveit和`slam-gmapping`。
- 时间线及测试平台：
  - ❑ **预计学习时间**：平均约120分钟。
  - ❑ **项目构建时间（包括编译和运行）**：平均约90分钟。
  - ❑ **项目测试平台**：惠普Pavilion笔记本电脑（Intel® Core™ i7-4510U CPU @ 2.00 GHz × 4，8GB内存，64位操作系统，GNOME-3.28.2桌面环境）。

本章代码可以从以下网址下载：

https://github.com/PacktPublishing/ROS-Robotics-Projects-SecondEdition/tree/master/chapter_5_ws/src。

下面介绍本章将要实现的应用案例。

5.2 应用案例：机器人送货上门

在过去20年里，在亚马逊和阿里巴巴等全球大型电子商务公司的推动下，电子商务领域呈现巨大增长。这使得全球各地的零售商都希望将业务扩展到在线购物的领域。这给快递服务公司既带来了机遇，也带来了挑战。随着竞争对手需求的增加，快递服务公司争先恐后地力求提供更快的产品快递服务。配送时间可能从几小时到几天不等。这也造成了对快递代理的巨大需求。

机器人在这一领域的应用可能具有巨大的潜力和商业前景。例如，机器人可以用来包装或分类零售商品、在仓库内运送商品，甚至把商品送货上门。机器人的生产效率更高，配送速度和数量至少是人类工作的两倍。

本章我们将考虑选择机器人送货作为应用案例场景，并使用我们在第3章中创建的移动机械臂作为快递代理。一般来说，产品是从零售商运到特定的城市，然后被分发到不同的街道的，每个街道或社区都有一个共同的配送办公室。我们将基于Gazebo和ROS模拟产品从零售商运抵配送办公室后的场景。我们建立的环境如图5.1所示。

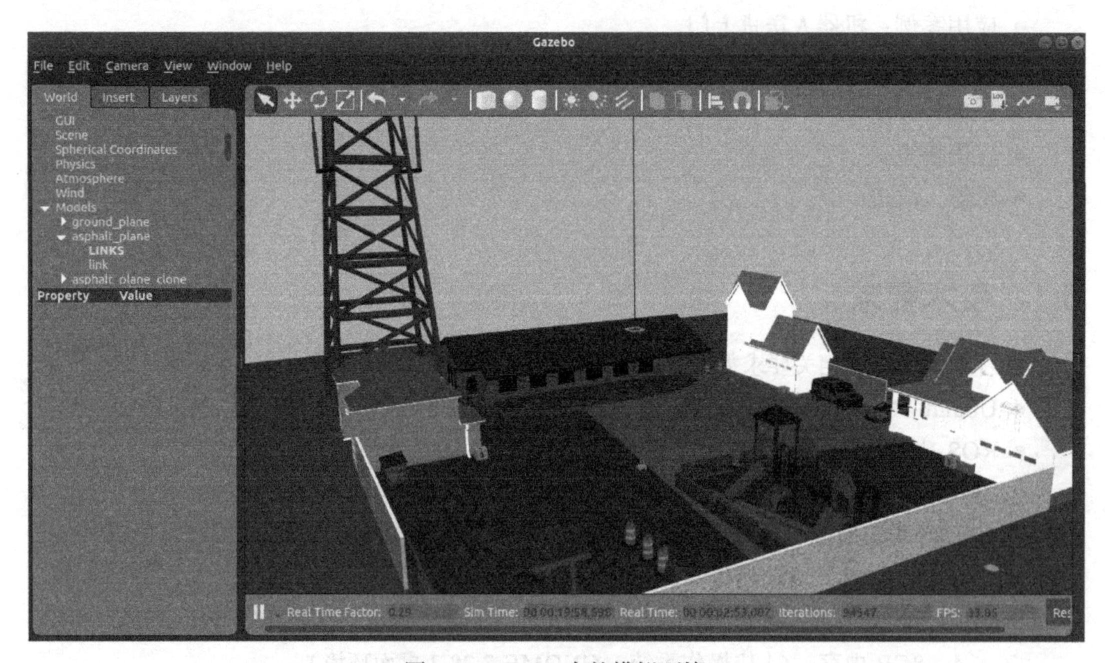

图5.1　Gazebo中的模拟环境

机器人初始位置为邮局，任务目标为机器人把物品送到该区域的三所房子里，分别编号为1、2和3，如图5.2所示。

图 5.2　从左至右、从上至下依次为邮局（机器人初始位置）以及 1 ～ 3 号房

邮局收到物品后，应当知道需要运送到特定地点的产品清单。该信息通过一个中心材料移动应用软件与机器人共享。此外，产品被放置在机器人可以进入的交付区域。然后，机器人接收运送清单，并基于配送位置和相应的产品更新自己的信息，并创建配送计划。

在上述案例场景中，机器人需要知道产品及其位置，并到必要的位置取货和送货。如果将应用程序分成块，则应该使得机器人底座具备自主化能力并且机械臂能够智能地拾取和放置物品，最后使用状态机将所有这些都放入一系列动作中。现在，让我们在 Gazebo 中设置我们的环境。

在 Gazebo 中设置模拟环境

我们前面提到的环境被保存为一个名为 `postoffice.world` 的 Gazebo 世界文件。读者可以将此文件复制到自己的工作空间，并使用以下命令打开 Gazebo（假设从下载或复制文件的同一终端打开它），从而可视化此世界：

```
$ gazebo postoffice.world
```

Gazebo 可能需要一段时间来从互联网上加载所有必要的模型，因此启动过程需要一段等待时间。因此，在输入上述命令后，需要提供大约 10 分钟的稳定时间（即不要执行其他操作，等待 Gazebo 加载完成）。

我们将从现在开始关注应用程序，首先为本章内容设置模拟环境：

1）创建工作空间，并将第3章构建的机器人模型添加进来：

```
$ initros1
$ mkdir -p chapter_5_ws/src
$ cd ~/chapter_5_ws/src
$ catkin_init_workspace
$ cp -r ~/chapter_3_ws/src/robot_description ~/chapter_5_ws/src/
$ cd ~/chapter_5_ws
$ catkin_make
```

2）在 robot_description 功能包中创建名为 worlds 的文件夹，并将世界模型保存在该文件夹中：

```
$ cd ~/chapter_5_ws/src/robot_description/
$ mkdir worlds
```

3）修改 mobile_manipulator_gazebo_xacro.launch 文件，将之前提到的世界模型作为声明添加进去：

```
<include file="$(find gazebo_ros)/launch/empty_world.launch">
  <arg name="world_name"
value="home/robot/chapter_5_ws/src/robot_description/worlds/postoff
ice.world"/>
</include>
```

尝试启动机器人。此时将会看到，机器人已经处于我们的新环境中了。当前机器人位置坐标位于世界模型坐标系的 (0,0) 处。如果想要改变机器人的位置坐标，则需要在 mobile_manipulator_gazebo_xacro.launch 文件的 <node> 标签中添加以下声明语句：

```
<node name="spawn_urdf" pkg="gazebo_ros" type="spawn_model" args="-param
robot_description -urdf -x 1 -y 2 -z 1 -model mobile_manipulator" />
```

上述代码将机器人的位置坐标（x, y, z）设置为（1, 2, 1）。

至此我们完成了环境设置，下面介绍如何对机器人进行修改。

5.3 机器人底座智能化

首先对机器人底座进行配置，使其具备自主化或智能化能力。我们的机器人底座需要感知环境，并在环境中轻松移动。我们将通过**同步定位和地图构建**（Simultaneous Localization And Mapping，SLAM）来实现这一点。SLAM 是近十年来的机器人领域的一个热点问题，而 ROS 中有很好的开源功能包，可以帮助我们在环境中绘制地图和定位机器人。我们将在机器人上添加必要的传感器，配置可用的 ROS 包，使其在环境中自主行动。让我们从添加激光扫描传感器开始。

5.3.1 添加激光扫描传感器

为了让机器人感知环境，我们将为其配置激光扫描传感器。激光扫描传感器使用激光作为光源（更多信息可在 https://en.wikipedia.org/wiki/Lidar 上找到），基于飞行时间原理（Time Of Flight，TOF）进行探测距离的计算（更多信息可在 https://en.wikipedia.org/wiki/Time-of-flight_camera 上找到）。这种激光光源以一定的速率旋转，从而实现了对环境的二维扫描。激光扫描传感器的扫描轨迹范围因不同类型的扫描仪而异，从 90 度到 360 度不等。传感器的二维输出完全取决于传感器在机器人上的位置。机器人可能无法按照预期识别桌子或卡车。

Gazebo 提供了一个激光扫描传感器的插件，我们将在机器人中使用该插件。为了模拟该插件，让我们在机器人底座上创建一个简单的几何图形来表示激光扫描传感器：

- 在第 3 章创建的机器人模型文件 mobile_manipulator.urdf 中添加以下代码：

```
<link name="laser_link">
  <collision>
   <origin xyz="0 0 0" rpy="0 0 0"/>
   <geometry>
    <box size="0.1 0.1 0.1"/>
   </geometry>
  </collision>
  <visual>
   <origin xyz="0 0 0" rpy="0 0 0"/>
    <geometry>
     <box size="0.05 0.05 0.05"/>
    </geometry>
  </visual>
  <inertial>
    <mass value="1e-5" />
    <origin xyz="0 0 0" rpy="0 0 0"/>
    <inertia ixx="1e-6" ixy="0" ixz="0" iyy="1e-6" iyz="0"
izz="1e-6" />
  </inertial>
</link>
```

  这里，我们创建了一个简单的方块，用以表示激光扫描传感器，并将其连接到了机器人的 base_link 组件上。

- 为激光扫描传感器调用 Gazebo 的插件：

```
<gazebo reference="laser_link">
<sensor type="ray" name="laser">
<pose>0 0 0 0 0 0</pose>
<visualize>true</visualize>
<update_rate>40</update_rate>
<ray>
    <scan>
        <horizontal>
        <samples>720</samples>
        <resolution>1</resolution>
        <min_angle>-1.570796</min_angle>
        <max_angle>1.570796</max_angle>
        </horizontal>
    </scan>
    <range>
        <min>0.10</min>
        <max>30.0</max>
```

```
        <resolution>0.01</resolution>
    </range>
</ray>
<plugin name="gazebo_ros_head_hokuyo_controller"
filename="libgazebo_ros_laser.so">
  <topicName>/scan</topicName>
  <frameName>laser_link</frameName>
</plugin>
</sensor>
</gazebo>
```

如果将 <visualize> 标签设置为 true，则我们将能够看到一束扫描范围为 180 度的蓝色光线。假设我们的激光扫描范围为 180 度（即 -90 度～ 90 度）。因此，我们可以以弧度的形式指明 <min_angle> 和 <max_angle> 标签的取值。我们假设的传感器分辨率为 10 厘米，范围为 30 米，精度为 1 厘米。我们明确了话题名，这样就可以将前面的 URDF 中定义的值和参考系读取到 <plugin> 标签中。

完成上述工作后，在 Gazebo 中再次启动机器人，我们将看到如图 5.3 所示的界面。

图 5.3 Gazebo 中显示的带激光扫描传感器的机器人

读者可以参考市场上现有的传感器（如 Hokuyo UST10、20LX 或 360 度扫描的激光雷达），尝试和模拟不同的激光扫描传感器参数值。现在，让我们配置导航栈。

5.3.2 配置导航栈

至此，我们完成了在机器人底座上添加激光扫描传感器的工作，下面我们将配置 move_base 服务器，其能够基于 ROS 功能包来帮助我们的机器人实现自主导航。何为 move_base？我们可以想象一下机器人在环境中通过已知地图进行自主导航的问题。地图包含障碍物信息，如墙壁、桌子等（在机器人学中，被称为代价（cost）），这些均为已知信息。这些已知信息被当作全局信息进行处理。

当机器人试图利用这些全局信息四处移动时，可能会被环境中的动态变化信息所干扰，例如椅子位置的变化，或者诸如人的行走等动态移动变化。这些变化的信息被视为局部信息。简单地说，全局信息是关于环境的，局部信息是关于机器人（即时感知）的。move_base 是一个复杂（就代码而言）但简单（就理解而言）的节点，有助于将全局信息和局部信息链接起来以完成导航任务。move_base 是一个 ROS 动作实现。当有一个目标时，机器人底座会试图导航至这个目标。move_base 的简单表示如图 5.4 所示。

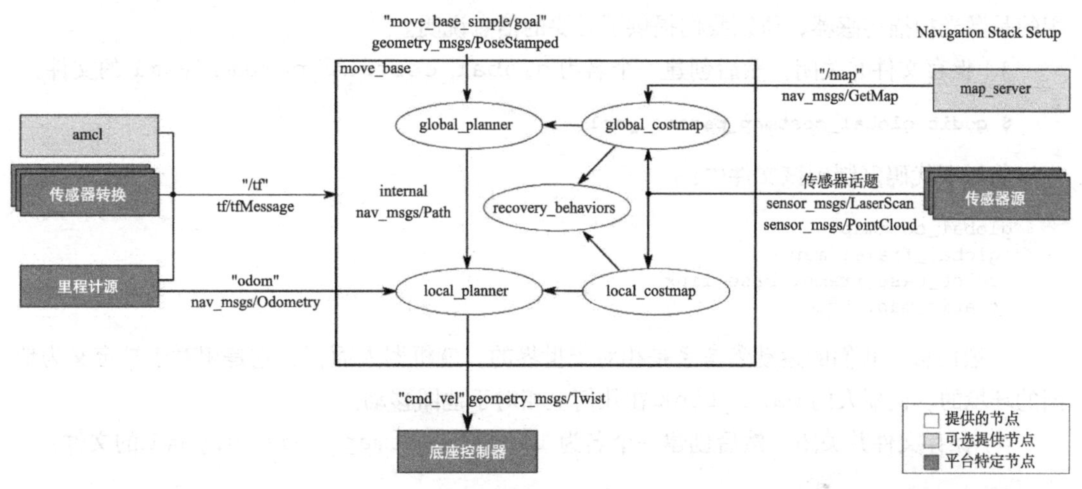

图 5.4 move_base 图示（图片来源：http://wiki.ros.org/move_base。基于知识共享授权协议 CC-BY-3.0：https://creativecommons.org/licenses/by/3.0/us/legalcode）

从图 5.4 中可以很明显地看出，如果机器人底座接收到目标指令，move_base 服务器就会理解目标并给出一系列速度指令，以引导机器人朝目标前进。为此，需要使用以下 YAML 文件中定义的某些参数来定义机器人底座：

- costmap_common_params.yaml
- global_costmap_params.yaml
- local_costmap_params.yaml
- base_local_planner.yaml

下面，我们介绍配置导航栈的步骤：

1）创建导航功能包，并添加以下文件：

```
$ cd ~/chapter_5_ws/src
$ catkin_create_pkg navigation
$ cd navigation
$ mkdir config
$ cd config
$ gedit costmap_common_params.yaml
```

2）将以下代码复制到文件 costmap_common_params.yaml 中：

```
footprint: [[0.70, 0.65], [0.70, -0.65], [-0.70, -0.65], [-0.75,
0.65]]
observation_sources: laser_scan_sensor
laser_scan_sensor:
 sensor_frame: laser_link
 data_type: LaserScan
 topic: scan
 marking: true
 clearing: true
```

由于我们的机器人是矩形的，因此通过坐标值来对其所占空间量进行定义。因为我们使用的是激光扫描传感器，所以我们提供了必要的信息说明。

3）保存文件并关闭，然后创建一个名为 global_costmap_params.yaml 的文件：

```
$ gedit global_costmap_params.yaml
```

将以下代码复制到该文件中：

```
global_costmap:
 global_frame: map
 robot_base_frame: base_link
 static_map: true
```

一般而言，我们的运动参考系是相对于世界的。就机器人而言，它是相对于被定义为地图的环境的。机器人的 base_link 在几何上相对于地图移动。

4）保存文件并关闭，然后创建一个名为 local_costmap_params.yaml 的文件：

```
$ gedit local_costmap_params.yaml
```

将以下代码复制到该文件中：

```
local_costmap:
 global_frame: odom
 robot_base_frame: base_link
 rolling_window: true
```

正如我们之前提到的，局部信息是相对于机器人而言的，因此我们的全局参考系 global_frame 即是机器人的里程计参考系 odom。环境中的局部代价仅在特定的空间量下更新，可以定义为滚动窗口参数 rolling_window。

现在我们已经获得了必要的信息，下面让我们开始在给定的环境中进行地图构建和机器人定位处理。

5.3.3 环境地图构建

为了能够在环境中自主移动，机器人需要了解环境。这可以通过使用地图构建技术（如 gmaping 或 karto）来实现。ROS 中有这两种技术的功能包可供使用，并且都需要编码器信息（例如，在我们的例子中为 odom）、激光扫描数据和转换信息。gmaping 使用粒子过滤器，并且是开源的，而 karto 是 Apache 许可的。但是，读者仍然可以在 karto 中使用开源封装器进行测试和教学。对于我们的应用程序，我们使用 gmaping 构建环境地图。

我们使用以下命令安装 gmaping SLAM：

```
$ sudo apt-get install ros-melodic-slam-gmapping
```

至此我们已经安装了地图构建工具，下面介绍如何在构建的地图上定位机器人。

5.3.4 机器人底座定位

完成地图构建之后，就可以对机器人进行定位了。在 ROS 中，用于自主定位和导航的功能包为 amcl（http://wiki.ros.org/amcl）。amcl 基于粒子滤波器实现在地图上对机器人的定位处理。粒子滤波器通过机器人的传感器信息与确定性假设给出机器人的一系列位姿（更多信息请查阅 http://wiki.ros.org/amcl）。当机器人移动时，位姿云（可能的位姿列表）向机器人的真实位姿收敛，表征了机器人的位置假设。如果位姿超出一定范围，就会被自动忽略。

由于我们使用的是差分驱动机器人，因此我们将使用现有的 amcl_diff.launch 文件作为机器人的模板文件。为了模拟机器人的导航栈，首先让我们创建一个名为 mobile_manipulator_move_base.launch 的文件，所有的 move_base 都有必要的参数，并且包含 amcl 节点。我们的启动文件如下：

```
<launch>
<node name="map_server" pkg="map_server" type="map_server"
args="/home/robot/test.yaml"/>

<include file="$(find navigation)/launch/amcl_diff.launch"/>

<node pkg="move_base" type="move_base" respawn="false" name="move_base"
output="screen">
 <rosparam file="$(find navigation)/config/costmap_common_params.yaml"
command="load" ns="global_costmap" />
 <rosparam file="$(find navigation)/config/costmap_common_params.yaml"
command="load" ns="local_costmap" />
 <rosparam file="$(find navigation)/config/local_costmap_params.yaml"
command="load" />
 <rosparam file="$(find navigation)/config/global_costmap_params.yaml"
command="load" />
 <rosparam file="$(find navigation)/config/base_local_planner_params.yaml"
command="load" />
 <remap from="cmd_vel" to="/robot_base_velocity_controller/cmd_vel"/>
</node>
</launch>
```

至此我们已经完成了机器人底座的导航设置，下面介绍如何对机械臂的运动进行设置。

5.4 机械臂智能化

如第 3 章所述，我们通过将值发布到 ROS 话题来控制机械臂的运动。后来，我们使用了动作服务器实现作为 follow_joint_trailway 插件的结果，并编写了一个客户端，可以控制机器人移动到指定的位置。这些实现遵循正向运动学，我们需要知道连杆长度和活动范围，并为每个关节提供一个旋转值。上述操作能够控制手臂在环境中达到一定的位姿状态。如果我们知道一个物体在环境中的位姿，并且想把机械臂移动到那个位姿，那么这一过程怎样实现？事实上，这一过程被称为反向运动学，本节我们将介绍使用 Moveit 专用功能包实现这一过程的方法。首先让我们了解一下 Moveit 的基本内容。

5.4.1 Moveit 简介

Moveit 是在 ROS 之上编写的复杂软件，用于实现反向运动学、运动或路径规划、环境的三维感知、碰撞检测等。它是 ROS 中支持机械臂操作功能的主要功能包。Moveit 通过 urdf 和 ROS 消息定义获取机械臂的配置信息（几何和连杆信息），并利用 ROS 可视化工具 RViz 操纵机械臂。

Moveit 已广泛应用于超过 100 种机械臂，更多关于这些机器人的信息参见 https://Moveit.ros.org/robots/。Moveit 具有许多先进的功能，也被许多工业机器人所使用。由于篇幅有限，我们不会对所有的 Moveit 概念进行论述，而是仅对我们将用到的移动和控制机械臂的相关内容进行介绍。

首先介绍 Moveit 的架构，如图 5.5 所示。

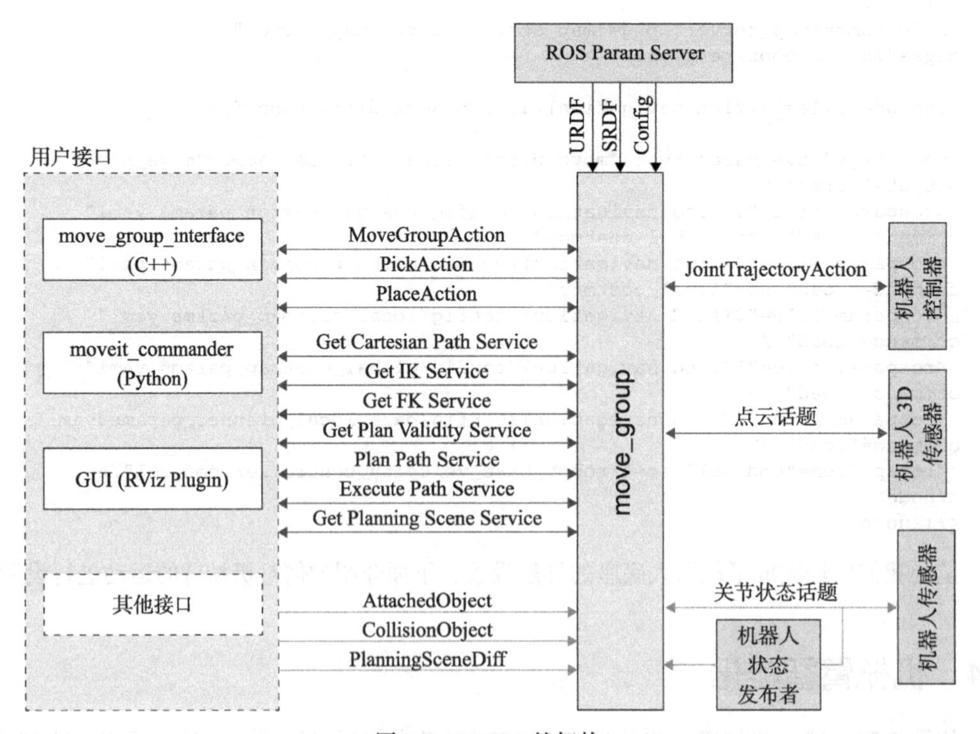

图 5.5 Moveit 的架构

在图 5.5 中，对我们而言最重要的组件是 move_group 节点，它负责将所有其他组件组合在一起，为用户提供必要的动作和服务调用。从图中可以看出，用户可以通过四类接口进行功能调用：面向初学者的简单脚本接口 moveit_commander；名为 move_group_interface 接口的 C++ 封装；基于 moveit_commander 的 Python 接口；使用 RViz 插件的 GUI 接口。

move_group 节点需要的机器人信息包括基于 URDF 定义的信息以及配置文件提供的信息。Moveit 以一种称为 SRDF 的格式理解机器人的信息，在设置机械臂时，Moveit 会将其转换为 URDF。此外，move_group 节点需要机械臂的关节状态，并通过 FollowJointTrajectoryAction 客户端接口进行反馈。

读者可以访问 https://moveit.ros.org/documentation/concepts/ 来了解更多 Moveit 的其他概念。

下面介绍如何安装 Moveit，并针对我们的机器人进行相应的配置。

5.4.2　安装与配置 Moveit

Moveit 的安装与配置包含多个步骤，下面我们分步进行介绍。

1. 安装 Moveit

安装 Moveit 时，我们需要一些预编译二进制文件，具体安装步骤如下：

- 在终端窗口中输入以下命令：

```
$ sudo apt install ros-melodic-moveit
```

- 此外，可能还需要安装一些其他的功能，具体命令如下：

```
$ sudo apt-get install ros-melodic-moveit-setup-assistant
$ sudo apt-get install ros-melodic-moveit-simple-controller-manager
$ sudo apt-get install ros-melodic-moveit-fake-controller-manager
```

上述安装过程完成后，我们就可以通过 Moveit 设置助手向导来配置我们的机器人了。

2. 配置 Moveit 设置助手向导

对于我们而言，该设置向导十分有用，主要是它能帮助我们节省不少时间。通过设置向导，我们主要可以完成以下工作：

- 为机械臂定义碰撞带。
- 设置自定义位姿。
- 选择必要的运动学库。
- 定义 ROS 控制器。
- 生成必要的模拟文件。

使用以下命令启动设置向导：

```
$ initros1
$ roslaunch moveit_setup_assistant setup_assistant.launch
```

将显示如图 5.6 所示的界面。

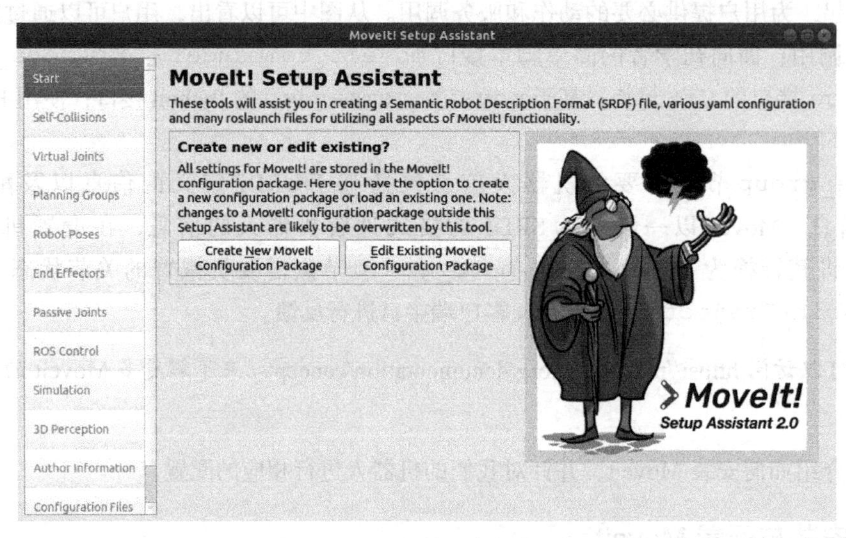

图 5.6　Moveit 设置向导主界面

下面我们将通过设置向导一步步地进行机器人设置。

3. 加载机器人模型

首先在 Moveit 中选择我们的机器人所对应的机器人 URDF 文件。单击“Create New Moveit Configuration Package”，加载机器人 URDF 文件 `mobile_manipulator.urdf`，然后选择“Load Files”。读者将会看到一条提示成功的消息，同时在面板右侧将会出现我们的机器人，如图 5.7 所示。

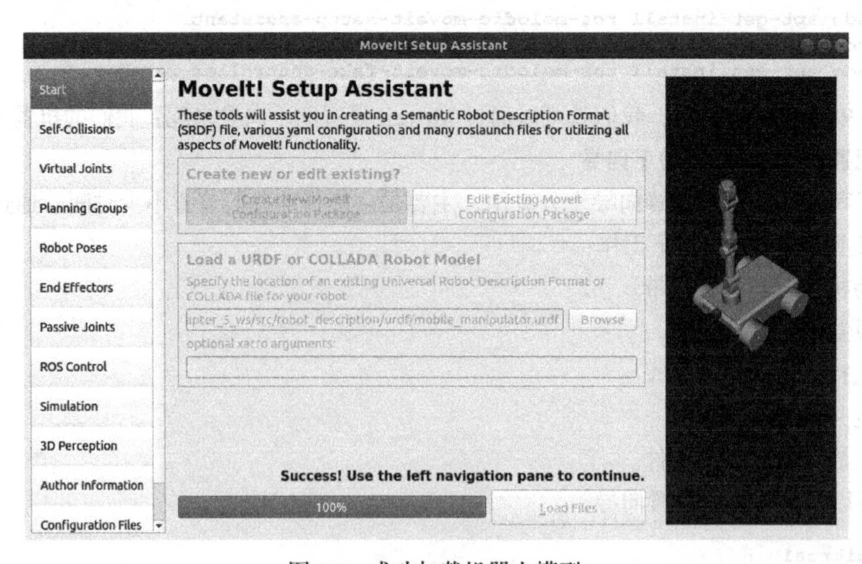

图 5.7　成功加载机器人模型

接下来，我们通过面板左侧的相关导航继续设置。

4. 设置自碰撞

单击面板左侧的“Self-Collisions”，然后选择“Generate Collision Matrix”。如果希望在更狭窄的空间中移动机械臂，则可以将采样密度设置为高。这可能会增加机器人执行轨迹的规划时间，有时可能因碰撞假设而执行失败。但是，我们可以通过手动定义和检查每个连杆的冲突并相应地禁用或启用它们来避免这种失败。我们不假设机器人存在虚拟关节，因此跳过自碰撞设置下面的“虚拟关节”设置。

5. 设置规划组

通过以下步骤进行规划组设置：

1）在“Planning Groups”下，通过“Add Group”添加我们的机械臂组。

2）将我们的组命名为 `arm`。

3）选择“Kinematic Solver”作为 `kdl_kinematics_plugin/KDLKinematicsPlugin`，将分辨率和超时设置为默认值。

4）选择 `RRTStar` 作为我们的“Planner”。

5）添加我们的机械臂关节并单击“Save”。

完成上述步骤后的界面如图 5.8 所示。

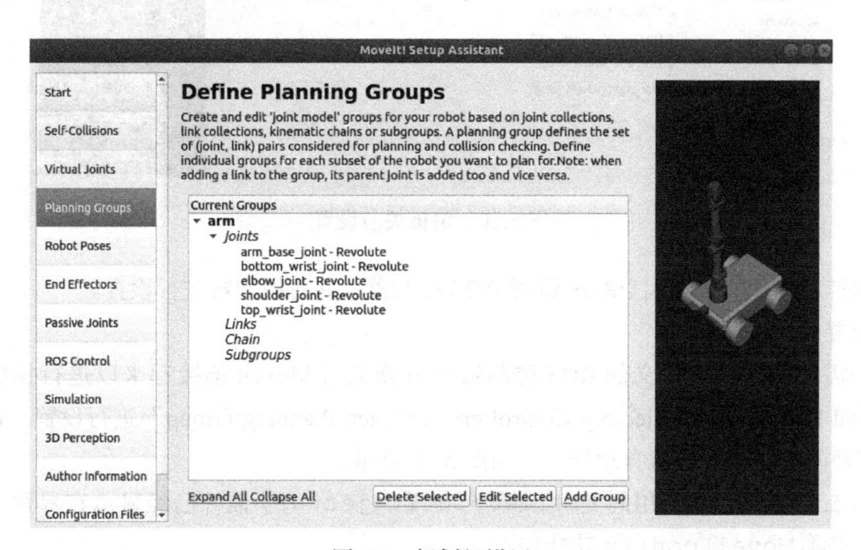

图 5.8 规划组设置

我们将在此基础上为机械臂设置位姿。

6. 设置机械臂位姿

单击“Add Pose”，并以（`Posename : arm_base_joint, shoulder_joint, bottom_wrist_joint, elbow_joint, top_wrist_joint`）的格式添加以下位姿：

- Straight：0.0, 0.0, 0.0, 0.0, 0.0

- Home：1.5708, 0.7116, 1.9960, 0.0, 1.9660

设置结果如图 5.9 所示。

由于我们的机械臂没有末端执行器，因此跳过相关设置步骤。

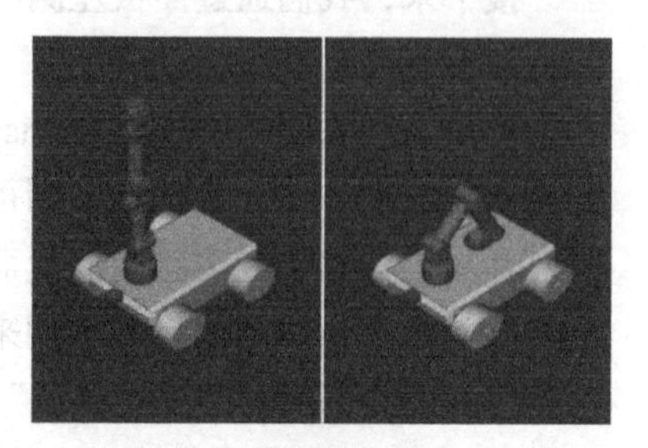

图 5.9　机械臂位姿设置

7. 消极关节设置

下面我们进行消极关节的设置。所谓的消极关节是指那些我们不希望发布其状态的关节，本例中，我们设置的消极关节如图 5.10 所示。

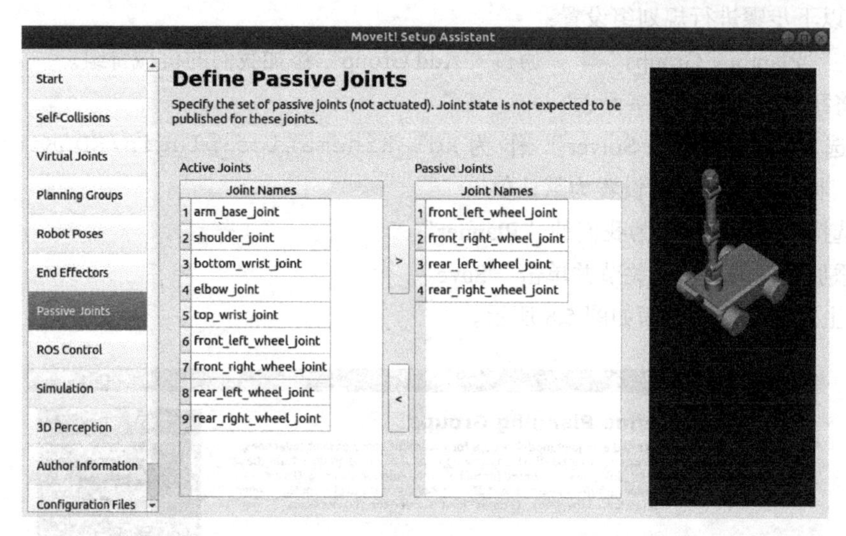

图 5.10　消极关节设置

下面针对我们的机器人 URDF 设置 ROS 控制器，并对控制器进行检查。

8. 设置 ROS 控制器

我们需要通过我们定义的 ROS 控制器将机器人与 Moveit 连接起来以进行操纵。单击“Auto Add FollowJointsTrajectory Controllers For Each Planning Group”进行设置。设置成功后，读者将看到控制器已被自动导入，如图 5.11 所示。

在图 5.11 中，我们调用的 `FollowJointTrajectory` 插件已经显示在界面中了。下面我们将完善 `Moveitconfig` 功能包。

9. 完善 Moveitconfig 功能包

下面的步骤是自动生成用于模拟的 URDF 文件：

1）如果我们做了任何更改，则这些更改将以绿色突出显示。我们可以跳过这一步，因为我们什么也没改变。

2）我们不需要定义三维传感器，因此也跳过这一步。

3）根据需要在“Author Information”选项卡中添加相应的信息。

4）配置文件，我们将在其中看到已生成的文件列表。窗口如图 5.12 所示。

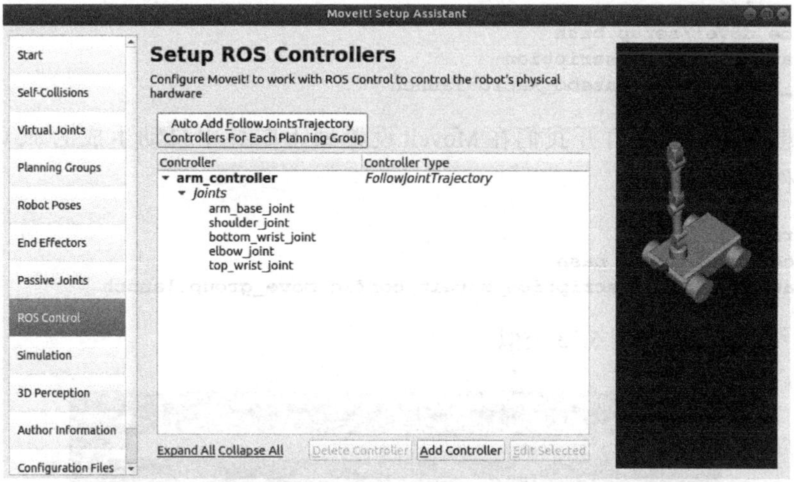

图 5.11　ROS 控制器设置

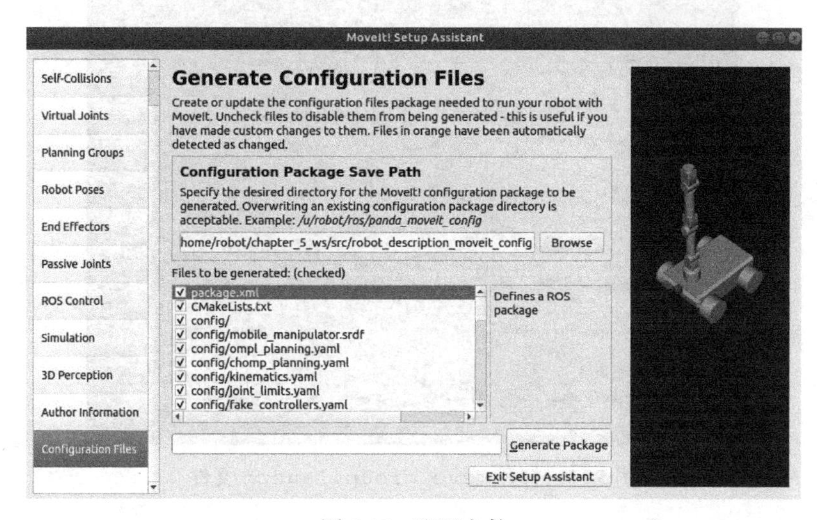

图 5.12　配置文件

5）为配置进行命名，如 chapter_5_ws/src 中的 robot_description_moveit_config，然后单击“Generate Package”，退出设置向导。

至此，我们完成了 Moveit 的相关设置，下面让我们尝试通过 Moveit 控制机械臂。

5.4.3　通过 Moveit 控制机械臂

完成了 Moveit 的配置之后，就可以通过 GUI 接口（即 RViz 插件提供的接口）来进行机械臂的操控测试，具体步骤如下：

1）在 Gazebo 中启动移动机械臂，命令如下：

```
$ initros1
$ source devel/setup.bash
$ roslaunch robot_description
mobile_manipulator_gazebo_xacro.launch
```

2）新建终端窗口，打开我们在 Moveit 设置助手向导中自动生成的 `move_group.launch` 文件，命令如下：

```
$ initros1
$ source devel/setup.bash
$ roslaunch robot_description_moveit_config move_group.launch
```

得到的终端窗口将与图 5.13 类似。

图 5.13　打开 `move_group.launch` 文件

3）启动 RViz，并控制机械臂运动，命令如下：

```
$ initros1
$ source devel/setup.bash
$ roslaunch robot_description_moveit_config movit_rviz.launch
config:=True
```

读者将看到如图 5.14 所示的窗口界面。

4）单击以进入“Planning”标签页，在“Goal State”中选择“home”，并单击“Plan”。读者将会看到机械臂为到达目标点而进行一系列规划。

5）单击“Execute”执行规划，控制机械臂运动，如图 5.15 所示。

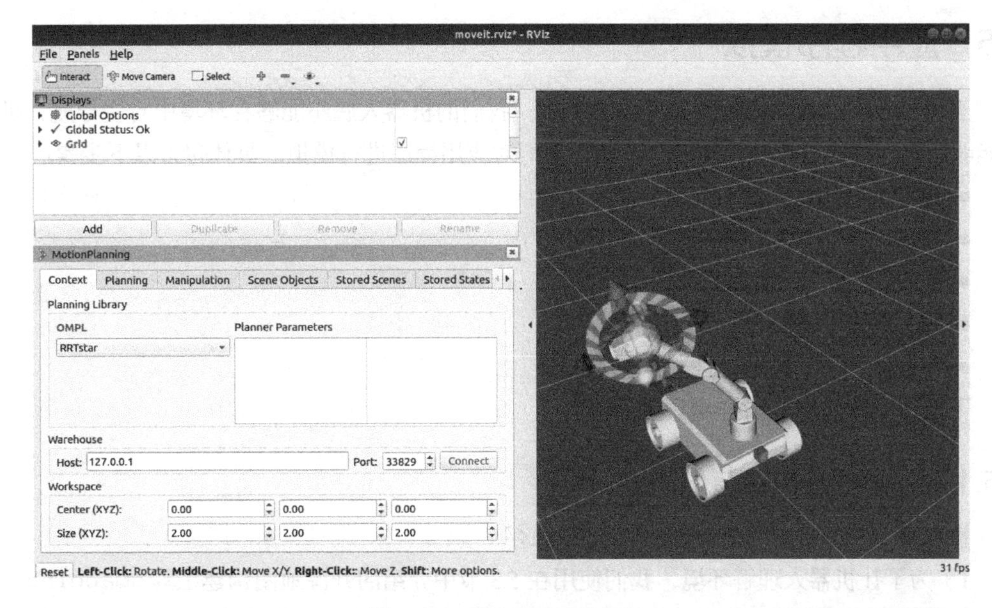

图 5.14　启动 RViz Moveit

图 5.15　机械臂运动到 home 位姿的 Gazebo 展示

读者将会在 Gazebo 环境下看到，机械臂按照规划路径进行运动，如图 5.15 所示。

如果机械臂规划失败，读者可以尝试重新规划和执行，相关按钮在“Planning”标签页下。

下面介绍怎样对我们构建的上述应用进行模拟。

5.5　应用程序模拟

至此，我们已经完成了所有的设置步骤。我们的机器人底座能够在环境中自主导航，机械臂能够运动到我们指定的目标点。下面让我们对应用程序进行模拟。具体包含以下步骤：

- 环境地图构建与保存。
- 在环境中选择目标点。
- 向我们的库中添加目标点。
- 定义各个状态。
- 完成状态机。

下面对各个步骤进行详细说明。

5.5.1　环境地图构建与保存

根据以下步骤进行环境地图的构建与保存：

1）为了让机器人理解环境，我们使用在5.3节中介绍的开源地图构建工具gmapping。在Gazebo环境中启动机器人之后，打开一个新的终端窗口，使用以下命令启动gmapping节点：

```
$ initros1
$ rosrun gmapping slam_gmapping
```

2）打开RViz，查看机器人构建的地图，命令如下：

```
$ rosrun rviz rviz -d navigation.rviz
```

3）使用teleop节点控制机器人在环境中移动，命令如下：

```
$ rosrun teleop_twist_keyboard teleop_twist_keyboard.py
cmd_vel:=/robot_base_velocity_controller/cmd_vel
```

读者将会在RViz中看到地图在逐步构建。

4）在新的终端窗口中，使用以下命令保存地图：

```
$ rosrun map_server map_saver -f postoffice
```

读者将能在自已终端所指定的目录下看到一组由.yaml格式文件和.pgm格式文件构成的地图文件。

5.5.2　选择目标点

创建完地图后，我们可以以单个点的形式保存房子目标。步骤如下：

1）加载前面我们在mobile_manipulator_navigation.launch文件（我们在5.3节创建了该文件）中创建的地图文件。即使用地图文件路径替换上述文件的下列代码行：

```
<node name="map_server" pkg="map_server" type="map_server"
args="/home/robot/chapter_5_ws/postoffice.yaml"/>
```

需要注意的是，读者只需要加载 .yaml 文件即可。同时，需要确保自己的地图服务器 map_server 已经安装。若没有安装，可以使用以下命令安装：sudo apt-get install ros-melodic-map-server。

2）在 Gazebo 节点运行的状态下，新建终端，打开导航启动文件，命令如下：

```
$ source devel/setup.bash
$ roslaunch robot_description mobile_manipulator_move_base.launch
```

3）可以使用以下命令在 RViz 中查看机器人边导航边生成的地图：

```
$ rosrun rviz rviz -d navigation.rviz
```

4）在 RViz 中选择“Publish Point”工具，直接向房子所在的位置点击。由于是第一次操作，读者可能会感到不适应，不过会很快掌握相应的操作方法。当点击一个位置点后，将能在 RViz 的底部看到一组由三个数值构成的列表，位于“Reset”按钮旁边。记下所有目标位置点的数值。

5.5.3 添加目标点

现在，在字典中保存我们之前记下的位置点坐标数值。字典格式如下：

```
postoffice = [x,y,z,qz]
house1 = [x,y,z,qz]
house2 = [x,y,z,qz]
house3 = [x,y,z,qz]
```

这些点的格式为：平移位姿 [x,y,z] 和旋转位姿元素 qz。

5.5.4 状态机构建

上述步骤的相关代码可以从以下 GitHub 网页下载：

https://github.com/PacktPublishing/ROS-Robotics-Projects-SecondEdition/tree/master/chapter_5_ws/src。

运行这些代码时，将能看到机器人首先从邮局所在的位置抓起一个包裹，将包裹放在机器人上，然后将包裹分别运送到三个房子那里。

下面介绍如何提升机器人的性能。

5.6 机器人改进

有时让机器人按照我们希望的方式工作会显得既忙乱又乏味，因此有必要对机器人进行一些改进，从而使得我们构建的应用程序在某些方面更加高效：

- **使用高端 CPU 或 GPU 进行计算处理**。前面的应用程序通常仅能够正常工作。但是，由于机器人算法大多基于概率方法，所以大多数解决方案都是基于假设的。因此，有可能出现错误或应用程序无法按预期工作的情况。如果使用的计算机性能参数较低，则有可能在尝试查看应用程序的完整运行过程时出现Gazebo崩溃的情况，从而给我们带来麻烦。可以通过使用高端CPU或GPU进行计算处理来尽量避免上述问题。

- **调整导航栈以获得更好的定位效果**。有一些很好的实践指导可以帮助我们调整算法中的某些参数。这有助于我们在大多数情况下成功地启动和运行应用程序。推荐读者查看Kaiyu Zhen的导航调参指南来学习如何调整机器人底座的参数，从而获得更好的定位效果（Kaiyu Zhen的导航调参指南网址为http://wiki.ros.org/navigation/Tutorials/Navigation%20Tuning%20Guide），读者也可以获取相应文档，网址为https://github.com/zkytony/ROSNavigationGuide/blob/master/main.pdf。
- **通过自主发现包裹使得应用程序更加有趣**。目前版本的应用程序通过固定位姿的形式抓取感兴趣的对象，我们可以使用`find_2d_package`功能包实现自主发现感兴趣的物体，该功能包在本书的第1版中有过介绍。
- **通过传感器融合来提升精确度**。可以尝试通过传感器融合的方式提升移动底座里程计的精确度。可以添加一个IMU插件，并将其信息与轮子编码器`/odom`进行融合处理。IMU插件的示例可以在http://gazebosim.org/tutorials?tut=ros_gzplugins#IMUsensor（GazeboRosImuSensor）中找到。定义了IMU之后，可以通过滤波器（如Kalman滤波器）将IMU的数据和编码器的数据进行融合处理。处理的结果将是一个稳定的位姿值，其中因环境和硬件限制导致的误差将会减小。可参考以下网址的内容来了解滤波器和定位的相关知识：http://wiki.ros.org/robot_pose_ekf和http://wiki.ros.org/robot_localization。
- **使用其他建图工具提升建图性能**。构建准确的地图其实也是一件很有挑战的事情。可以尝试其他的开源地图构建功能包来进行基于SLAM的环境地图构建，如Karto（http://wiki.ros.org/slam_karto）、谷歌的cartographer（https://google-cartographer-ros.readthedocs.io/en/latest/）。

5.7 本章小结

在本章中，我们介绍了如何使移动机器人智能化。我们介绍了传感器插件以及如何为自主定位配置导航栈，还介绍了用于控制机器人手臂的反向运动学概念。最后，我们将前面的两个概念结合起来，创建了一个应用程序，该应用程序实现了机器人的自动送货。在本章中，我们介绍了一个实际的工业应用程序的构建过程，基于此应用程序，我们学会了如何使用基于ROS的机器人。我们在模拟该应用程序时学到了一些有用的技能，即机器人如何使用状态机处理复杂的任务。

在下一章中，我们将展示如何在一个机器人应用程序中同时使用多个机器人。

第6章 多机器人协同

在前面的章节中，我们学习了如何在ROS下构建机器人模型并进行模拟，还学习了如何使得机器人能够自主导航以及如何使得机械臂能够在环境中进行智能化的位姿规划，并且在第4章中实现了服务员机器人的应用示例，其中我们假设有多台机器人进行通信并为顾客进行服务（重点在于状态机的使用），之后我们进一步介绍了使用机器人进行自动送货的内容（即第5章中介绍的应用案例）。

在本章中，我们将学习如何将多个机器人带入模拟环境中，并建立它们之间的通信。我们将介绍在ROS中区分多个机器人以及它们之间有效沟通的一些方法和变通方法。我们还将介绍使用这些解决方案时出现的问题，并了解如何使用`multimaster_fkie` ROS功能包克服这些问题。在本章中，我们将学习机器人集群的相关知识，然后了解使用单一ROS master的困难之处。然后，我们将安装并设置`multimaster_fkie`功能包。

本章涵盖的主题包括：

- 集群机器人的基本概念。
- 集群机器人分类。
- ROS中的多机器人通信。
- 多master概念简介。
- `multimaster_fkie`功能包的安装与设置。
- 多机器人应用示例。

6.1 技术要求

学习本章内容的相关要求如下：

- Ubuntu 18.04（Bionic）系统，预先安装ROS和Gazebo 9。
- ROS功能包：`multimaster_fkie`。
- 时间线及测试平台：
  - ❑ **预计学习时间**：平均约90分钟。
  - ❑ **项目构建时间（包括编译和运行）**：平均约60分钟。

- ❑ **项目测试平台**：惠普 Pavilion 笔记本电脑（Intel® Core™ i7-4510U CPU @ 2.00 GHz × 4，8GB 内存，64 位操作系统，GNOME-3.28.2 桌面环境）。

本章代码可以从以下网址下载：

https://github.com/PacktPublishing/ROS-Robotics-Projects-SecondEdition/tree/master/chapter_6_ws/src。

下面介绍集群机器人的基本概念。

6.2 集群机器人基本概念

当我们谈到为一个应用程序使用两个或更多的机器人时，这个应用程序通常被称为集群机器人应用程序。集群机器人学是一门研究如何使用一组机器人来完成复杂任务的学科。它的灵感来自群居的生物物种，比如一群蜜蜂、一群鸟或一群蚂蚁。

这些生物以种群的形式共同工作，分别执行建造蜂巢 / 蚁巢、收集食物等任务。对于蚂蚁而言，它们能举起自身重量的 50 ～ 100 倍的重物。现在，想象一下，一群蚂蚁能举起的东西比单只蚂蚁能举起的更多。这就是集群机器人的工作原理。假设我们的机械臂的有效载荷只有 5 千克，如果需要举起 15 ～ 20 千克的物体，则可以用 5 个这样的机械臂来达到同样的效果。集群机器人具有以下特点：

- 作为一个团队一起工作，有一个主机器人（称为 leader 或 master）负责领导机器人执行任务。
- 有效地执行应用程序，因此，如果群组中有一个机器人失灵，其余的机器人将确保应用程序仍然正常运行。
- 通常是结构简单的机器人，具有简单的特性，只有有限的传感器和执行器。

基于上述对集群机器人的基本认知，让我们来看看集群机器人的优点和局限性。

集群机器人的优点在于：

- 可以并行工作来完成一项复杂的任务。
- 具有可伸缩性，因为可以在群组发生变化（比如删除或添加机器人）时处理和分配相应的任务。
- 由于执行任务的机器人都十分简单，因此集群更加稳健、高效。

集群机器人的局限性在于：

- 集群机器人间的通信结构十分复杂。
- 某些情况下，群组中的某些机器人很难检测到群组中的其他机器人，从而导致冲突问题。
- 通常情况下机器人造价不菲，因此通过集群机器人执行任务的成本很高。

现在我们对于集群机器人已经有了基本的了解，下面介绍集群机器人的分类。

6.3 集群机器人分类

一般情况下，集群机器人可以分为以下两类：

- 同构集群机器人。
- 异构集群机器人。

同构集群机器人是指同类机器人的集合，例如一组移动机器人（如图 6.1 所示）。它们通过复制生物物种的行为来完成一项任务。

图 6.1 展示了一组试图在崎岖地形上移动的机器人。

图 6.1　同构集群机器人（图片来源：https://en.wikipedia.org/wiki/Sbot_mobile_robot#/media/File:Sbot_mobile_robot_passing_gap.jpeg，由 Francesco Mondada 和 Michael Bonani 提供。基于知识共享授权协议 CC-BY-SA3.0：https://creativecommons.org/licenses/by-sa/3.0/legalcode）

异构集群机器人可以概括地称为机器人的集合，它们共同执行应用程序的代码来一起工作。更准确地说，它是各种各样不同类型的机器人的集合。这是当今机器人技术的一个发展趋势。在地理勘察等领域，通常使用无人机和移动机器人的组合来对特定环境进行测绘和分析。在制造业，通常使用移动机器人和静态机械臂的组合来并行工作以进行机器操作应用，如装载或卸载工件。在仓库中，通常使用无人机和自动引导车辆的组合来进行检查和物料上架。

需要注意的是，有些应用程序称为多机器人系统应用程序，不应与集群机器人相混淆。这里的区别在于，多机器人系统中的机器人可以自主地与系统中的其他机器人通信，但是独立进行工作。如果系统中的一个机器人出现故障，那么其他机器人可能无法执行特定故障机器人的任务，因此将导致应用程序停止，除非对问题进行调查和处置。

下面介绍 ROS 中的多机器人通信问题。

6.4 ROS 中的多机器人通信

ROS 系统是一个分布式计算环境，它不仅可以在一台机器上运行多个节点，而且可以在多台相互通信的机器上运行，只要这些机器在同一个网络上。这一功能特性在机器人应用中十分有用，因为某些传感器需要复杂的机器进行支撑。

例如，如果我们有一个移动机器人通过其传感器（如超声波传感器和摄像头）感知环境，那么它可能需要一个简单的处理器，用来与超声波传感器所连接的微控制器进行串行通信。但是像摄像头这样的传感器可能需要更复杂的处理器来处理其信息。我们可以利用 AWS 或

Google Cloud 等云服务来处理摄像头数据，而不是使用高端计算硬件（通常成本高昂，有的体积庞大）。

这个系统所需要的就是一个良好的无线连接。超声波传感器节点可以在机器人上的简单计算机中运行，摄像头图像处理节点可以在高性能的云上运行，并通过无线通信与机器人的计算机通信（需要注意的是，摄像头节点将位于机器人的简单计算机上）。下面让我们学习如何用 ROS 在多个机器人或机器之间建立通信。

6.4.1　单个 roscore 和公共网络

在同一网络中建立不同机器之间通信的最简单方法是通过网络配置进行通信建立。让我们考虑图 6.2 所示的示例。

假设这个例子是一个工业 4.0 用例。机器人有一台计算机负责其控制和移动操作，机器人与服务器计算机共享其状态和运行状况，服务器计算机分析机器人的运行状况，并帮助预测事件或机器人本身可能发生的故障。机器人和服务器计算机都在同一个网络中。

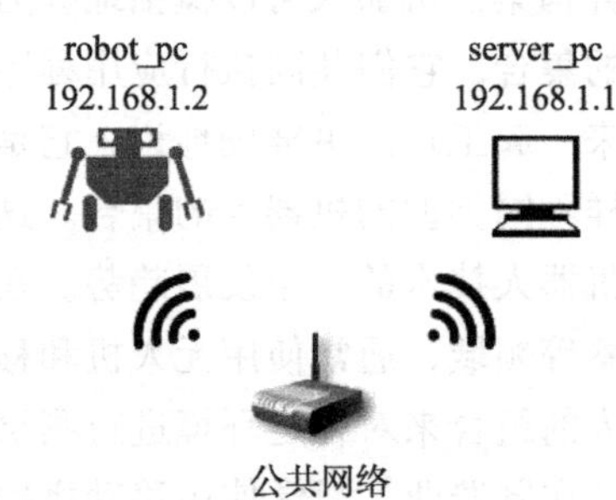

图 6.2　同一网络下不同计算机间的通信示例

为了让 ROS 理解它们并在它们之间进行通信，我们假设服务器计算机是主计算机（即 master）。因此，roscore 将在服务器计算机上运行，机器人上的计算机将向这个 ROS master 提供任何必要的话题信息。要实现这一点，我们需要为每个计算机分别设置主机名和 IP，以帮助区分两者并帮助它们彼此通信。假设服务器计算机的 IP 为 192.168.1.1，机器人上计算机的 IP 为 192.168.1.2，roscore 运行在服务器计算机上，机器人上的计算机连接到服务器计算机上，在每个计算机系统中设置以下环境变量。

在服务器计算机上，使用以下命令设置：

```
$ export ROS_MASTER_URI=http://192.168.1.1:11311
$ export ROS_IP=http://192.168.1.1
```

在机器人计算机上，使用以下命令设置：

```
$ export ROS_MASTER_URI=http://192.168.1.1:11311
$ export ROS_IP=http://192.168.1.2
```

那么，上述命令的作用是什么呢？实际上，通过上述命令，我们将 `ROS_MASTER_URI` 设置成了服务器计算机的 IP，并且连接网络上的其他计算机（例如我们的机器人计算机），以便它们连接到特定的 ROS master 上。此外，为了帮助区分不同的计算机，我们通过 `ROS_IP` 环境变量为计算机设置显式名称。

也可以使用 `ROS_HOSTNAME` 来代替 `ROS_IP`，参数值为在 `/etc/hosts` 下定义为条目的机器人名称。相应的参考示例网址为 http://www.faqs.org/docs/securing/chap9sec95.

html。可以将前面的环境变量条目直接复制到对应的 bash 文件中，以避免每次新打开一个终端时都需要重新调用相应变量值。

有时可能发生时间和话题同步的问题，可能还会看到一个关于未来外推的 TF 警告。这些通常是计算机系统时间不匹配的结果（即时间不同步）。

可以通过 ntpdate 工具来进行确认，安装命令为：

```
$ sudo apt install ntpdate
```

执行以下命令来测试其他计算机的时间：

```
$ ntpdate -q 192.168.1.2
```

如果存在不匹配的问题，则需要通过以下命令安装 chrony 来进行匹配处理：

```
$ sudo apt install chrony
```

可以通过编辑机器人计算机上的配置文件来获取服务器计算机上的时间，方法为通过以下命令来修改 /etc/chrony/chrony.conf：

```
$ server 192.168.1.1 minpoll 0 maxpoll 5 maxdelay .05
```

可以从 https://chrony.tuxfamily.org/manual.html 了解更多信息。

公共网络问题

现在，我们知道了如何在同一网络中不同机器上的节点之间进行通信。但是，如果不同机器上的节点具有相同的话题名称，那该怎么办？考虑图 6.3 所示的示例。

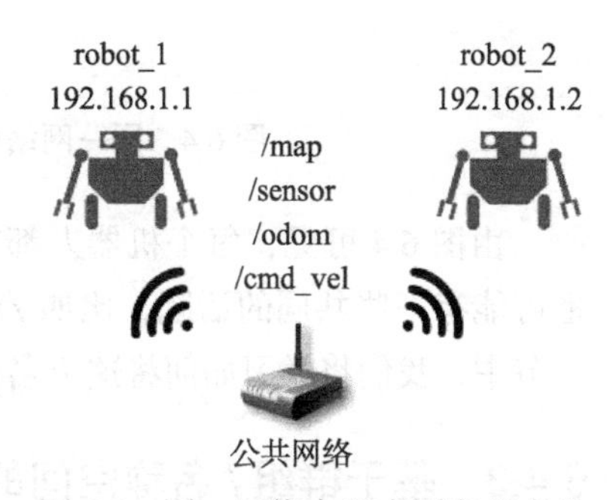

图 6.3 同一网络中具有同名节点的不同机器人间的通信问题

对于一个移动机器人而言，move_base 节点需要传感器和地图信息来通过 cmd_vel 命令给出轨迹点。如果我们计划在应用程序中使用另一个移动机器人，则由于两个机器人位于同一网络中，因此它们之间可能具有相同的通信话题，而这将导致通信冲突。两个机器人可能会尝试执行相同的命令并执行相同的操作，而不是单独执行任务。这是使用通用 ROS 网络的主要问题之一。机器人无法理解哪一个是自己的控制动作，因为它们在网络中具有相同的话题名称。我们将在下一节中学习如何克服这种情况。

6.4.2 群组 / 名称空间的使用

如果读者较为深入地学习过 ROS 在线教程，就会知道如何解决这个问题。让我们考虑以 turtlesim 为例来看待这个问题。使用以下命令启动 turtlesim 节点：

打开一个终端窗口，执行以下命令：

```
$ initros1
$ roscore
```

打开另一个终端窗口，执行以下命令：

```
$ initros1
$ rosrun turtlesim turtlesim_node
```

检查 rostopic 列表来查看 cmd_vel 以及 turtle1 的位姿信息。下面来通过以下命令在 GUI 下创建另一个 turtle：

```
$ rosservice call /spawn 3.0 3.0 0.0 turtle2
```

执行上述命令将会发生什么情况呢？我们生成了一个新的 turtle，并且具有相同的话题名称，但是添加了一个前缀 /turtle2。这在 ROS 中称为名称空间技术，主要用于多机器人场景。现在，我们重新定义了图 6.3 中的示例，使其变成了图 6.4 所示的样子。

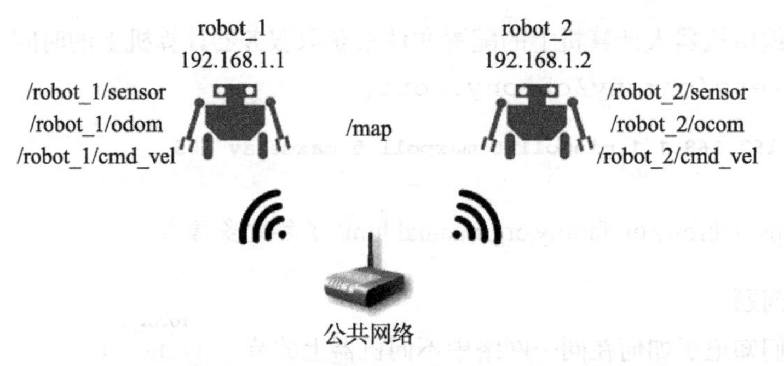

图 6.4　同一网络中具有同名节点的不同机器人间的通信实现

由图 6.4 可见，每个机器人都有自己的话题，分别以机器人名称作为前缀。机器人之间也可能有一些共同的话题，比如 /map 话题，这是因为两个机器人都在同一个环境中。在下一节中，我们将学习如何将这个名称空间技术用于我们在第 3 章中创建的机器人上。

6.4.3　基于群组 / 名称空间的多机器人系统构建示例

下面介绍如何以第 3 章中构建的移动机器人底座为基础，构建多机器人系统。可以从 https://github.com/PacktPublishing/ROS-Robotics-Projects-SecondEdition/tree/master/chapter_3_ws/src/robot_description 下载工作空间。将上述文件下载到一个新的工作空间并编译。通过以下命令启动机器人底座：

```
$ initros1
$ roslaunch robot_description base_gazebo_control.xacro.launch
```

读者将会在 Gazebo 中看到机器人底座模型，如图 6.5 所示。

现在，我们的目的是在 Gazebo 上“繁殖”另一个机器人，因此我们把机器人命名为 robot1 和 robot2。在前面的 base_gazebo_control.xacro.launch 文件中，我们将加载了机器人和控制器配置的空 Gazebo 世界发送到 ROS 服务器并加载控制器节点。这里我们也需要这么做，但目标不止一个机器人。为此，我们将在名称空间群组标签下启动机器人。在加载机器人的 URDF 时，我们需要确保使用 tf_prefix 参数和 <robot_name> 前缀来区分不同的机器人变换。

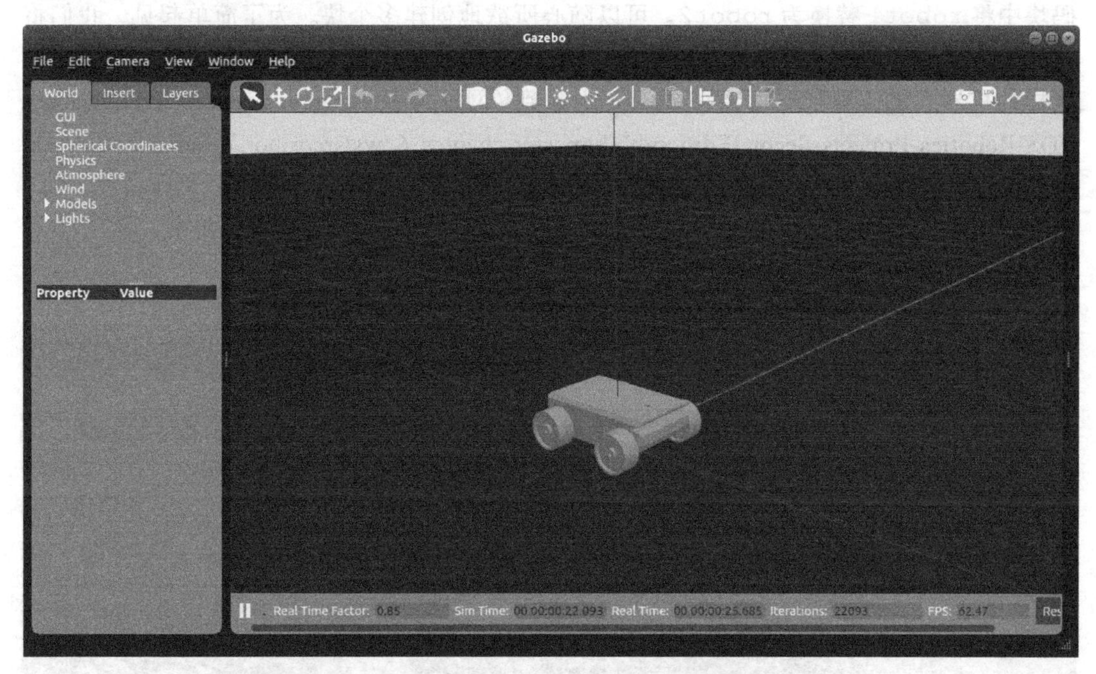

图 6.5 在 Gazebo 中显示的机器人底座模型

最后，我们必须在加载控制器时使用 ns 参数，并且在启动控制器节点时使用 --namespace 参数来区分每个机器人的控制器。这些更改可以应用于 robot1，如下所示：

```
<group ns="/robot1">
<param name="tf_prefix" value="robot1" />
 <rosparam file="$(find robot_description)/config/control.yaml"
command="load" ns="/robot1" />
  <param name="/robot1/robot_description" command="$(find xacro)/xacro --
inorder $(find robot_description)/urdf/robot_base.urdf.xacro nsp:=robot1"/>
      <node name="urdf_spawner_1" pkg="gazebo_ros" type="spawn_model"
        args="-x -1.0 -y 0.0 -z 1.0 -unpause -urdf -model robot1 -param
robot_description " respawn="false" output="screen">
      </node>
      <node pkg="robot_state_publisher" type="robot_state_publisher"
name="robot_state_publisher_1">
        <param name="publish_frequency" type="double" value="30.0" />
      </node>

      <node name="robot1_controller_spawner" pkg="controller_manager"
type="spawner"
        args="--namespace=/robot1
```

```
        robot_base_joint_publisher robot_base_velocity_controller
        --shutdown-timeout 3">
      </node>
  </group>
```

如果要启动两个机器人，则只需将上述代码块复制并粘贴两次，然后在第二个复制的代码块中将 robot1 替换为 robot2。可以随心所欲地创建多个块。为了简单起见，我们将此代码块移动到另一个名为 multiple_robot_base.launch 的启动文件中。启动两个这样的机器人的完整代码可以在 GitHub 上找到（网址为 https://github.com/PacktPublishing/ROS-Robotics-Projects-SecondEdition/blob/master/chapter_6_ws/src/robot_description/launch/multiple_robot_base.launch）。主启动文件位于 GitHub 上的 robotbase_simulation.launch 下，该文件启动 Gazebo 空世界和 multiple_robot_base 启动文件。

启动两个机器人后，窗口如图 6.6 所示。

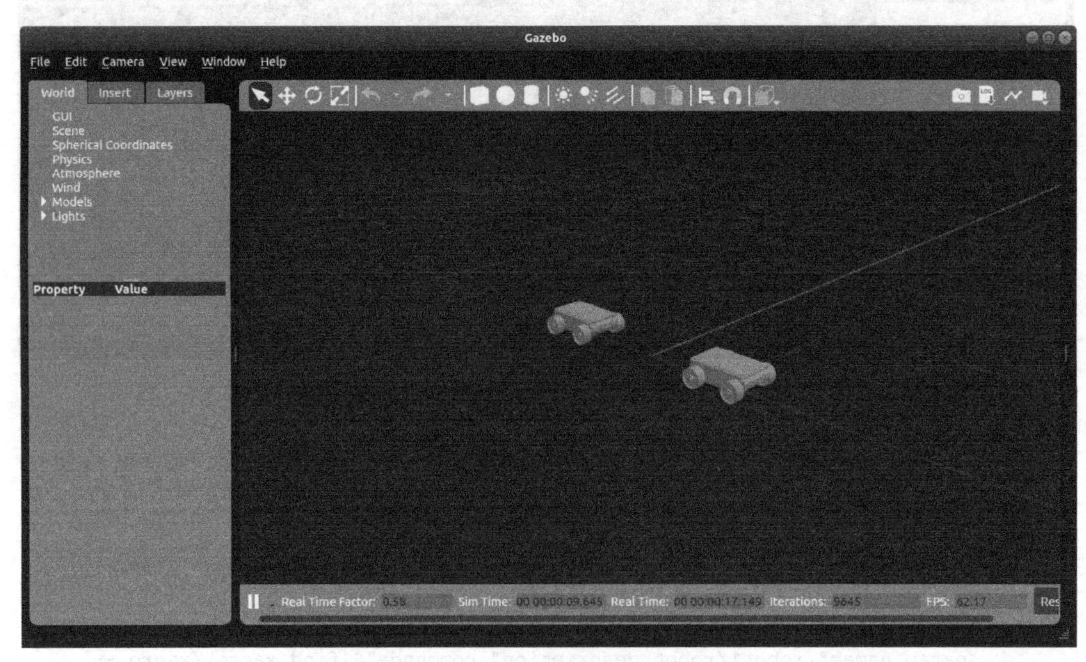

图 6.6 Gazebo 下的多机器人图示

rostopic 列表如图 6.7 所示。

> 需要说明的是，上述示例仅为群组标签的简单应用演示，并且不是群组的唯一表示方法。读者可以尝试通过合适的变量和循环来创建自己的多机器人系统。

至此，我们使用名称空间构建了多机器人系统并且启动了该系统，下面介绍这种方法的局限性。

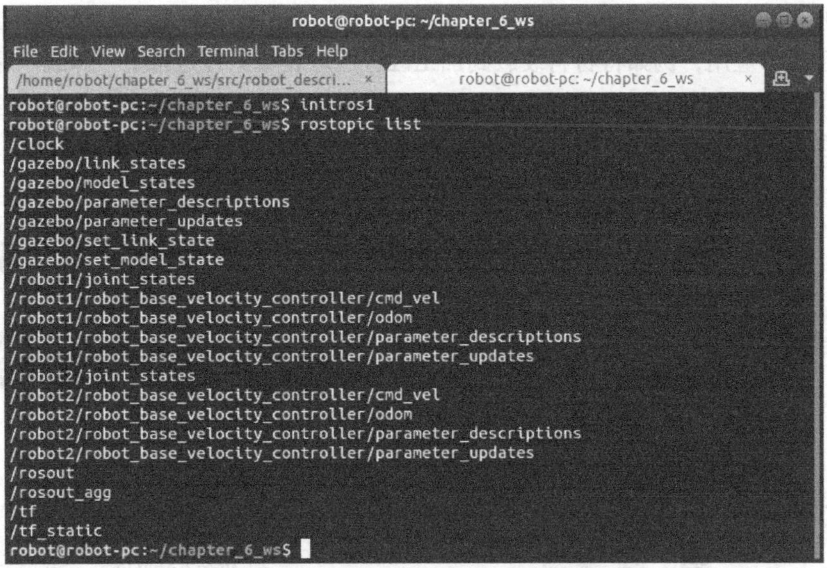
robot@robot-pc: ~/chapter_6_ws
File Edit View Search Terminal Tabs Help
/home/robot/chapter_6_ws/src/robot_descri...
robot@robot-pc: ~/chapter_6_ws
robot@robot-pc:~/chapter_6_ws$ initros1
robot@robot-pc:~/chapter_6_ws$ rostopic list
/clock
/gazebo/link_states
/gazebo/model_states
/gazebo/parameter_descriptions
/gazebo/parameter_updates
/gazebo/set_link_state
/gazebo/set_model_state
/robot1/joint_states
/robot1/robot_base_velocity_controller/cmd_vel
/robot1/robot_base_velocity_controller/odom
/robot1/robot_base_velocity_controller/parameter_descriptions
/robot1/robot_base_velocity_controller/parameter_updates
/robot2/joint_states
/robot2/robot_base_velocity_controller/cmd_vel
/robot2/robot_base_velocity_controller/odom
/robot2/robot_base_velocity_controller/parameter_descriptions
/robot2/robot_base_velocity_controller/parameter_updates
/rosout
/rosout_agg
/tf
/tf_static
robot@robot-pc:~/chapter_6_ws$

图 6.7　多机器人系统 `rostopic` 列表

使用群组 / 名称空间存在的问题

虽然群组 / 名称空间的方法确实达到了在同一类型机器人之间通信的目的，但在使用这项技术时还存在一些局限性。例如，当我们的机器人加载了一些特性时，对它们进行设置可能会很有挑战性，因为在这些特性中，我们必须尝试为机器人附带的几乎所有启动文件提供名称空间。这一过程将会耗费大量时间，而且安装过程会很棘手。如果设置不当，则还可能会导致混乱，因为在出现问题时，系统不会提供任何诊断或异常提示。

假设读者计划购买一个机器人底座，如 Husky 或 TurtleBot。要同时使用它们，需要为每个机器人设置封装文件（必需的名称空间启动文件）。我们选择使用某一型号的机器人底座的原因在于它们具备开箱即用的特性，我们希望不需要专门为自己的应用程序进行功能包设置。但是，我们最终需要在可用文件的基础上创建其他文件，这将需要更多的开发时间。此外，通过群组 / 名称空间的方法，`rostopic` 列表将加载一个带有特定机器人名称前缀的复杂话题列表。如果只想控制机器人中选定的话题，并将其显示给主 master，这时该怎么办？如果我们还需要知道机器人在网络中的连接状态，比如哪些处于连接状态、哪些处于断开状态呢？

对于上述问题，我们将在接下来给出解决方案。

6.5　多 master 概念简介

为了理解多 master 的概念，让我们考虑一个工业用例，如图 6.8 所示。

假设我们有类似移动机械臂的机器人（如我们在第 3 章中创建的工业移动机械臂）来装

卸货物，并且至少有5个这样的机器人在进行该工作。另外，假设有一些机械臂与机器一起工作，用于操作应用，例如将材料装载到加工区，然后装载到传送带上，卸载产品以进行配送。最后，还有一个中央系统用于监控所有这些机器人的任务和健康状况。对于这样的工业用例，将会有多个本地网络连接到一个公共网络（即中央系统所在的位置）。

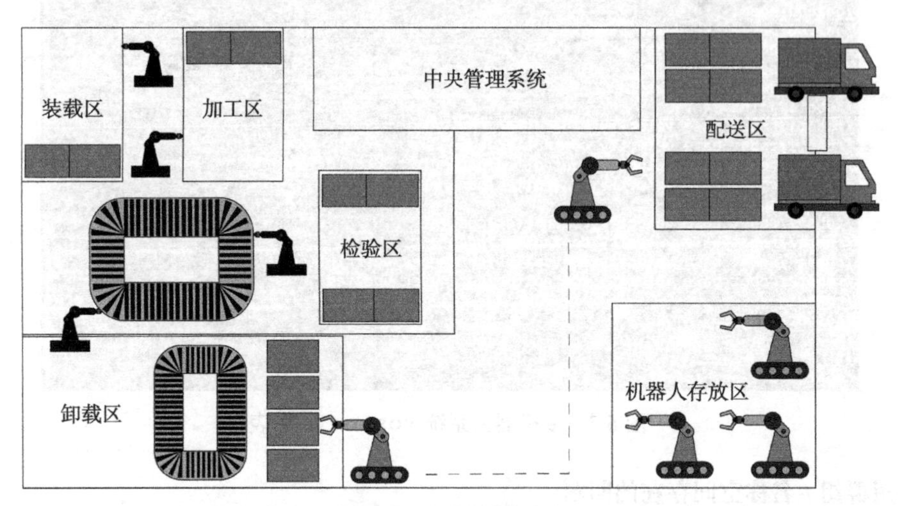

图 6.8　工业用例图示

ROS中定义了相应的机制来帮助我们实现上述多机器人协作的需求，ROS提供了通用的工具用于在ROS子系统间进行通信。该工具为名为multimaster_fkie的功能包。

6.5.1　multimaster_fkie功能包简介

multimaster_fkie功能包包括两个主要的节点：

- master_discovery节点。
- master_sync节点。

master_discovery节点帮助我们检测网络中的其他ROS master，识别网络中的任何更改，并与其他ROS master共享这些更改。master_sync节点帮助其他ROS master将其话题和服务与本地ROS master同步。multimaster_fkie功能包能够有效地帮助同一网络中的ROS master只与同一网络共享必要的话题信息，并将其他丰富的话题信息保存在本地网络中。

下面我们将通过一些例子来帮助读者理解multimaster_fkie功能包的安装、设置和使用过程。

可以从http://wiki.ros.org/multimaster_fkie了解更多有关multimaster_fkie的信息。

6.5.2 安装 multimaster_fkie 功能包

我们通过源的方式安装 multimaster_fkie 功能包，步骤如下：

1）在系统中安装 pip 工具，命令如下：

```
$ sudo apt install python-pip
```

2）安装 pip 之后，将多 master 代码仓库复制到我们的工作空间中，并编译构建我们的功能包，命令如下：

```
$ cd chapter_6_ws/src
$ git clone https://github.com/fkie/multimaster_fkie.git
multimaster
$ rosdep update
$ rosdep install -i --as-root pip:false --reinstall --from-paths
multimaster
```

运行上述命令后，读者将会遇到并接受几次依赖项安装提示，请确保接受了所有的依赖项安装请求，因为安装依赖项之后才能编译构建工作空间。

3）这里我们使用 catkin_make_isolated 命令构建工作空间，该命令将分别构建功能包，而不是将其构建为一个功能包，命令如下：

```
$ cd ..
$ catkin_build_isolated
```

执行上述步骤后，我们就完成了功能包的安装，下面让我们体验一下该功能包的使用。

6.5.3 设置 multimaster_fkie 功能包

进行 multimaster_fkie 功能包设置的最佳方法是在两个系统中分别运行以下示例，主要包含三个步骤：

1）设置主机名和 IP 地址。

2）检查并启用多播功能。

3）设置检查与测试。

下面详细介绍每个步骤。

1. 设置主机名和 IP 地址

假设我们有两个系统，分别命名为 pc1 和 pc2，下面按照以下步骤进行系统设置：

1）在 pc1 上，进入 /etc/hosts 文件并做以下修改：

```
127.0.0.1 localhost
127.0.0.1 pc1

192.168.43.135 pc1
192.168.43.220 pc2
```

2）在 pc2 上，进入 /etc/hosts 文件并做以下修改：

```
127.0.0.1 localhost
```

```
127.0.0.1 pc1

192.168.43.135 pc1
192.168.43.220 pc2
```

由于上述文件位于系统文件夹下，因此对其修改需要 sudo 权限。

3）读者应当还记得，前面的示例中添加了 ROS_MASTER_URI 和 ROS_IP。让我们对每台计算机使用各自的 IP 和 ROS_MASTER_URI 在各自的 bash 脚本中执行相同的操作，具体参考步骤 4。

4）使用命令 $ sudo gedit ~/.bashrc 打开 bash 脚本文件，操作如下：

- 在 pc1 的 bash 脚本文件中使用如下代码：

```
export ROS_MASTER_URI=http://192.168.43.135
export ROS_IP=192.168.43.135
```

- 在 pc2 的 bash 脚本文件中使用如下代码：

```
export ROS_MASTER_URI=http://192.168.43.220
export ROS_IP=192.168.43.220
```

在此基础上，让我们检查并启用多播功能。

2. 检查并启用多播功能

要在多个 roscore 之间进行同步处理，需要检查每台计算机上是否启用了多播功能。该功能在 Ubuntu 中通常被禁用。要检查它是否已启用，需要使用以下命令：

```
$ cat /proc/sys/net/ipv4/icmp_echo_ignore_broadcasts
```

如果该值为 0，则表示启用了多播功能；如果值为 1，则需要使用以下命令将该值重置为 0：

```
$ sudo sh -c "echo 0 >/proc/sys/net/ipv4/icmp_echo_ignore_broadcasts"
```

启用后，使用以下命令检查多播 IP 地址：

```
$ netstat -g
```

标准的 IP 通常是 220.0.0.x，因此在每台计算机中 ping 该 IP 以查看计算机之间是否正在进行通信。在本书的例子中，我们的多播 IP 是 220.0.0.251，因此 220.0.0.251 是两台计算机中检查连接的 ping 地址：

```
$ ping 220.0.0.251
```

下面让我们对上述设置进行检查和测试。

3. 设置检查与测试

在每个终端窗口中，分别启动 roscore：

```
$ initros1
$ roscore
```

现在，转到相应的multimaster_fkie功能包文件夹，在每台计算机上运行以下命令：

```
$ rosrun fkie_master_discovery master_discovery _mcast_group:=220.0.0.251
```

在上述命令中，_mcast_group的数值是我们使用netsat命令获得的多播IP地址。

如果网络设置正确，则应看到master_discovery节点标识了每台计算机中的roscore，如图6.9所示。

```
master_discovery
File Edit View Search Terminal Tabs Help
master_discovery    roscore http://robot-pc:11311/
robot@robot-pc:~$ initros1
robot@robot-pc:~$ cd chapter_6_ws/
robot@robot-pc:~/chapter_6_ws$ source devel_isolated/setup.bash
robot@robot-pc:~/chapter_6_ws$ rosrun fkie_master_discovery master_discovery _mcast_group:=224.0.
0.251
[INFO] [1560737594.345130]: ROS Master URI: http://localhost:11311
[INFO] [1560737594.353894]: Check the ROS Master[Hz]: 1
[INFO] [1560737594.354988]: Heart beat [Hz]: 0.02
[INFO] [1560737594.355989]: Active request after [sec]: 60
[INFO] [1560737594.357260]: Remove after [sec]: 300
[INFO] [1560737594.358484]: Robot hosts: []
[INFO] [1560737594.359402]: Approx. mininum avg. network load: 1.36 bytes/s
[INFO] [1560737594.704958]: Start RPC-XML Server at ('0.0.0.0', 11611)
[INFO] [1560737594.707240]: Subscribe to parameter `/roslaunch/uris`
[INFO] [1560737594.713567]: Create multicast socket at ('224.0.0.251', 11511)
[INFO] [1560737594.881661]: Detected master discovery: http://localhost:11611
[INFO] [1560737594.989770]: Added master with ROS_MASTER_URI=http://robot-pc:11311/
[INFO] [1560737665.172891]: Detected master discovery: http://192.168.43.134:11611
[INFO] [1560737665.359778]: Added master with ROS_MASTER_URI=http://192.168.43.134:11311/
```

a) pc1

```
Terminal File Edit View Search Terminal Tabs Help
master_discovery    roscore http://192.168.43.134:11311/
~$ initros1
~$ cd multimaster_ws/
~/multimaster_ws$ source devel/setup.bash
~/multimaster_ws$ rosrun fkie_master_discovery master_discovery _mcast_group:=224.0.0.251
[INFO] [1560737664.883019]: ROS Master URI: http://localhost:11311
[INFO] [1560737664.892399]: Check the ROS Master[Hz]: 1
[INFO] [1560737664.892612]: Heart beat [Hz]: 0.02
[INFO] [1560737664.892772]: Active request after [sec]: 60
[INFO] [1560737664.893032]: Remove after [sec]: 300
[INFO] [1560737664.893205]: Robot hosts: []
[INFO] [1560737664.893355]: Approx. mininum avg. network load: 1.36 bytes/s
[INFO] [1560737664.922802]: Start RPC-XML Server at ('0.0.0.0', 11611)
[INFO] [1560737664.923236]: Subscribe to parameter `/roslaunch/uris`
[INFO] [1560737664.926692]: Create multicast socket at ('224.0.0.251', 11511)
[INFO] [1560737665.142595]: Detected master discovery: http://localhost:11611
[INFO] [1560737665.248082]: Added master with ROS_MASTER_URI=http://192.168.43.134:11311/
[INFO] [1560737666.242232]: Detected master discovery: http://192.168.43.226:11611
[INFO] [1560737666.362888]: Added master with ROS_MASTER_URI=http://robot-pc:11311/
```

b) pc2

图6.9 pc1和pc2下的master_discovery节点

现在，要在每台ROS master的话题之间进行同步，需要在每台计算机中运行master_sync节点。如我们所见，multimaster_fkie功能包已经设置好。让我们用一个示例来试着更好地理解这一点。

6.6　多机器人应用示例

让我们试着从一台PC上启动机器人模拟，并在另一台PC上用遥控器控制机器人。我们将使用在6.4.3节给出的示例中设置的机器人。假设前面的设置没有变化，让我们运行在一台PC上启动的多机器人，命令如下：

1）在pc1上，运行以下命令：

```
$ initros1
$ roslaunch robot_description robotbase_simulation.launch
```

2）打开新的终端窗口，启动master_discovery节点，命令如下：

```
$ initros1
$ source devel_isolated/setup.bash
$ rosrun fkie_master_discovery master_discovery
_mcast_group:=224.0.0.251
```

3）打开新的终端窗口，启动master_sync节点，命令如下：

```
$ initros1
$ source devel_isolated/setup.bash
$ rosrun fkie_master_sync master_sync
```

现在，在pc2上运行必要的命令。我们假设已经在pc2的终端窗口中启动了roscore，下一步是在新的终端窗口中分别启动master_discovery节点和master_sync节点，具体命令见步骤4、5。

4）打开新的终端窗口，执行以下命令：

```
$ initros1
$ rosrun fkie_master_discovery master_discovery
_mcast_group:=224.0.0.251
```

5）再次打开新的终端窗口，执行以下命令：

```
$ initros1
$ rosrun fkie_master_sync master_sync
```

进行了话题同步后，我们将会看到一个窗口，如图6.10所示。

6）执行$ rostopic list命令，可以看到/robot1和/robot2的话题同步了。尝试使用以下带有适当话题名称的命令移动机器人。我们应该看到机器人在移动。

```
$ rosrun rqt_robot_steering rqt_robot_steering
```

模拟窗口中机器人运动的简单表示如图6.11所示。

如果需要选择特定话题进行同步，请查看master_sync.launch文件以获取必要的参数列表。可以通过使用ROS参数（rosparam）sync_topics指定所需的话题来完成此操作。

```
master_sync
File Edit View Search Terminal Tabs Help
/home/robot/chapter_6_...    master_discovery    master_sync
[INFO] [1560785525.819599, 43.163000]: ROS masters obtained from '/master_discov
ery/list_masters': ['192.168.43.226']
[INFO] [1560785555.932963, 49.699000]: ROS masters obtained from '/master_discov
ery/list_masters': ['192.168.43.226']
[INFO] [1560785573.082508, 53.391000]: [192.168.43.134] ignore_nodes: ['/node_ma
nager', '/master_sync', '/rosout', '/node_manager_daemon', '/zeroconf', '/master
_discovery']
[INFO] [1560785573.127443, 53.400000]: [192.168.43.134] sync_nodes: []
[INFO] [1560785573.158611, 53.405000]: [192.168.43.134] ignore_topics: ['/rosout
', '/rosout_agg']
[INFO] [1560785573.186362, 53.410000]: [192.168.43.134] sync_topics: []
[INFO] [1560785573.204387, 53.412000]: [192.168.43.134] ignore_services: ['/*get
_loggers', '/*set_logger_level']
[INFO] [1560785573.227225, 53.415000]: [192.168.43.134] sync_services: []
[INFO] [1560785573.248637, 53.418000]: [192.168.43.134] ignore_type: ['bond/Stat
us']
[INFO] [1560785573.265998, 53.420000]: [192.168.43.134] ignore_publishers: []
[INFO] [1560785573.280129, 53.422000]: [192.168.43.134] ignore_subscribers: []
[INFO] [1560785575.303136, 53.832000]: SyncThread[192.168.43.134] Requesting rem
ote state from 'http://192.168.43.134:11611'
[INFO] [1560785576.329207, 54.051000]: SyncThread[192.168.43.134] Applying remot
e state...
[INFO] [1560785576.361536, 54.054000]: SyncThread[192.168.43.134] remote state a
pplied.
[INFO] [1560785586.045449, 56.192000]: ROS masters obtained from '/master_discov
ery/list_masters': ['192.168.43.134', '192.168.43.226']
[INFO] [1560785598.853209, 59.030000]: SyncThread[192.168.43.134] Requesting rem
ote state from 'http://192.168.43.134:11611'
[INFO] [1560785598.891440, 59.033000]: SyncThread[192.168.43.134] Applying remot
e state...
[INFO] [1560785598.907966, 59.035000]: SyncThread[192.168.43.134] remote state a
pplied.
[INFO] [1560785616.135324, 62.554000]: ROS masters obtained from '/master_discov
ery/list_masters': ['192.168.43.134', '192.168.43.226']
```

图 6.10 基于 multimaster_fkie 功能包的话题同步

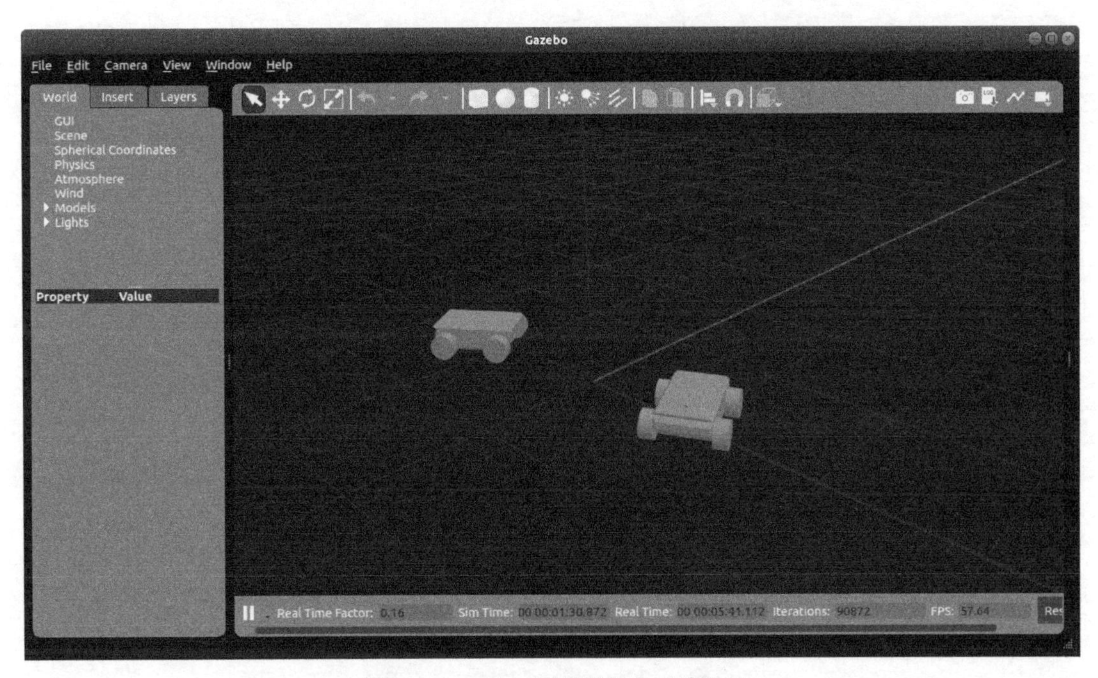

图 6.11 Gazebo 下的机器人运动图示

6.7 本章小结

在本章中，我们介绍了多个机器人如何在 ROS 中以更加合适的方式相互通信。我们介绍了如何在同一网络中的节点之间进行通信，以及这种通信方式的局限性，还论述了如何使用名称空间在同一网络中的机器人之间进行通信以及这种通信的局限性。最后，我们阐述了如何使用 `multimaster_fkie` 功能包在具有多个 roscore 的机器人之间进行通信，这有助于拓展机器人技术的应用场景。本章帮助我们了解了如何在相似和不同种类的机器人之间进行通信。

在下一章中，我们将学习如何在最新的嵌入式硬件平台上运行 ROS。

第7章
嵌入式平台上的ROS应用及其控制

我们已经知道如何在模拟环境中建立自己的机器人，以及如何使用ROS框架来控制它们。我们还学习了如何处理复杂的机器人任务以及如何在多个机器人之间进行通信。所有这些概念实际上都经过了测试，读者应当在学习中有所收获。如果读者想进一步了解如何在真正的机器人上实现上述内容，或者建立自己的机器人并通过ROS框架控制它们，那么本章将提供相关知识。

任何对机器人技术感兴趣的人肯定都会熟悉像Arduino和Raspberry Pi这样的名字。这种电路板可以单独控制机器人执行器，也可以通过读取与之相连的传感器来实现对控制回路的控制。但那些控制/处理板到底是什么？如何使用它们？不同型号、品牌板卡之间的区别有多大，为什么板卡选型很重要？我们将在本章中给出这些问题的合理答案。

在本章中，我们将介绍如何在ROS中使用嵌入式控制板和计算机。首先，我们将介绍不同的微控制器和处理器是如何工作的，然后介绍机器人领域常用的一系列此类板卡，并通过实例进行说明。最后，我们将介绍如何在各类板卡上设置ROS，并将其与项目结合使用。

本章涵盖的主题包括：

- 嵌入式板基础知识。
- 微控制器板简介。
- **单板计算机**（Single Board Computer，SBC）简介。
- Debian与Ubuntu的对比。
- 在SBC上设置ROS。
- 通过ROS控制GPIO。
- 嵌入式板基准测试。
- Alexa入门及与ROS连接。

7.1 技术要求

学习本章内容的相关要求如下：

- Ubuntu 18.04（Bionic）系统，预先安装ROS Melodic Morenia。

- 时间线及测试平台：
  - ❑ **预计学习时间**：平均约 150 分钟。
  - ❑ **项目构建时间（包括编译和运行）**：平均 90 ～ 120 分钟（取决于硬件板的类型以及所要完成的设置内容）。
  - ❑ **项目测试平台**：惠普 Pavilion 笔记本电脑（Intel® Core™ i7-4510U CPU @ 2.00 GHz × 4，8GB 内存，64 位操作系统，GNOME-3.28.2 桌面环境）。

本章代码可以从以下网址下载：

https://github.com/PacktPublishing/ROS-Robotics-Projects-SecondEdition/tree/master/chapter_7_ws。

下面介绍不同类型的嵌入式板。

7.2 嵌入式板基础知识

在应用程序中，如果软件嵌入特定设计的硬件中，则该应用程序称为**嵌入式系统应用程序**。嵌入式系统存在于我们日常生活中的大多数小工具和电子产品中，如手机、厨房电器和消费电子产品，它们通常是为特定目的而设计的。嵌入式系统应用非常广泛的领域之一为机器人领域。

承载软件的硬件板（例如，固件）和用于这种特定用途的硬件板是我们所说的嵌入式板。嵌入式板主要有两种类型：

- **基于微控制器的嵌入式板**：硬件构成包括 CPU、存储单元、通过 IO 连接的外围设备以及通信接口，全部部署在一个单片机中。
- **基于微处理器的嵌入式板**：硬件主要构成为 CPU。其他组件以单独的模块形式存在，如通信接口、连接的外围设备和定时器等。

还有一种嵌入式板类似于这两者的组合，叫作**片上系统**（System on Chip，SoC）。它的尺寸相当紧凑，通常针对的是尺寸较小的产品。现代微处理器板（也称为 SBC）由一个 SoC 和其他组件组成。表 7.1 展示了对这 3 种嵌入式板的简单比较。

表 7.1　不同类型的嵌入式板对比

	基于微控制器（MCU）	基于微处理器（MPU）	片上系统
操作系统	无	有	基于 MPU 的：有 基于 MCP 的：无
数据 / 计算位	4/8/16/32 位	16/32/34 位	16/32/64 位
时钟速度	⩽ MHz	GHz	MHz ～ GHz
内存（RAM）	通常为 KB，较少为 MB	512MB ～几 GB	MB ～ GB
内存（ROM）	KB ～ MB（FLASH、EEPROM）	MB ～ TB（FLASH、SSD、HDD）	MB ～ TB（FLASH、SSD、HDD）

（续）

	基于微控制器（MCU）	基于微处理器（MPU）	片上系统
成本	低	高	高
典型型号	Atmel 8051 微控制器、PIC、ATMEGA 系列微控制器	x86、Raspberry Pi、BeagleBone Black	Cypress PSoc、Qualcomm Snapdragon

接下来将介绍嵌入式板的基本概念。

7.2.1 重要概念介绍

通用嵌入式系统的体系结构中可以包含许多组件。因为我们的范围是机器人，所以让我们试着了解与机器人相关的嵌入式系统体系结构，如图 7.1 所示。

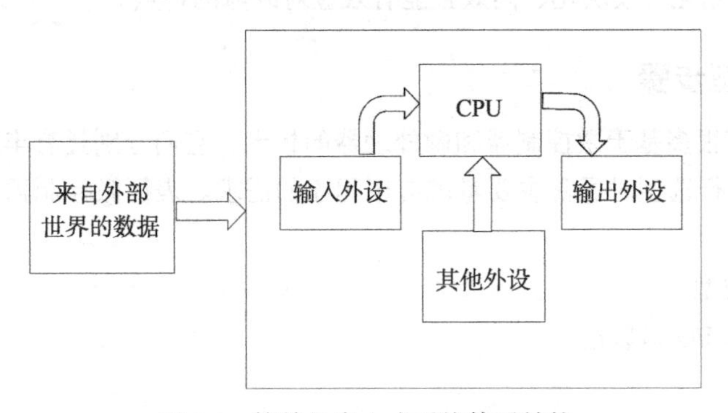

图 7.1 简单的嵌入式系统体系结构

通过图 7.1 可以看出，嵌入式系统的主要组件包括：

- **输入外设**：可以是传感器，如激光雷达、摄像机、超声波或红外传感器，它们提供有关环境的信息。通过用户界面、操纵杆或键盘进行的用户交互也可以是输入外设的一部分。
- **输出外设**：可以是各类执行器，如控制轮子旋转、通过机械装置控制连杆运动、控制 LCD 屏幕或显示器显示等的各类设备。
- **CPU**：这是计算模型或运行算法所必需的，并且需要临时或永久驻留内存用于保存某些信息以便模型或算法正常运行。
- **其他外设**：主要是通信接口，如 SPI、I2C 或 RS-485，它们存在于系统的各个组件之间或与网络中的其他此类系统之间；或者是 USB 和网络接口，如以太网或 Wi-Fi 等。

由这些硬件组件组成的整个嵌入式板块，以及运行在嵌入式板上的软件层，是我们用于机器人应用程序的功能块。正如前面提到的，它们可以作为微控制器、微处理器或 SoC 使用。该模块提供了相应的信息处理功能，以便我们能够理解从环境感知到的信息，对这些数据执行计算，并将它们转换为必要的控制操作。现在，让我们来看一看微控制器和微处理器在机器人领域的区别。

7.2.2　机器人领域微控制器和微处理器的区别

微控制器通常针对单个或特定进程，而微处理器则一次运行多个进程。这是因为微处理器能够运行一个操作系统，允许多个进程同时运行，而微控制器运行裸机（没有操作系统）。在机器人技术中，微控制器通常用于通过电机驱动电路控制执行器或将传感器信息传回系统。

微处理器通常可以同时执行上述两种操作，即能够使得应用程序看起来是实时运行的。微控制器比微处理器便宜，有时比微处理器快得多。然而，微处理器可以运行图像处理或模型训练等应用程序所需的大量计算，这与微控制器不同。机器人通常由微控制器和微处理器系统组成，因为机器人通常包含负责特定功能的多个模块。这种组合模式将使得一个简单的机器人具有内部黑箱化、模块化、高效且能有效应对故障的特点。

7.2.3　板卡选型步骤

现在市场上有很多基于微控制器和微处理器的板卡，它们分别具有丰富的功能和独特的优势。在对板卡进行选型时通常主要考虑应用程序的需求。表征微控制器板的规格参数主要包括：

- 微控制器类型。
- 数字和模拟I/O口数量。
- 存储空间。
- 时钟速度。
- 工作电压。
- 每伏电流（A/V）。

表征微处理器板的规格参数主要包括：

- SoC。
- CPU和GPU。
- 存储空间（RAM和ROM）。
- GPIO。
- 网络支持。
- USB口。

在进行板卡选型时，主要步骤为：

- 了解应用程序和最终用户的需求。
- 检查该需求中的硬件和软件组件。
- 设计和开发具有可用特性的应用程序。
- 虚拟评估应用程序并最终确定需求。
- 选择具有符合要求的正确功能、长期支持和可升级功能的板卡。
- 使用该板卡部署我们的应用程序。

现在，让我们来看看市场上一些有趣的微控制器板和微型计算机。

7.3 微控制器板简介

在本节中，我们将介绍一些可用于机器人的流行微控制器板和微型计算机，主要包括：

- Arduino Mega。
- STM32。
- ESP8266。
- ROS 支持的嵌入式板。

7.3.1 Arduino Mega

Arduino 是最流行的用于机器人的嵌入式控制器板之一，主要用于电子设计项目和机器人的原型制作。它主要包含 AVR 系列控制器，其引脚映射为 Arduino 板引脚。Arduino 板受欢迎的主要原因是它的编程支持和原型制作简易的特点。Arduino API 和软件包非常容易上手。因此，我们不用太费力就可以对应用程序进行原型化设计实现。Arduino 的编程 IDE 基于一个称为 Wiring（http://wiring.org.co/）的软件框架，我们可以基于该框架非常方便地使用 C/C++ 语言进行代码编写。编写的代码通过 C/C++ 编译器编译。图 7.2 展示了广受欢迎的 Arduino 板——Arduino Mega。

图 7.2　Arduino Mega（图片来源：https://www.flickr.com/photos/arakus/8114424657，由 Arkadiusz Sikorski 提供。基于知识共享授权协议 CC-BY-SA 2.0：https://creativecommons.org/licenses/by-sa/2.0/legalcode）

Arduino 板有多种型号可供选用。我们将在下一节介绍如何根据自己的需求选择最合适的型号。

用于机器人的 Arduino 板选型指南

在进行 Arduino 板选型时，我们通常重点关注以下规格参数：

- **速度**：几乎所有的 Arduino 板都工作在 100MHz 以下。板卡上的大多数控制器是 8MHz 和 16MHz。如果你想做一些对性能要求较高的处理，比如在一个芯片上实现一个 PID，那么 Arduino 可能不是最好的选择，而想以更高的速度运行某些处理功能时更是如此。Arduino 最适合简单的机器人控制。它最适用于控制电机驱动器和伺服、从模拟传感器读取数据以及使用**通用异步接收器 / 发送器**（Universal Asynchronous Receiver/Transmitter，UART）、**内部集成电路**（Inter-Integrated Circuit，I2C）和**串行外设接口**（Serial Peripheral Interface，SPI）等协议连接串行设备等任务。

- **GPIO 引脚**：Arduino 板为开发人员提供不同类型的 I/O 引脚，如**通用输入 / 输出**（General Purpose Input/Output，GPIO）、**模数转换器**（Analog-to-Digital Converter，ADC）、**脉冲宽度调制**（Pulse Width Modulation，PWM）、I2C、UART 和 SPI 引脚等。我们可以根据自己的引脚需求选择 Arduino 板。板卡的引脚数从 9 到 54 不等。板卡上的引脚越多，板卡的尺寸就越大。
- **工作电压电平**：有工作在 TTL（5V）和 CMOS（3.3V）电压电平的 Arduino 板。例如，如果机器人传感器仅在 3.3V 模式下工作，而我们的板卡是 5V，那么我们要么使用电平移位器将 3.3V 转换为 5V 等效电压电平，要么使用 3.3V 的 Arduino。大多数 Arduino 板都可以通过 USB 供电。
- **闪存**：选择 Arduino 板时，闪存是一个需要重点考虑的参数。与嵌入的 C 代码和程序集代码的十六进制文件相比，Arduino IDE 生成的输出十六进制文件并没有经过优化。如果代码太大，那么最好使用更高的闪存，例如 256 KB。大多数基本 Arduino 板只有 32 KB 的闪存，因此在选择板卡之前，应该注意这个问题。
- **成本**：当然，最终标准之一是板卡的成本。如果只是要求一个原型，则可以灵活选择任意的板卡类型。但是如果要做一个产品，那么成本将是一个限制因素。

现在，让我们看看另一个名为 STM32 的板卡。

7.3.2　STM32

如果 Arduino 不足以满足我们的机器人应用需求，那该怎么办？不用担心——有先进的基于 ARM 的控制器板可用，例如基于 STM32 微控制器的开发板（如 Nucleo）和基于得州仪器（Texas Instrument，TI）微控制器的板卡（如 Launchpads）。STM32 是一个 32 位微控制器家族，来自一家名为 STMicroelectronics 的公司（http://www.st.com/content/st_com/en.html）。

STMicroelectronics 公司制造了多种基于不同 ARM 体系结构的微控制器，例如 Cortex-M 系列。STM32 控制器提供的时钟速度比 Arduino 板的快得多。STM32 控制器的范围为 24 ～ 216MHz，闪存大小为 16KB ～ 2MB。简言之，STM32 控制器提供了比 Arduino 更为强大的参数配置。大多数板卡的工作电压电平为 3.3V，并且 GPIO 引脚功能极其丰富。读者现在可能在考虑费用，而实际上 STM32 的成本并不高：从 2 美元到 20 美元不等。市场上有测试这些控制器的评估板。比较出名的评估板家族如下：

- **STM32 Nucleo 板**：Nucleo 板是理想的原型设计板，它与 Arduino 连接器兼容，可以使用名为 Mbed 的类 Arduino 环境（https://www.mbed.com/en/）进行编程。

- **STM32 探索套件**（STM32 discovery kit）：这种板卡非常便宜，内置加速度计、麦克风和 LCD 等组件。Mbed 环境在这些板卡上不受支持，但是我们可以使用 IAR、Keil 和 CCS（Code Composer Studio）对板卡进行编程。
- **全评估板**：这类板卡比较昂贵，用于评估控制器的所有功能。
- **Arduino 兼容板**：这是具有 STM32 控制器的 Arduino 头兼容板。此类板主要包括 Maple、OLIMEXINO-STM32 和 Netduino。其中一些板卡可以使用用于 Arduino 编程的 Wiring 语言进行编程。最常用的 STM32 板之一是 STM32F103C8/T6，其外观类似迷你 Arduino，如图 7.3 所示。

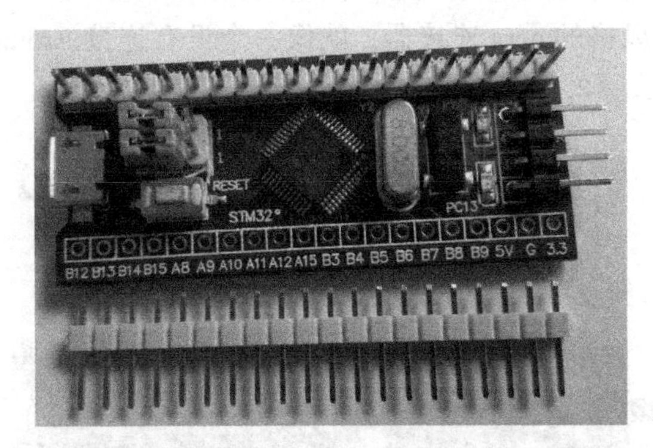

图 7.3　STM32F103C8/T6（图片来源：https://fr.m.wikipedia.org/wiki/Fichier:Core_Learning_Board_module_Arduino_STM32_F103_C8T6.jpg，由 Popolon 提供。基于知识共享授权协议 CC-BY-SA 4.0：https://creativecommons.org/licenses/by-sa/4.0/legalcode）

接下来要介绍的板卡为 ESP8266。

7.3.3　ESP8266

另一个在**物联网**领域非常流行的有趣微控制器是 ESP8266 芯片。它实际上是一个具有微控制器功能的 Wi-Fi 芯片。它由一个基于 L-106 32 位 RISC（Reduced Instruction Set Computing，精简指令集计算）的 Tensilica 微控制器组成，该微控制器以 80MHz 或 160MHz 超频运行，其中数字外设接口、天线和电源模块集成在一个芯片上。

该板卡的其他一些特点为：拥有 2.4GHz Wi-Fi（802.11b/g/n，支持 WPA/WPA2）、16 个 GPIO、10 位 ADC 以及 I2C、SPI、I2S、UART 和 PWM 等通信接口。I2S 和 UART 与 GPIO 一起作为共享引脚提供。内存包含 64 KiB 的引导 ROM、32 KiB 的指令 RAM 和 80 KiB 的用户数据 RAM。它还有 32 KiB 的指令缓存 RAM 和 16 KiB 的 ETS 系统数据 RAM。可使用 SPI 接口访问外部闪存。

ESP8266 具有不同的型号以及对应的不同 SDK（Software Development Kit，软件开发工具包）。例如，有一个基于 Lua 脚本语言的固件 NodeMCU，运行在 ESP8266 SoC 上。

下面我们将要介绍的是 ROS 支持的嵌入式板。

7.3.4 ROS支持的嵌入式板

ROS社区也有有趣的嵌入式板，可以直接与传感器和执行器耦合，并提供基于ROS的消息，以便轻松地与其他ROS组件交互。我们将介绍两种此类板卡：Robotis的OpenCR板和Vanadium实验室的Arbotix Pro控制器。

1. OpenCR

OpenCR，又称开源控制模块，是一种基于STM32F7系列芯片的嵌入式板，它基于非常强大的ARM Cortex-M7，带有一个浮点单元。它嵌入了一个IMU（MPU9250），有18个GPIO引脚、6个PWM IO，以及USB、几个UART、3xRS485和1个CAN端口等通信端口。它有一个32引脚风格的berg连接器，就像一个没有连接Arduino外壳的Arduino板。OpenCR板如图7.4所示。

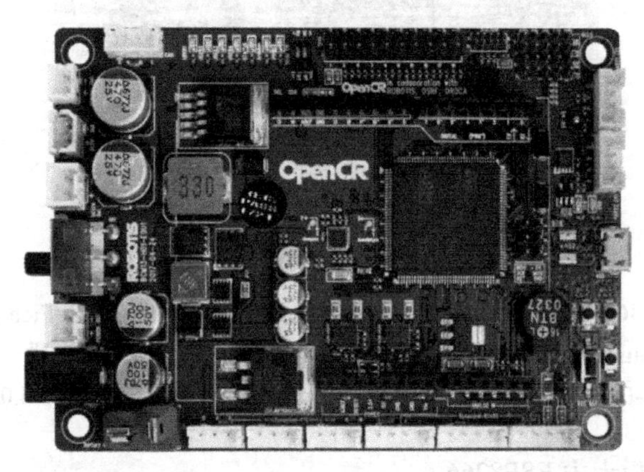

图7.4 OpenCR引脚图（图片来源：http://wiki.ros.org/opencr，由ros.org提供。基于知识共享授权协议CC-BY-3.0：https://creativecommons.org/licenses/by/3.0/us/legalcode）

读者可以从以下网址查找引脚的详细信息：

http://emanual.robotis.com/docs/en/parts/controller/opencr10/#layoutpin-map。

该板卡目前应用于TurtleBot 3上，并且ROS功能包集成与Arduino和ROS的连接方式相似。读者可以在http://wiki.ros.org/rosserial_arduino中查看类Arduino控制器是如何与ROS连接的。

可以从http://emanual.robotis.com/docs/en/parts/controller/opencr10/了解有关该板卡的更多信息。

2. Arbotix Pro

Arbotix Pro是一款基于STM32F103 Cortex M3 32位ARM微处理器的控制器，ROS社区同样为其提供了支持。它有16个用于外设操作和通信总线（如TTL或I2C）的GPIO引脚，还有一个内置在板上的加速度计/陀螺仪传感器，以及一个USB、UART和XBee通信接口支持。该板卡选用 Dynamixel 机器人执行器，支持 TTL 或 RS-485 通信，因此能够控制 AX、MX 和 Dynamixel-PRO 执行器。执行器的电源可以通过一个专用的 60A MOSFET 独立提供，允许在运行、关机或出错时进行节电选择。读者可以在 https://www.trossenrobotics.com/arbotix-pro 上找到更多关于该板卡的信息。

Arbotix 的 ROS 功能包地址为 http:/ / wiki. ros. org/ arbotix。

下面介绍上述各类板卡的性能对比。

7.3.5　对比表格

让我们看一下前面几种板卡的简单比较，以便在选型时进行参考：

表 7.2　主流 MCU 板卡对比

项目	Arduino Mega	STM32F103C8/T6	ESP8266	OpenCR	Arbotix Pro
微控制器	ATMega 2560	ARM Cortex-M3	Tensilica L106 32 位处理器	STM32F746ZGT6/ 32 位 ARM Cortex®-M7，带 FPU	STM32F103RE Cortex M3 32 位 ARM
工作电压	5V	2 ～ 3.6V	2.5 ～ 3.6V	5V	2 ～ 3.6V
数字 I/O	54	37	16	8	16 个 ADC/GPIO
PWM I/O	15	12	——	6	
模拟 I/O	16	10	1	6	
闪存	256KB	64KB	扩展闪存（通常为 512KB ～ 4MB）	2MB	512KB
时钟速度	16MHz	72MHz	24 ～ 52MHz	216MHz	72MHz

现在我们了解了微控制器板的基本知识，接下来介绍单板计算机。

7.4　单板计算机简介

在 7.3 节中，我们介绍了一系列具有不同功能的微控制器板，它们将所有组件嵌入一个芯片中。如果我们想让自己的机器人或无人机为路径规划或避障进行较为复杂的计算，那该如何选择呢？微控制器板能够帮助我们读取传感器信号并控制执行器信号，前提是它们遵循简单的数学库来理解和处理传感器信息。

如果我们想执行密集的计算，随着时间的推移存储传入的传感器值，然后对这些存储的值执行计算，那该怎么办？这就是单板计算机（SBC）发挥作用的地方。SBC 可以装载操作系统，并且可以具有比拟现代桌面计算机的运算性能，同时具有尺寸小的优点。当然，SBC 并不能提供类似现代计算机的全部功能，这是因为诸如台式机这样的机器有许多的额外组件，如 GPU 或功能强大的网卡，这些外部组件将能够更好地解决我们的问题。

即便如此，SBC 的应用依然十分广泛，我们能在身边的许多应用中看到它们的身影，如机器人、无人机、ATM 机、虚拟老虎机或广告显示电视。如今，有大量不同型号和品牌的 SBC 可供选用，而且人们还在为 SBC 研究和开发更多的功能，如 GPU 支持或超过 2GB 的易失性存储器等。事实上，已经有一些板卡提供了对现代计算技术（如机器学习算法）的支持，或者预装有深度学习神经网络。

接下来介绍一些有趣的 SBC 及其特性。我们将 SBC 分为两类：

- CPU 板。
- GPU 板。

首先介绍 CPU 板。

7.4.1 CPU 板

让我们看看以下常用的 CPU 板，并对其功能进行比较：

- Tinkerboard S。
- BeagleBone Black。
- Raspberry Pi。

1. Tinkerboard S

现代 SBC 之一是华硕的 Tinkerboard S，它是 Tinkerboard 之后的第二个迭代板卡。这个板卡被社区广泛使用，因为它拥有 Raspberry Pi（后面将讨论的另一个 SBC）的功能特性。

Tinkerboard S 售价 90 美元，功能强大，嵌入了一个基于 ARM 的现代四核处理器 Rockchip RK3288、2GB 的 LPDDR3 双通道内存、板载 16GB eMMC 和 SD 卡接口（3.0），用于提高操作系统、应用程序和文件存储的读写速度。该板卡由基于 ARM 的 Mali ™-T760 MP4 GPU 提供强大的功能，且具有节能设计，支持计算机视觉、手势识别、图像稳定和处理。

此外，该板卡还支持 H.264 和 H.265 播放以及高清和超高清视频播放功能。与其他支持快速以太网的 SBC 不同，该板卡支持千兆以太网以用于网络连接和互联网连接。Tinkerboard S 如图 7.5 所示。

它包含一个 40 引脚彩色编码 GPIO 接口，帮助初学者识别各个引脚的特征。它还增强了 I2S 接口与主模式和从模式，以提高兼容性，并支持显示器、触摸屏、Raspberry Pi 摄像头等。在这个 SBC 上运行的操作系统叫作 TinkerOS，这是一个基于 Debian 9 的系统。在接下来的章节中，我们将学习如何在此操作系统上设置 ROS。

2. BeagleBone Black

来自 Beagleboard 组织的 BeagleBone Black 板是一个低成本、有良好社区支持的 SBC，其尺寸仅有信用卡大小。该板卡配有 AM335x 1GHz ARM®Cortex-A8 处理器，支持 512 MB DDR3 RAM。它有一个板载 4GB 8 位 eMMC 闪存，可以容纳一个操作系统。

此外，BeagleBone Black 板还具有 PowerVR SGX530、支持 3D 图形加速器的 GPU、NEON 浮点加速器和两个 32 位 PRU 微控制器。此板卡有两个 46 引脚的 USB 端口、主机以太网和 HDMI 连接口。BeagleBone Black 如图 7.6 所示。

图 7.5　Tinkerboard S（图片来源：https://www.flickr.com/photos/120586634@N05/32268232742，由 Gareth Halfacree 提供。基于知识共享授权协议 CC-BY-SA 2.0：https://creativecommons.org/licenses/by-sa/2.0/legalcode）

图 7.6　BeagleBone Black（图片来源：https://www.flickr.com/photos/120586634@N05/14491195107，由 Gareth Halfacree 提供。基于知识共享授权协议 CC-BY-SA 2.0：https://creativecommons.org/licenses/by-sa/2.0/legalcode）

另一个具有加载功能的机器人专用板卡是 Beablebone Blue。它配备了相同的处理器，但具有其他功能，如 Wi-Fi、蓝牙、带气压计支持的 IMU、用于 2 单元 LiPo 的电源调节和充电状态 LED、可连接 4 个直流电机 + 编码器的 H 桥电机驱动器、8 个伺服系统以及用于附加外设的所有常用总线（如 GPS、DSM2 收音机、UART、SPI、I2C、1.8V 模拟和 3.3V GPIO）。

该板卡支持Debian版本的操作系统Armbian。它还支持Ubuntu操作系统，我们将在接下来的ROS设置部分介绍相关内容。

3. Raspberry Pi

相信读者一定听说过鼎鼎大名的Raspberry Pi，我们也在本书的第1版中介绍过这个板卡。它是最常用的SBC，拥有庞大的粉丝群（社区支持）。它很容易使用和设置。这款SBC的最新版本是Raspberry Pi 4，如图7.7所示。

图7.7 Raspberry Pi 4（图片来源：https://commons.wikimedia.org/wiki/File:Raspberry_Pi_4_Model_B_-_Side.jpg，由Laserlicht提供。基于知识共享授权协议CC-BY-SA 4.0：https://creativecommons.org/licenses/by-sa/4.0/legalcode）

Raspberry Pi 4售价约40美元，配有Broadcom BCM2711，四核Cortex-A72（ARM v8）64位SoC@1.5GHz，1 GB、2 GB或4 GB LPDDR4-3200 SDRAM支持和40引脚GPIO接口。与旧版本的板卡不同，该版本的板卡支持千兆以太网、2.4GHz和5.0GHz的IEEE802.11ac无线和蓝牙5.0。它还具有一个双显示端口，通过一对微型HDMI端口支持高达4K的分辨率，并可以解码高达4Kp60的硬件视频。

Raspberry Pi 4带有标准的Debian操作系统支持Raspbian，也可以支持Ubuntu操作系统。

现在，让我们通过一个性能对比表格来对上述板卡的配置参数进行比较。

4. 对比表格

表7.3展示了前面几种板卡的简单比较，以便在选型时进行参考。

表7.3 主流SBC板卡对比

项目	Tinkerboard S	BeagleBone Black	Raspberry Pi 4
处理器	Rockchip Quad-Core RK3288	Sitara AM3358BZCZ100 1GHz	Broadcom BCM2711、Quad-core Cortex-A72（ARM v8）64位SoC @1.5GHz
内存	2GB双通道DDR3	SD RAM：512 MB DDR3L 800MHZ和4 GB FLASH（8位嵌入式MMC）	1 GB、2 GB或4 GB LPDDR4-3200 SDRAM

（续）

项目	Tinkerboard S	BeagleBone Black	Raspberry Pi 4
接口	4 个 USB 2.0、RTL GB LAN、802.11 b/g/n、蓝牙 V4.0 + EDR	1 个 USB 2.0、10/100 Mbit-RJ45	2 个 USB 3.0 接口、2 个 USB 2.0 接口、千兆以太网、2.4 GHz 和 5.0 GHz IEEE 802.11ac 无线、蓝牙 5.0、BLE
GPIO	最多 28	最多 69	最多 28
SD 卡支持	是	是	是

下面介绍 GPU 板。

7.4.2　GPU 板

与前面 GPU 能力较弱的 SBC 不同，GPU 类 SBC 具有良好的 GPU 功能，支持在线图像处理和计算机视觉算法、现代模型训练和特征提取。我们主要介绍 NVIDIA 公司的以下板卡：

- Jetson TX2。
- Jetson Nano。

1. Jetson TX2

Jetson TX2 是 NVIDIA 公司提供的最省电、速度最快的 GPU 板之一。Jetson TX2 的主要目标是更好的低功耗计算能力。与普通的桌面 GPU 高达 15 瓦的能耗相比，它几乎仅需要 7.5 瓦的功率。它有一个 256 核 NVIDIA Pascal™，这是一个基于 GPU 体系结构的 GPU 处理器，具有 256 个 NVIDIA CUDA 核心和两个 64 位 NVIDIA Denver 双核 CPU，以及四核 ARM®Cortex®-A57 MPCore CPU 处理器。它配有 8 GB 128 位 LPDDR4 内存，具有 1866 MHx（59.7 GB/s）的数据传输速率。它还附带 32 GB EMMC5.1 的板载存储。

与前面介绍的板卡相比，这个板卡的成本相当高，因为它的性能参数看起来远超我们的需求。然而，没有其他的板卡能像这个板卡那样提供对人工智能算法的运算能力支持。

2. Jetson Nano

鉴于 Jetson TX2 高昂的价格，NVIDIA 公司提供了一个廉价的替代品，即 Jetson Nano。这是一个售价仅 99 美元的板卡，体积小、功能强大，可以并行运行多个神经网络，用于图像分类、目标检测、分割和语音处理等。它配有 128 核 Maxwell GPU 和四核 ARM A57@1.43 GHz CPU，以及 4 GB 64 位 LPDDR4 25.6 GB/s 内存，尽管没有 eMMC，但它带有一个 SD 卡插槽，用于存储或运行操作系统。它有千兆以太网、HDMI 2.0 和 eDP 1.4 显示端口，支持 I2C、I2S、SPI 和 UART。它的功率低至 5 瓦。Jetson Nano 如图 7.8 所示。

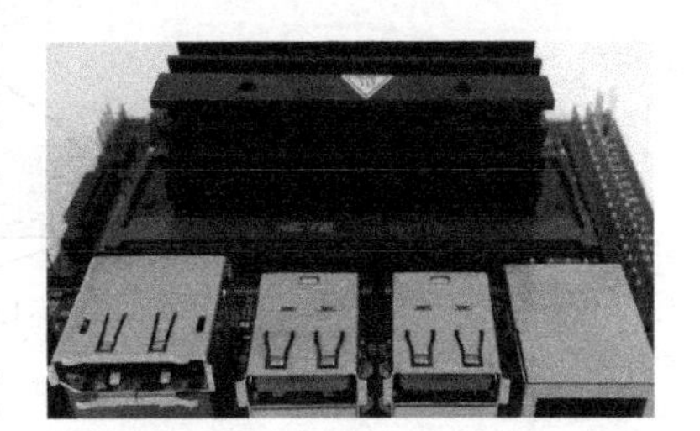

图 7.8　Jetson Nano

下面我们对比一下 Jetson TX2 和 Jetson Nano 的各项参数。

3. 对比表格

表 7.4 给出了前面两款 GPU SBC 的性能参数对比。

表 7.4　Jetson TX2 和 Jetson Nano 的各项参数对比

项目	Jetson Nano	Jetson TX2
GPU	128 核 NVIDIA Maxwell™ GPU	256 核 NVIDIA Pascal™GPU
CPU	四核 ARM®Cortex®-A57 MPCore	双核 NVIDIA Denver 2 64 位 CPU，4 核 ARM®Cortex®-A57 MPCore
内存	4GB 64 位 LPDDR4 内存 1600MHz（25.6 GB/s）	8 GB 128 位 LPDDR4 内存 1866MHz（59.7 GB/s）
AI 能力	472 GFLOP	1.3 TFLOP
存储空间	16GB eMMC	32GB eMMC
功耗	5W / 10W	7.5W / 15W

下一节我们将对 Debian 和 Ubuntu 两个操作系统进行对比。

7.5　Debian 与 Ubuntu

开始在这些计算板上设置 ROS 之前，让我们先了解社区最常用的两个 Linux 发行版：Debian 和 Ubuntu。

如前所述，本书的项目目标是安装在 Ubuntu 之上的 ROS。因此，你现在应该已经熟悉 Ubuntu 了。但 Debian 与 Ubuntu 有什么不同？实际上，Ubuntu 是从 Debian 派生得到的。Debian 是基于 Linux 内核的最古老的操作系统之一，它是大多数较新 Linux 发行版的基础。Ubuntu 是由一家名为 Canonical 的私人公司发布的易于使用的日常 Linux 发行版。图 7.9 说明了 Ubuntu 是如何从 Debian 派生得到的。

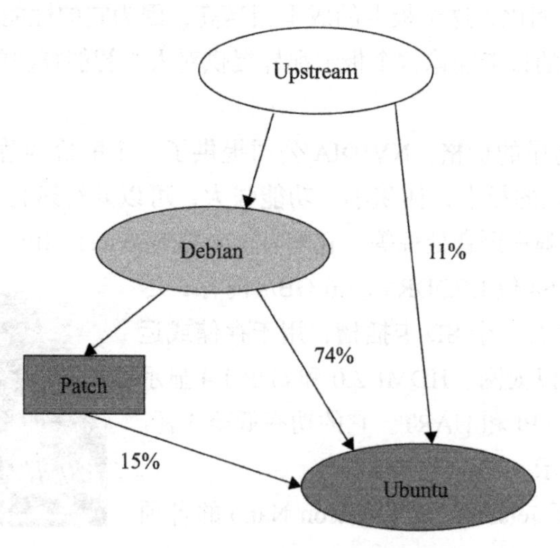

图 7.9　Ubuntu 自 Debian 的派生关系

两者之间的一些显著区别在于软件包、易用性或灵活性、稳定性和支持。虽然Ubuntu很容易使用GUI来设置软件包，但是在Debian中软件包必须手动设置。但与Ubuntu相比，Debian在安装或升级软件包时非常可靠，因为它不需要处理可能存在bug从而导致屏幕断电或弹出带有声音的错误消息的新插件，因此两者各有利弊。

在SBC方面，与Ubuntu相比，Debian得到了开源社区的广泛支持，Ubuntu于近期才开始发布基于ARM的操作系统。值得注意的是，对于ROS来说，用户认为Ubuntu是一个更好的选择，因为ROS主要是在Ubuntu之上开发的。尽管ROS现在在Debian上受支持，但Debian内核是最古老的内核之一，有时不支持新的硬件。因此，Ubuntu可能比Debian稍有优势。不过，我们将在接下来的小节中对如何在Debian和Ubuntu上设置ROS都进行介绍。

我们首先介绍如何在Tinkerboard S上设置ROS。

7.6　在Tinkerboard S平台上设置操作系统

下面让我们逐步学习如何在Tinkerboard S上配置ROS。我们将介绍如何在SBC上安装名为Armbian的Debian操作系统，然后介绍安装Ubuntu系统的方法。稍后，我们将介绍如何在两者上安装ROS。首先，让我们看看几个基础需求。

7.6.1　基础需求

要在此SBC上配置任何操作系统，我们需要以下硬件组件：

- 一张SD卡。
- 额定电源。
- 可选外壳（避免静电接触）。

在软件需求方面，假设读者是在自己的Ubuntu笔记本电脑上操作，则需要一个开源的操作系统镜像写入程序Etcher，可以从https://www.balena.io/etcher/下载。此软件无须安装，因此，下载后将文件解压缩到必要的位置并直接运行即可。下面让我们学习如何在Tinkerboard Debian OS和Armbian上设置ROS。

7.6.2　安装Tinkerboard Debian操作系统

ROS并不能通过常规的安装配置在这个操作系统上工作。下面我们将介绍如何在Armbian上安装ROS的基本论述，还将介绍如何使用包含Ubuntu 16.04和ROS Kinetic的现成镜像。

在Tinkerboard Debian操作系统上设置ROS的步骤如下：

1）按以下步骤安装Tinkerboard Debian操作系统：

a）从以下网址下载Tinkerboard Debian操作系统版本的镜像文件：https://dlcdnets.asus.com/pub/ASUS/mb/Linux/Tinker_Board_2GB/20190821-tinker-board-linaro-stretch-alip-v2.0.11.

img.zip。

b）下载完成后，插入SD卡，并启动Etcher。

c）选择下载的镜像以及指定的SD卡，单击“FLASH！”，读者将会看到类似图7.10的界面。

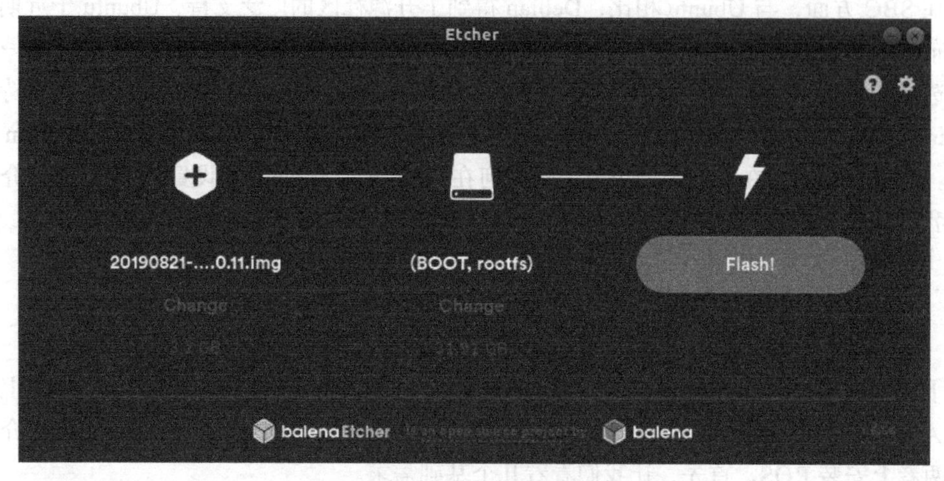

图7.10　Etcher的操作系统写入界面

d）写入完成后，拔下SD卡，将其插入SBC中。

2）按照以下步骤加载操作系统：

a）现在SD卡已加载，使用适当的电源适配器为SBC供电。

b）读者将会看到一系列的加载命令，然后操作系统完成启动。

可以尝试在这个操作系统中使用GPIO，相关内容将在后续章节介绍。不过为了能够在Tinkerboard板上使用ROS，我们需要在Tinkerboard板上安装Armbian操作系统，然后在Armbian操作系统上安装ROS。

7.6.3　安装Armbian和ROS

安装Armbian操作系统并在该系统上配置ROS的步骤如下：

1）安装Armbian操作系统，具体如下：

a）从以下网址下载Armbian Bionic版本的镜像文件：https://dl.armbian.com/tinkerboard/Ubuntu_bionic_default_desktop.7z。

b）下载完成后，在计算机上插入SD卡，并启动Etcher。

c）选定下载的镜像以及插入的SD卡，单击“FLASH！”进行写入。

d）写入完成后，将SD卡插入SBC上。

2）加载Armbian操作系统，步骤如下：

a）将SD卡插入SBC上之后，使用适当的电源适配器为SBC供电。

b）读者将会看到一系列加载命令，然后操作系统完成启动，如图7.11所示。

图7.11 Tinkerboard板加载完成Armbian操作系统

3）在Armbian操作系统上安装ROS，步骤如下：

a）使用以下命令设置 `sources.list`，以保证Tinkerboard允许从 `packages.ros.org` 获取软件：

```
$ sudo sh -c 'echo "deb http://packages.ros.org/ros/ubuntu
(lsb_release -sc) main" > /etc/apt/sources.list.d/ros-
latest.list'
```

b）使用以下命令设置密钥：

```
$ sudo apt-key adv --keyserver
'hkp://keyserver.ubuntu.com:80' --recv-key
C1CF6E31E6BADE8868B172B4F42ED6FBAB17C654
```

c）使用以下命令进行软件更新，确保Debian软件包是最新的：

```
$ sudo apt-get update
```

d）使用以下命令安装ROS桌面版：

```
$ sudo apt-get install ros-melodic-desktop
```

e）使用以下命令初始化 `rosdep`：

```
$ sudo rosdep init
$ rosdep update
```

f）完成初始化后，使用以下命令配置环境：

```
$ echo "source /opt/ros/melodic/setup.bash" >> ~/.bashrc
$ source ~/.bashrc
```

g）至此，我们完成了在 Armbian 操作系统上的 ROS 安装过程，运行 roscore 来查看安装的 ROS 版本，终端的输出如图 7.12 所示。

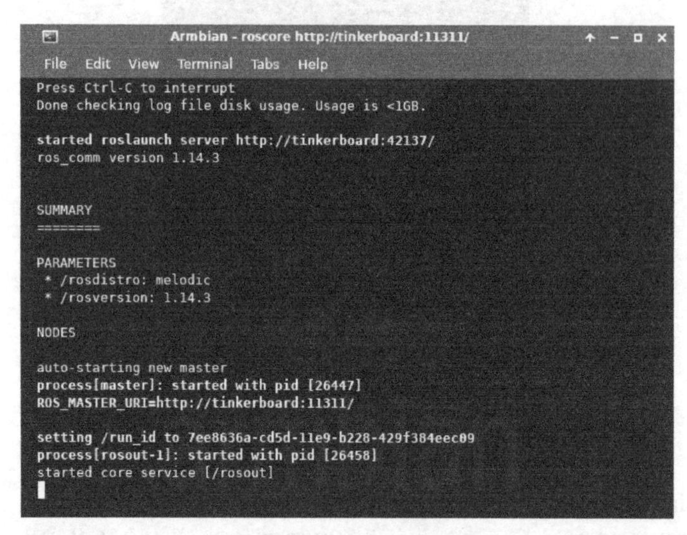

图 7.12　在 Armbian 操作系统上运行的 ROS（roscore 命令）

现在我们已经了解了如何在 Armbian 上设置 ROS，下面介绍预加载的可用 ROS 镜像的安装过程。

7.6.4　使用可用的 ROS 镜像安装

一家名为 Husarion 的机器人公司为机器人创建了一个快速开发平台，名为 CORE2-ROS。其镜像是在 Ubuntu 16.04 上用 ROS Kinetic 预先构建的。可以从 https://husarion.com/downloads/ 下载该镜像并使用 Etcher 烧录该镜像。

可以从 https://husarion.com/index 查看更多有关信息。

下面介绍如何在 BeagleBone Black 平台上设置 ROS。

7.7　在 BeagleBone Black 平台上设置 ROS

本节将逐步介绍如何在 BeagleBone Black 上设置 ROS。我们将介绍如何在 SBC 上设置 Debian 操作系统以及 Ubunt 操作系统，然后在此基础上设置 ROS。首先，让我们看看几个基础需求。

7.7.1　基础需求

要在此 SBC 上设置任何操作系统，我们需要以下硬件组件：

- 一张 SD 卡。
- 额定电源。
- 可选外壳（避免静电接触）。

在软件需求方面，假设读者是在自己的 Ubuntu 笔记本电脑上操作，则需要一个开源的操作系统镜像写入程序 Etcher。可以从 https://www.balena.io/etcher/ 下载。此软件无须安装，因此，下载后将文件解压缩到必要的位置并直接运行即可。

7.7.2　安装 Debian 操作系统

在 Debian 操作系统上安装 ROS 是一项相当复杂的任务，对新手而言并不简单。如果读者打算在 BeagleBone Black 上使用 ROS，我们建议按照 7.7.3 节通过 Ubuntu 安装程序安装 ROS。

如果读者依然想要尝试在 Debian 上安装 ROS，可以尝试 http://wiki.ros.org/melodic/Installation/Debian 中的步骤。

在 BeagleBone Black 上安装和配置 Debian 操作系统的步骤如下：

1）按以下步骤安装 Debian 操作系统：

a）从 http://beagleboard.org/latest-images/ 下载 BeagleBone Black Debian 操作系统镜像，本书使用的版本为 Debian 9.5 2018-10-07 4GB SD LXQT，网址为 http://debian.beagleboard.org/images/bone-debian-9.5-lxqt-armhf-2018-10-07-4gb.img.xz。

b）下载完成后，在计算机上插入 SD 卡，并启动 Etcher。

c）选择下载的镜像以及指定的 SD 卡，单击“FLASH！”进行写入。

d）写入完成后，将 SD 卡插入 SBC 上。

2）按照以下步骤加载操作系统：

a）将 SD 卡插入 SBC 上之后，使用适当的电源适配器为 SBC 供电。

b）本例中我们使用的是 BeagleBone Black，需要将镜像写入板载 eMMC 上。使用以下账号信息登录 BeagleBone Black 板：

```
username : debian
password : temppwd
```

c）使用 Nano 编辑器打开 `/boot/uEnv.txt` 文件并进行编辑，命令如下：

```
$ sudo nano /boot/uEnv.txt
```

d）删除以下语句前的 # 以取消注释：

```
$ cmdline=init=/opt/scripts/tools/eMMC/init-eMMC-flasher-
v3.sh
```

e）重启操作系统，读者应该会看到一系列的指示灯闪烁，显示操作系统正在写入

eMMC。指示灯停止闪烁后，卸下 SD 卡并引导板卡启动即可。

7.7.3 安装 Ubuntu 和 ROS

在上一小节中，我们介绍了如何将操作系统从 SD 卡烧录到 eMMC 上。要在 BeagleBone Black 上设置 Ubuntu，不需要将操作系统写入 eMMC。相反，每次给板卡通电时，都可以从 SD 卡本身启动，具体步骤如下：

1）安装 Ubuntu 操作系统，步骤如下：

a）从以下网站下载面向 arm 的 Ubuntu 系统镜像文件：https://rcn-ee.com/rootfs/2019-04-10/microsd/bbxm-ubuntu-18.04.2-console-armhf-2019-04-10-2gb.img.xz。

b）下载完成后，在计算机上插入 SD 卡，并启动 Etcher。

c）选择下载的镜像文件以及指定的 SD 卡，单击“FLASH！”，得到的界面如图 7.13 所示。

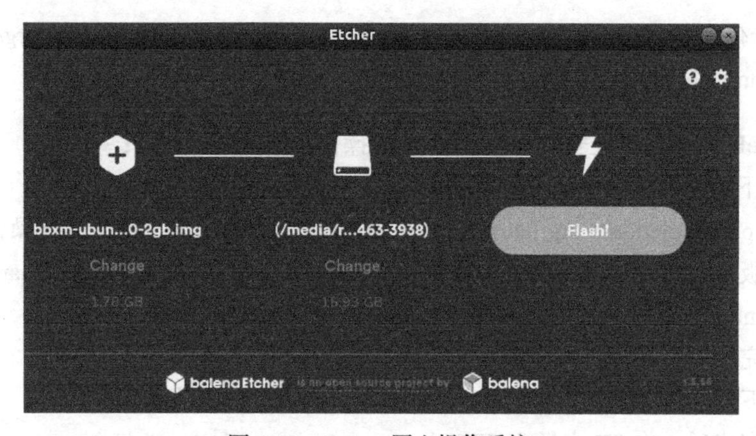

图 7.13　Etcher 写入操作系统

写入完成后，将 SD 卡插入 SBC 上。

2）加载操作系统，步骤如下：

a）将 SD 卡插入 SBC 上之后，使用适当的电源适配器为 SBC 供电，并长按 boot 键启动 SBC，至 LED 灯开始闪烁。

b）读者将会看到一系列命令提示信息，当操作系统加载完成后，将会看到一个带有临时登录详细信息的终端屏幕。

c）使用以下信息登录：

```
Username: ubuntu
Password: ubuntu
```

d）需要注意的是，此时没有任何 GUI 交互，因此需要安装轻量级的 GUI 以便于使用。可以安装 LDXE 桌面系统，命令如下：

```
$ sudo apt-get install lxde
```

e）请记住，如果要从 micro SD 而不是 eMMC 引导，应确保按住 boot 按钮并等待 LED 闪烁。

3）安装 ROS 非常简单，步骤和我们在 7.6.3 节介绍的一样，按照该步骤进行操作即可。

现在，让我们学习如何在 Raspberry Pi 3/4 平台上设置 ROS。

7.8 在 Raspberry Pi 3/4 平台上设置 ROS

在 Raspberry Pi 3/4 中，操作系统的设置是类似的，而且非常简单。Raspberry Pi 支持一系列操作系统。在本书中，我们将学习如何为机器人设置最常用的操作系统——Raspbian 和 Ubuntu MATE。首先介绍安装相关系统的基础需求。

7.8.1 基础需求

要在此 SBC 上设置任何操作系统，我们需要以下硬件组件：

- 一张 SD 卡。
- 额定电源。
- 可选外壳（避免静电接触）。

在软件需求方面，假设读者是在自己的 Ubuntu 笔记本电脑上操作，则需要一个开源的操作系统镜像写入程序 Etcher。可以从 https://www.balena.io/etcher/ 下载。此软件无须安装，因此，下载后将文件解压缩到必要的位置并直接运行即可。下面，我们开始安装并配置 Raspbian 和 ROS。

7.8.2 安装 Raspbian 和 ROS

安装 Raspbian 并在其中设置 ROS 的步骤如下：

1）按照以下步骤安装 Raspbian 操作系统：

a）从 https://downloads.raspberrypi.org/raspbian_full_latest 下载 Raspbian 操作系统镜像文件。

b）下载完成后，将 SD 卡插入计算机，并启动 Etcher。

c）选择下载的镜像文件和 SD 卡，单击“FLASH !”。

2）将 SD 卡插入 SBC 上之后，使用适当的电源适配器为 SBC 供电。如果一切正常，则读者应当看到如图 7.14 所示的界面。

3）安装 ROS 非常简单，按照 http://wiki.ros.org/melodic/Installation/Debian 中的步骤进行操作即可。

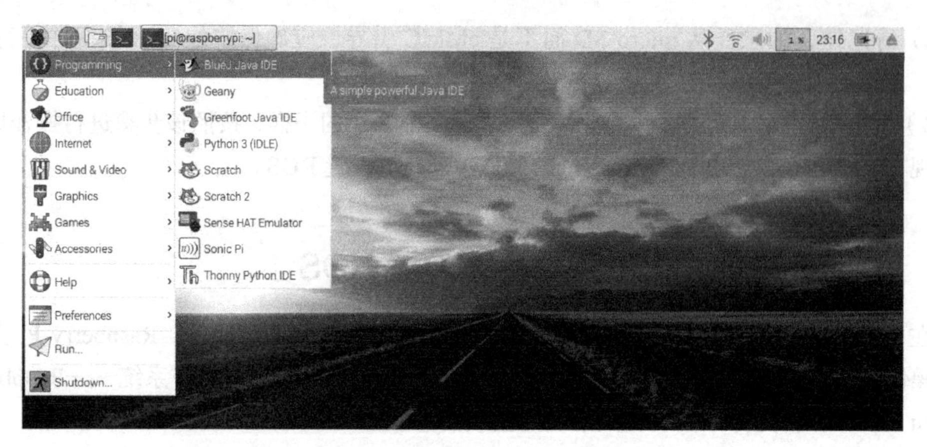

图 7.14 Raspbian 操作系统启动后的界面

7.8.3 安装 Ubuntu 和 ROS

安装 Ubuntu MATE 操作系统并设置 ROS 的步骤如下：

1）按照以下步骤安装 Ubuntu MATE 操作系统：

a）从以下网址下载 Ubuntu MATE bionic arm64 版本的镜像文件：https://ubuntu-mate.org/raspberry-pi/ubuntu-mate-18.04.2-beta1-desktop-arm64+raspi3-ext4.img.xz。

b）下载完成后，将 SD 卡插入计算机并打开 Etcher。

c）选择下载的镜像文件并指定 SD 卡，单击“FLASH！”。

2）将 SD 卡插入 SBC 上之后，使用适当的电源适配器为 SBC 供电。如果一切正常，则读者应当看到如图 7.15 所示的界面（图中的文字和数字为本书作者有意模糊处理）。

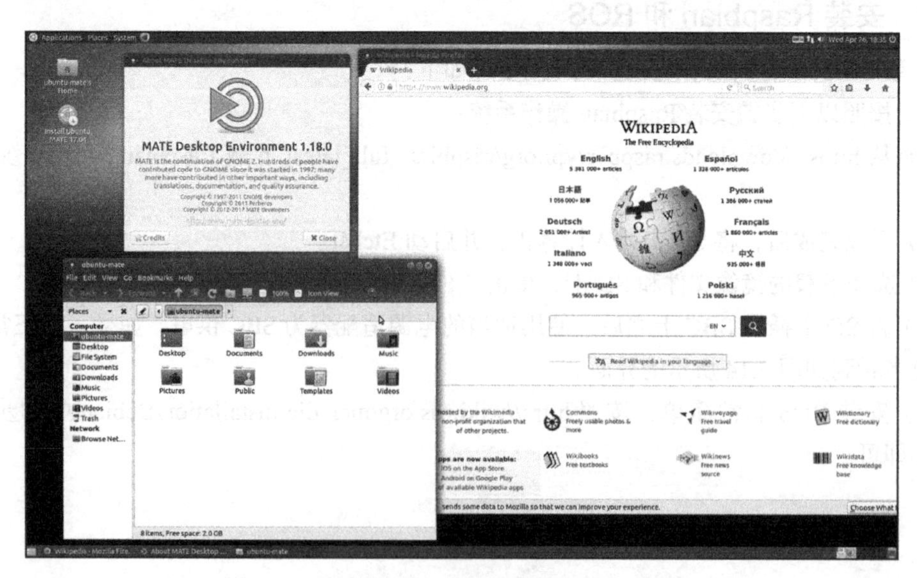

图 7.15 Ubuntu MATE 操作系统启动后的界面

3）安装 ROS 非常简单，步骤和我们在 7.6.3 节介绍的一样，按照该步骤进行操作即可。下面我们学习如何在 Jetson Nano 平台上设置 ROS。

7.9 在 Jetson Nano 平台上设置 ROS

本节我们介绍如何在 GPU 类板卡——Jetson Nano 平台上设置 ROS。由于我们选择的操作系统为 Ubuntu，因此相关步骤将会比较直接。具体步骤如下：

1）按照以下步骤安装操作系统：

a）从以下链接下载操作系统镜像文件：https://developer.nvidia.com/jetson-nano-sd-card-image-r322。

b）下载完成后，将 SD 卡插入计算机并启动 Etcher。

c）选择下载的镜像文件并指定 SD 卡，单击“FLASH !”。

2）将 SD 卡插入 SBC 上之后，使用适当的电源适配器为 SBC 供电。如果一切正常，则读者应当看到如图 7.16 所示的界面。

图 7.16 Jetson Nano 主界面

3）安装 ROS 非常简单，步骤和我们在 7.6.3 节介绍的一样，按照该步骤进行操作即可。下面我们学习如何通过 ROS 控制 GPIO。

7.10 通过 ROS 控制 GPIO

至此，我们已经了解了如何在不同的 SBC 上安装操作系统并设置 ROS，下面让我们介绍如何单独控制各类板卡的GPIO，以便可以直接使用它们控制输入-输出外围设备。另外，我们将把这些控制程序写成ROS节点的形式，这样就可以将它们与其他ROS应用程序集成。首先让我们从Tinkerboard S开始，分别对各个板卡的内容进行介绍。

7.10.1 Tinkerboard S

Tinkerboard S提供了包含shell、Python、C语言在内的GPIO API支持。鉴于我们在ROS下工作，因此这里主要介绍基于Python的GPIO控制。要获取更多有关信息，感兴趣的读者可以访问：https://tinkerboarding.co.uk/wiki/index.php/GPIO#Python。

Tinkerboard的GPIO控制可以通过Python GPIO库（http://github.com/TinkerBoard/gpio_lib_python）实现。可以通过以下命令安装该库：

```
$ sudo apt-get install python-dev
$ git clone http://github.com/TinkerBoard/gpio_lib_python --depth 1
GPIO_API_for_Python
$ cd GPIO_API_for_Python/
$ sudo python setup.py install
```

安装好该Python库之后，即可学习一个通过ROS话题实现LED闪烁的实例。可以在https://github.com/PacktPublishing/ROS-Robotics-Projects-SecondEdition/blob/master/chapter_7_ws/tinkerboard_gpio.py中查阅完整代码。此代码的核心部分如下：

```
...

 import ASUS.GPIO as GPIO

 GPIO.setwarnings(False)
 GPIO.setmode(GPIO.ASUS)
 GPIO.setup(LED,GPIO.OUT)

...

 def ledBlink(data):
  if data.data = true:
     GPIO.output(LED, GPIO.HIGH)
     time.sleep(0.5)
     GPIO.output(LED, GPIO.LOW)
     time.sleep(0.5)
  else:
     GPIO.cleanup()

 ...
```

基于上述代码，我们利用安装的`ASUS.GPIO`库实现了一个GPIO控制实例。在必要的`import`语句之后，我们将模式设置为`GPIO.ASUS`。然后，我们把要使用到的GPIO定义为OUT，这意味着输出（在我们的例子中，控制对象是LED，如果控制对象是一个电路开关的话，则可以定义为`IN`，意味着输入）。然后，通过`/led_status`话题接收到布尔值`true`或`false`，我们就实现了LED的闪烁功能。

7.10.2 BeagleBone Black

BeagleBone Black 同样提供了基于 Python 的 GPIO 控制库，该库源自 Adafruit，与 Tinkerboard S 提供的 Python 库类似。

可以从 https://learn.adafruit.com/setting-up-io-python-library-on-beagleboneblack/pin-details 查看更多有关信息。

在 Ubuntu 系统中，可以使用 pip 命令安装该库，具体步骤如下：

1）更新并安装依赖项：

```
$ sudo apt-get update
$ sudo apt-get install build-essential python-dev python-setuptools
python-pip python-smbus -y
```

2）使用 pip 命令安装库：

```
$ sudo pip install Adafruit_BBIO
```

在 Debian 系统中，可以复制代码库，并使用以下命令手动安装：

1）更新并安装依赖项：

```
$ sudo apt-get update
$ sudo apt-get install build-essential python-dev python-setuptools
python-pip python-smbus -y
```

2）复制工作空间并手动安装库：

```
$ git clone git://github.com/adafruit/adafruit-beaglebone-io-
python.git
$ cd adafruit-beaglebone-io-python
$ sudo python setup.py install
```

安装好该 Python 库之后，即可学习一个通过 ROS 话题实现 LED 闪烁的实例。可以从 https://github.com/PacktPublishing/ROS-Robotics-Projects-SecondEdition/blob/master/chapter_7_ws/beagleboneblack_gpio 中查阅完整代码。此代码的核心部分如下：

```
...

 import Adafruit_BBIO.GPIO as GPIO

 LED   = "P8_10"
 GPIO.setup(LED,GPIO.OUT)

 def ledBlink(data):
  if data.data = true:
     GPIO.output(LED, GPIO.HIGH)
     time.sleep(0.5)
     GPIO.output(LED, GPIO.LOW)
     time.sleep(0.5)
  else:
     GPIO.cleanup()

...
```

基于上述代码，我们利用安装的 `Adafruit_BBIO.GPIO` 库实现了一个 GPIO 控制实例。在必要的 `import` 语句之后，把要使用到的 GPIO 定义为 `OUT`，这意味着输出（在我们的例子中，控制对象是 LED，如果控制对象是一个电路开关的话，则可以定义为 `IN`，意味着输入）。然后，通过 `/led_status` 话题接收到布尔值 `true` 或 `false`，我们就实现了 LED 的闪烁功能。

7.10.3　Raspberry Pi 3/4

在 Raspberry Pi 3/4 下可以直接控制 GPIO，提供控制支持的相关库包括 GPIO zero（https://gpiozero.readthedocs.io/）、pigpio（http://abyz.me.uk/rpi/pigpio/）以及 WiringPi（http://wiringpi.com/）等。本节以安装和使用 GPIO zero 为例介绍与 ROS 的交互。Raspberry Pi GPIO 的引脚分配如图 7.17 所示。

Raspberry Pi2 GPIO Header

Pin#	NAME	NAME	Pin#
01	3.3v DC Power	DC Power 5v	02
03	GPIO02 (SDA1 , I²C)	DC Power 5v	04
05	GPIO03 (SCL1 , I²C)	Ground	06
07	GPIO04 (GPIO_GCLK)	(TXD0) GPIO14	08
09	Ground	(RXD0) GPIO15	10
11	GPIO17 (GPIO_GEN0)	(GPIO_GEN1) GPIO18	12
13	GPIO27 (GPIO_GEN2)	Ground	14
15	GPIO22 (GPIO_GEN3)	(GPIO_GEN4) GPIO23	16
17	3.3v DC Power	(GPIO_GEN5) GPIO24	18
19	GPIO10 (SPI_MOSI)	Ground	20
21	GPIO09 (SPI_MISO)	(GPIO_GEN6) GPIO25	22
23	GPIO11 (SPI_CLK)	(SPI_CE0_N) GPIO08	24
25	Ground	(SPI_CE1_N) GPIO07	26
27	ID_SD (I²C ID EEPROM)	(I²C ID EEPROM) ID_SC	28
29	GPIO05	Ground	30
31	GPIO06	GPIO12	32
33	GPIO13	Ground	34
35	GPIO19	GPIO16	36
37	GPIO26	GPIO20	38
39	Ground	GPIO21	40

Early Models (Pin 01–26) / Late Models (Pin 27–40)

Rev. 1
26/01/2014

图 7.17　Raspberry Pi GPIO 的引脚分配（图片来源：https://learn.sparkfun.com/tutorials/raspberry-gpio/gpio-pinout。基于知识共享授权协议 CC-BY-SA 4.0：https://creativecommons.org/licenses/by-sa/4.0/）

> 可以从 https://learn.sparkfun.com/tutorials/raspberry-gpio/gpio-pinout 查看更多有关信息。

使用以下命令安装该 GPIO 库：

```
$ sudo apt update
$ sudo apt install python-gpiozero
```

如果读者安装了 Python 3，则可以使用以下命令安装对应版本的库：

```
$ sudo apt install python3-gpiozero
```

如果读者使用的是其他操作系统，则可以通过 pip 来安装：

```
$ sudo pip install gpiozero #for python 2
```

或者，可以使用以下命令安装（Python 3 版本）：

```
$ sudo pip3 install gpiozero #for python 3
```

安装好该 Python 库之后，即可学习一个通过 ROS 话题实现 LED 闪烁的实例。可以从 https://github.com/PacktPublishing/ROS-Robotics-Projects-SecondEdition/blob/master/chapter_7_ws/raspberrypi_gpio.py 中查阅完整代码。此代码的核心部分如下：

```
...
 from gpiozero import LED

 LED   = LED(17)
 GPIO.setup(LED,GPIO.OUT)

 def ledBlink(data):
  if data.data = true:
     LED.blink()
  else:
     print("Waiting for blink command...")
...
```

基于上述代码，我们利用安装的 gpiozero 库实现了一个 GPIO 控制实例。在必要的 import 语句之后，我们把要使用到的 GPIO 定义为 OUT，这意味着输出（在我们的例子中，控制对象是 LED，如果控制对象是一个电路开关的话，则可以定义为 IN，意味着输入）。然后，通过 /led_status 话题接收到布尔值 true 或 false，我们就实现了 LED 的闪烁功能。

7.10.4　Jetson Nano

要在 Jetson Nano 中控制 GPIO，可以选择使用 Jetson GPIO Python 库（https://github.com/NVIDIA/jetson-gpio）。可以使用 pip 命令方便地安装该库：

```
$ sudo pip install Jetson.GPIO
```

安装好该 Python 库之后，就可以学习一个通过 ROS 话题实现 LED 闪烁的实例。可以从 https://github.com/PacktPublishing/ROS-Robotics-Projects-SecondEdition/blob/master/chapter_7_ws/jetsonnano_gpio.py 中查阅完整代码。此代码的核心部分如下：

```
...

 import RPi.GPIO as GPIO

 LED  = 12
```

```
GPIO.setup(LED,GPIO.OUT)

def ledBlink(data):
 if data.data = true:
    GPIO.output(LED, GPIO.HIGH)
    time.sleep(0.5)
    GPIO.output(LED, GPIO.LOW)
    time.sleep(0.5)
 else:
    GPIO.cleanup()

...
```

基于上述代码，我们利用安装的RPi.GPIO实现了一个GPIO控制实例。在必要的import语句之后，我们把要使用到的GPIO定义为OUT，这意味着输出（在我们的例子中，控制对象是LED，如果控制对象是一个电路开关的话，则可以定义为IN，意味着输入）。然后，通过/led_status话题接收到布尔值true或false，我们就实现了LED的闪烁功能。

7.11 嵌入式板基准测试

我们已经介绍了一些嵌入式板，那么怎样为自己的机器人项目选择合适的板卡呢？哪一块板卡有足够的功率和容量来运行我们的应用程序？所有这些问题都可以通过一个叫作**基准测试**（benchmark）的简单测试来回答。基准测试是用来检查和判断某种嵌入式板的能力的测试。该测试包含一组特定性能的测试，如CPU时钟速度、图形和内存等，并在屏幕上直观地展示结果。

基准测试能够给出可以帮助我们理解SBC的特定方面性能的结果。互联网上有很多这样的基准测试工具和结果。读者可以在本节中看到一些与我们的项目相关的测试。我们将利用PTS的基准测试套件（http://www.phoronix-test-suite.com/），它会将结果自动发布到一个名为open benchmarking（openbenchmarking.org）的在线平台上，用户可以在该平台上公开或私密存储结果。

机器学习基准测试套件（https://openbenchmarking.org/suite/pts/machine-learning）主要用于流行的模式识别和机器学习算法的基准测试，由一组测试组成，主要包括：

- Caffe（https://openbenchmarking.org/test/pts/caffe）：面向深度学习框架Caffe的基准测试，目前支持AlexNet和GoogleNet模型。
- Shoc（https://openbenchmarking.org/test/pts/shoc）：Vetter可伸缩异构计算基准套件的CUDA和OpenCL版本。
- R benchmark（https://openbenchmarking.org/test/pts/rbenchmark）：对R语言基本性能的快速测试比对。
- NumPy（https://openbenchmarking.org/test/pts/numpy）：用于测试NumPy的基本性能。
- scikit-learn（https://openbenchmarking.org/test/pts/scikit-learn）：用于测试scikit-learn的

基本性能。

- PlaidML（https://openbenchmarking.org/test/pts/plaidml）：使用深度学习框架 PlaidML 进行基准测试。
- Leela chess zero（https://openbenchmarking.org/test/pts/lczero）：一款通过神经网络实现的国际象棋自动程序，专门用于 OpenCL、CUDA+cuDNN 和 BLAS（基于 CPU）的基准测试。

其他的一些独立测试用例主要有：

- SciMark（https://openbenchmarking.org/test/pts/scimark2-1.3.2）：用于科学和数值计算的基准测试，由快速傅里叶变换（Fast Fourier Transform，FTT）、Jacobi 逐次超松弛、Monte Carlo 方法、稀疏矩阵乘法和稠密 LU 矩阵分解基准测试组成。
- PyBench（https://openbenchmarking.org/test/pts/pybench-1.1.3）：针对不同函数（如 `BuiltinFunctionCalls` 和 `NestedForLoops`）的平均运行时间的基准测试，每次运行 20 轮 PyBench。
- OpenSSL（https://openbenchmarking.org/test/pts/openssl-1.9.0）：一个开源工具包，实现了**安全套接字层**（SSL）和**传输层安全**（TLS）协议。该测试主要测量 4096 位 RSA 的性能。
- Himeno Benchmark（https://openbenchmarking.org/test/pts/himeno-1.1.0）：基于点 Jacobi 方法的压力泊松方程组线性求解器。

可以在 https://openbenchmarking.org/ 上查看适合我们需求的各种其他此类测试。这些测试很容易运行，可以使用以下步骤安装它们：

1）使用以下命令更新 Debian 系统并安装所需的依赖项：

```
$ sudo apt-get update
$ sudo apt-get install php5-cli
```

2）下载并安装 PTS，命令如下：

```
$ git clone
https://github.com/phoronix-test-suite/phoronix-test-suite/
$ cd phoronix-test-suite
$ git checkout v5.8.1
$ sudo ./install-sh
```

3）使用以下命令安装所要运行的测试，若要运行测试，则使用 `benchmark` 替换 `install`，具体如下：

```
phoronix-test-suite install pts/<TEST>
phoronix-test-suite benchmark pts/<TEST>
```

4）以 PyBench 为例，若要运行该测试，则执行如下命令：

```
phoronix-test-suite install pts/pybench
phoronix-test-suite benchmark pts/pybench
```

需要注意的是，除非要进行的是图形化测试（如显卡性能测试），否则需要关闭相应的 GUI（如 X server，http://askubuntu.com/questions/66058/how-to-shut-down-x），使用组合键 Ctrl+Alt+F1 调出控制台，然后输入：`$ sudo service lightdm stop`。

在下一节中，我们将介绍 Alexa 以及如何将其连接到 ROS。

7.12 Alexa 入门及连接 ROS

在学习本节之前，可以前往 https://echosim.io/welcome，使用自己的亚马逊账户登录（若没有亚马逊账户，则可以注册一个），然后找到以下问题的答案：

- Alexa 是什么？
- 它有哪些用处？

相信读者了解了 Alexa 的上述信息之后，一定会觉得很有趣。当然从另一个角度来讲，Alexa 也会让人觉得似曾相识，毕竟它与其他一些语音服务类似，如 `OK Google` 或者 `Hey Siri`。

Alexa 是亚马逊（https://www.amazon.com/）提供的基于云的智能语音服务。它是一个语音服务 API，也可以与亚马逊认证的设备一起使用，比如 https://www.amazon.com/Amazon-Echo-And-Alexa-Devices/b?ie=UTF8node=9818047011 上罗列的设备，帮助人们与他们每天使用的技术进行交互。我们可以使用亚马逊提供的工具构建简单的基于语音的体验（称为技能（skill））：https://developer.amazon.com/alexa。

为了与 Alexa 交互，接下来介绍创建 Alexa 技能集的简单方法（https://developer.amazon.com/public/solutions/alexa/alexa-skills-kit）。

7.12.1 Alexa 技能构建前提条件

构建 Alexa 技能需要具备以下前提条件：

1）使用一个名为 Flask-Ask（https://flask-ask.readthedocs.io/en/latest/）的 Python 微框架，该框架能够简化创建 Alexa 技能的过程。

该微框架是 Flask 的一个扩展，有助于我们迅速且方便地构建 Alexa 技能。我们不要求读者事先了解 Flask（https://www.fullstackpython.com/flask.html）的相关内容。可以使用 `pip` 命令安装 `flask-ask`：

```
$ pip install flask-ask
```

2）创建一个 Alexa 的开发者账户（https://developer.amazon.com/）。创建账户和试用 Alexa 是免费的。Alexa 技能需要运行在公共 HTTPS 服务器或 Lambda 函数（https://aws.amazon.com/lambda/）之后。

3）使用一个名为 ngrok（http://ngrok.com/）的开源命令行程序，因为该程序有助于打开到本地主机的安全通道，并在 HTTPS 端点后面公开它。

4）创建一个 ngrok 的账户，并按照软件入门网页（https://dashboard.ngrok.com/get-started）的安装和设置步骤完成安装及设置，如图 7.18 所示。

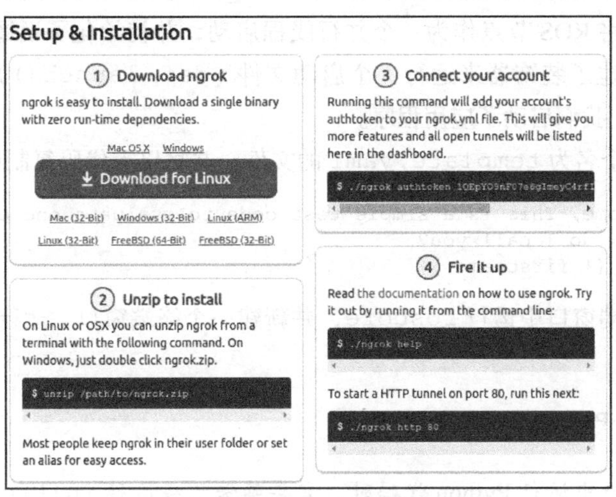

图 7.18　ngrok 安装与设置步骤

下面我们开始创建 Alexa 技能。

7.12.2　创建 Alexa 技能

满足前提条件之后，就可以按照以下步骤创建 Alexa 技能了。

首先生成一个名为 `alexa_ros_test.py` 的文件，并将 https://github.com/PacktPublishing/ROS-Robotics-Projects-SecondEdition/blob/master/chapter_7_ws/alexa_ros_test.py 中的代码复制到该文件中，核心代码如下：

```
...

threading.Thread(target=lambda: rospy.init_node('test_code',
disable_signals=True)).start()
pub = rospy.Publisher('test_pub', String, queue_size=1)

app = Flask(__name__)
ask = Ask(app, "/")
logging.getLogger("flask_ask").setLevel(logging.DEBUG)

@ask.launch
def launch():
    welcome_msg = render_template('welcome')
    return question(welcome_msg)

@ask.intent('HelloIntent')
def hello(firstname):
```

```
    text = render_template('hello', firstname=firstname)
    pub.publish(firstname)
    return statement(text).simple_card('Hello', text)
...
```

在上述代码中，我们使用 Flask 中的 `render_template` 从存储的 YAML 文件导入自定义响应。我们将 ROS 节点作为一个并行线程启动，并初始化了话题、应用程序和记录器。然后，我们创建了装饰器来运行一个启动文件（`def launch()`）和响应消息（`def hello()`）。之后，我们启动了应用程序。

然后，创建一个名为 `template.yaml` 的文件，并将以下代码复制进去：

```
welcome: Welcome, This is a simple test code to evaluate one of my
abilities. How do I call you?
hello: Hello, {{ firstname }}
```

接下来，在终端窗口中运行 `roscore`，并新建一个终端窗口，运行 Python 程序，命令如下：

```
$ python code.py
```

> 在新的终端窗口中运行 Python 代码时，需要确保已经运行 `initros1` 命令，以防止出现与 ROS 相关的错误提示。

在新终端窗口中，打开 ngrok，在端口 5000 处生成本地主机的公共 HTTPS 端点，命令如下：

```
$ ./ngrok http 5000
```

读者将会看到如图 7.19 所示的界面。

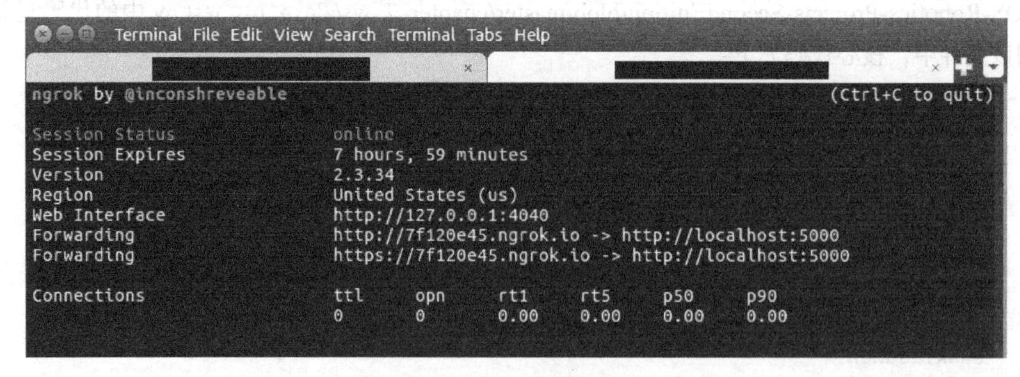

图 7.19　ngrok 状态消息

> 需要注意的是，每次关闭 ngrok 终端，都会生成一个新的端点。

记录末尾的 HTTPS 端点链接（在本例中是 `https://7f120e45.ngrok.io`）。完成后，转到 Alexa 开发者账户页（https://developer.amazon.com/alexa/console/ask?），并执行以下步骤：

1）在 Alexa 开发者账户页，选择“Create Skill”，将 `Alexa ros` 作为技能名输入“Skill Name”，选择自定义模型以及“Provision your own”作为托管技能后端资源的方法。

2）选择“Start from scratch”，读者将会看到类似图 7.20 所示的界面（图中内容已进行模糊处理）。

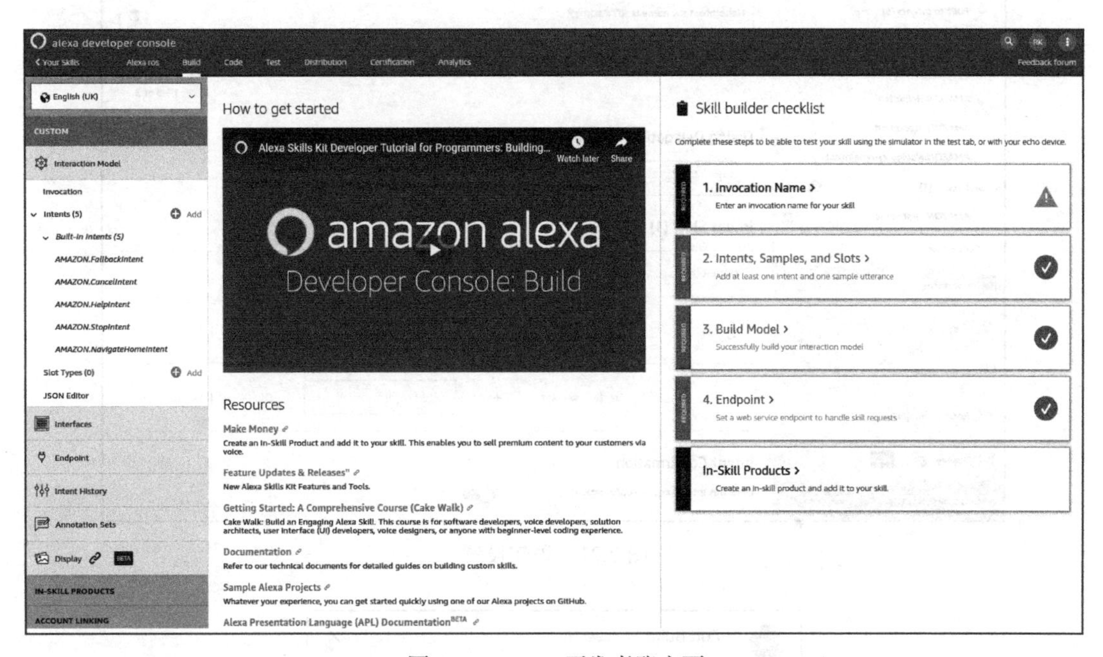

图 7.20　Alexa 开发者账户页

3）选择右边的“Invocation Name”，并将名字设置为 `test code`。设置完成后，在左边选择“Intents”来添加一个新的意图（intent）。创建一个名为 `HelloIntent` 的自定义意图，并添加如图 7.21 所示的语句。同时，确保插槽类型（slot type）为 `AMAZON.firstname`，如图 7.21 所示。

4）至此，我们已经完成了技能创建。接下来保存模型并使用“Build Model”按钮进行构建。完成构建后，读者将会看到如图 7.22 所示的提示信息。

5）构建成功后，转到左侧的“Endpoint”并选择“HTTPS”单选按钮。输入根据 ngrok 终端窗口记录的 `https` 端点链接，并将其粘贴到默认区域文本框中。

6）选择“My development endpoint is a sub-domain of a domain that has a wild card certificate...”选项。完成后，使用“Save Endpoints”按钮保存端点。

7）至此，我们完成了全部设置操作。假设读者已经启动 `roscore` 以及 Python 代码

alexa_ros_test.py，并且 ngrok 可以在开发者页面开始测试，则可以跳转至“Test”选项卡。

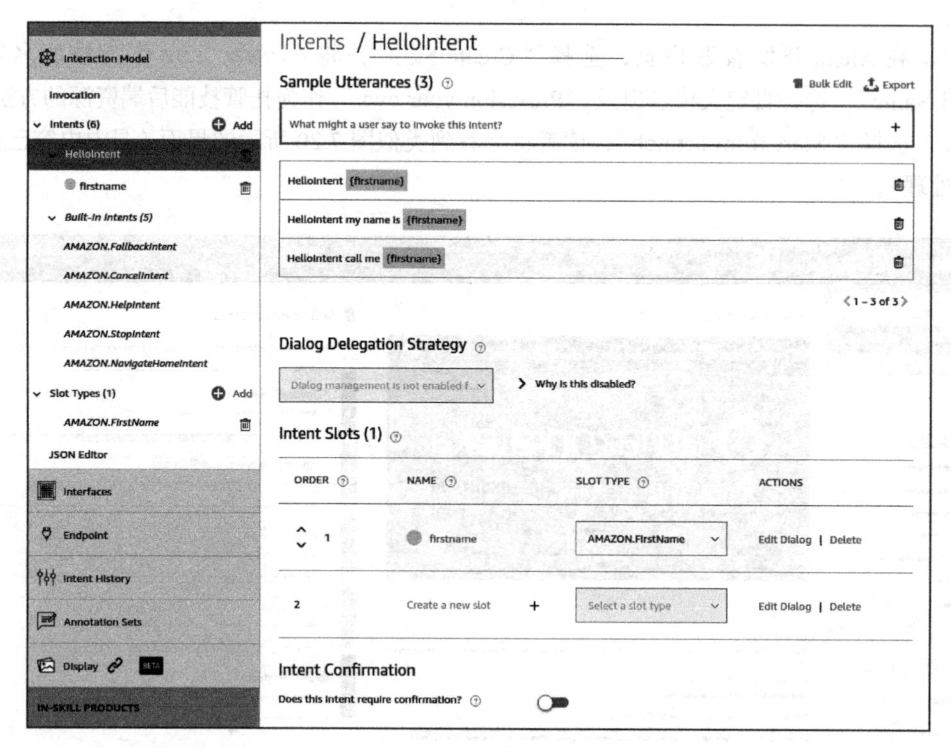

图 7.21　语句设置

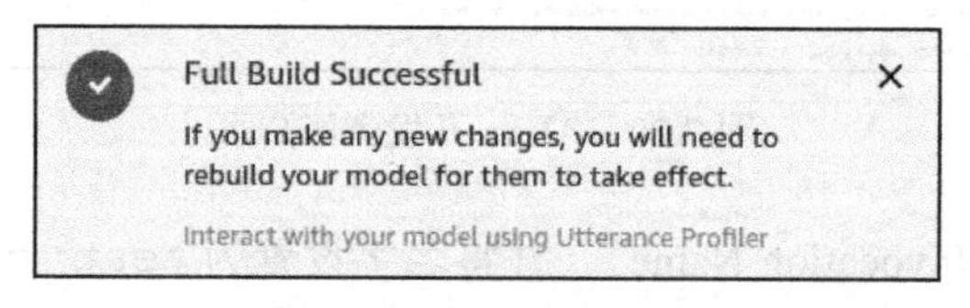

图 7.22　构建成功提示

8）在“Test”选项卡中，从下拉列表框中选择“Development”。现在，就可以使用 Alexa 模拟器了。可以首先键入以下命令：

```
Alexa, launch test code
```

由于我们已经在 YAML 文件中设置了模板内容，因此将会听到 Alexa 发出“Welcome, this is a simple test code to evaluate one of my abilities. What do I call you?”的语音。

TIP 键入：`Alexa, Call me ROS.`

读者将会听到 Alexa 发出“Hello ROS”的语音。

读者应该还能够看到作为 rostopic 发布的数据，如图 7.23 所示（此图像中的文本和数字已进行了模糊处理）。

图 7.23　整体测试

至此，我们已经成功地创建了一个 Alexa 技能，并学习了如何使用 ROS 发布简单的数据。读者可以利用我们针对嵌入式板介绍的 GPIO API 用法，并将 Alexa 与它们连接，以控制连接到它们的设备。

7.13　本章小结

在本章中，我们介绍了微控制器、微处理器和单板计算机之间的区别。在了解了它们的区别之后，我们研究了机器人领域常用的板卡。此外，我们还介绍了如何将这些板卡与 ROS 一起使用，并通过它们的 GPIO 来控制外围设备，如电机或传感器。我们研究了不同类型的 GPU 板，它们比一般的 SBC 具有更好的处理能力。为了针对相关应用选择合适的嵌入式板，我们介绍了基准测试，可以根据测试结果选择合适的板卡。我们还介绍了如何为 Alexa 建立技能，并将其与 ROS 连接起来。本章主要介绍了在主要的嵌入式硬件板上安装并设置 ROS 的方法，并介绍了在此基础上控制 GPIO、开发机器人应用程序的内容。

在下一章中，我们将学习如何通过一种被称为强化学习的著名机器学习技术为我们的机器人提供智能功能。

第8章 强化学习与机器人学

到目前为止，我们一直在研究一个或一组机器人如何处理特定任务。我们首先创建机器人，定义连杆组件，并对机器人编程，以便以适当的方式处理特定的任务。我们还学习了如何使用多个这样的机器人完成任务。如果使机器人具有像人类一样的智能，让它们能够通过理解自身在环境中的行为来感知、思考和行动，那么会有什么样的效果呢？针对这个问题，本章将讨论机器学习中最重要的课题之一——**强化学习**（reinforcement learning），它可能为基于人工智能的机器人解决方案铺平道路。

在本章中，我们将介绍强化学习的概念、它在机器人学中的应用、使用的算法（如 Q-learning 和 SARSA）、基于 ROS 的强化学习功能包，以及在模拟环境中使用机器人（如 TurtleBot）的示例。

本章涵盖的主题包括：

- 机器学习。
- 理解强化学习。
- **马尔可夫决策过程**（Markov Decision Process，MDP）及贝尔曼方程。
- 强化学习算法。
- ROS 中的强化学习功能包。

8.1 技术要求

学习本章内容的相关要求如下：

- Ubuntu 18.04（Bionic）系统，预先安装 Gazebo 9 以及 ROS-2 Dashing Diademata。
- 功能包：OpenAI Gym、`gym-gazebo` 及 `gym-gazebo2`。
- 时间线及测试平台：
  - ❑ **预计学习时间**：平均约 120 分钟。
  - ❑ **项目构建时间（包括编译和运行）**：平均 60 ～ 90 分钟。
  - ❑ **项目测试平台**：惠普 Pavilion 笔记本电脑（Intel® Core™ i7-4510U CPU @ 2.00 GHz × 4，8GB 内存，64 位操作系统，GNOME-3.28.2 桌面环境）。

本章代码可以从以下网址下载：

https://github.com/PacktPublishing/ROS-Robotics-Projects-SecondEdition/tree/master/chapter_8_ws/taxi_problem。

下面我们首先介绍机器学习的相关内容。

8.2　机器学习概述

在开始讨论这个话题之前，让我们先了解一下机器学习是什么。机器学习是**人工智能**（Artificial Intelligence，AI）的一个子集，顾名思义，它是机器自身学习的能力，前提是它有一个预先存在的数据集或过去处理过信息。你可能会想到的下一个问题是：机器如何学习，或者我们如何训练机器学习？机器学习范式包括以下三种不同的学习类型：

- 监督学习。
- 无监督学习。
- 强化学习。

下面让我们从监督学习开始，对上述三个类型进行详细描述。

8.2.1　监督学习

在监督学习中，用户向机器提供期望的输入 – 输出对作为训练数据，也就是说，输入的数据作为训练数据馈入机器并被标记。每当机器遇到与其训练过的对象相似的输入时，就可以根据从训练数据中学习到的标签对输入进行定义或分类并输出。基于标记的数据集，机器将能够在一组新的数据中找到模式（即定义或分类）。

监督学习的一个最好的例子是**分类**。在分类中，我们可以将一系列数据集标记为某些对象。根据输入机器的数据（训练数据）的标记特征和准确性，机器将能够把较新的数据集分类为这些对象。监督学习的另一个例子是**回归**，在此类问题中，基于训练数据集和一些参数之间的相关性，系统可以预测输出。天气预报或检测人类的体检异常是监督学习的应用场景。

8.2.2　无监督学习

无监督学习是目前被广泛研究的最有趣的学习方法之一。使用无监督学习，机器将能够对给定的无标签数据集进行分组或聚类。该类型的学习方法很有用，特别是在机器处理大量数据的情况下。机器不知道数据是什么（因为没有标签），但是能够基于相似或不同的特性对数据进行聚类。

与有监督学习相比，无监督学习在现实生活中更有用，因为它需要更少的人工干预或根本不需要人工干预。无监督学习有时可以作为有监督学习问题的初始步骤。无监督学习在诸如在线推荐系统之类的应用程序中非常有用，这些应用程序根据用户的兴趣或零售场景中的分析（零售商可以根据销售数字预测对产品的需求）提供推荐。

8.2.3 强化学习

通常，人们会把强化学习和监督学习相混淆。与监督学习不同，强化学习是一种在动态中学习而不需要训练数据的学习技术。机器试图通过与应用程序直接交互来理解应用程序，并存储信息的历史记录，它与一个指示机器是否做了正确的事情的奖励系统共同工作。强化学习通常应用于对抗性的游戏，其中，计算机试图理解用户的行为，并做出相应的反应，以确保自己获胜。强化学习也在自动驾驶汽车和机器人领域得到了验证。由于本章专门讨论机器人技术，因此我们将更深入地研究这种学习技术。如果机器对其所处的环境有足够的理解，强化学习就可以成为监督学习。我们将在8.3.1节中更清楚地解释这一点。

现在，让我们进一步了解强化学习，这将是本章的主要概念。

8.3 理解强化学习

正如我们介绍的，强化学习是一种不断学习的技术。让我们考虑一个简单的例子来理解强化学习：一个9个月大的婴儿学习走路的过程，如图8.1所示。

图8.1 婴儿学步

婴儿试图站起来的第一步是把腿往地上压。然后，他们试图平衡自己，试图保持静止站立。如果成功的话，我们会看到婴儿的脸上浮现微笑。之后，婴儿会向前迈一步，试图再次平衡自己。如果在尝试时失去平衡而摔倒，那么婴儿有可能皱眉或哭泣。如果婴儿没有走路的动力，就可能会放弃走路，或者可能会再次尝试站起来走路。如果婴儿成功地向前走了两步，你可能会看到一个灿烂的微笑，并听到婴儿快乐的笑声。婴儿走的步数越多，他们就越自信，最终会继续走路，有时甚至跑步。该过程如图8.2所示。

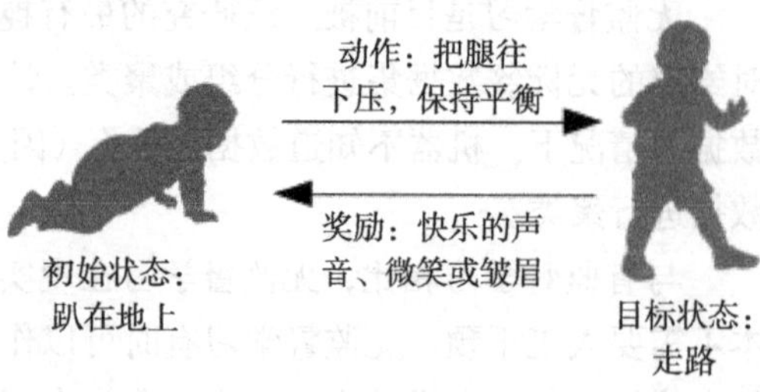

图8.2 状态转移过程

在强化学习中，上述的婴儿被称为代理（或智能体（agent））。图8.2展示了代理的两种假定状态。代理的目标是在起居室或卧室等环境中站起来走路。代理所采取或执行的步骤（如站起来、平衡和走路）称为动作。代理的微笑或皱眉被视为奖励（对应积极和消极的奖励)，因为婴儿走路时发出的快乐声音可能表明做了正确的事情。代理再次站起来走路或原地踏步的动机解释了强化学习中的探索 – 开发（explore-exploit）概念。上述这些名词有什么含义呢？现在让我们详细地介绍一下。

8.3.1 探索与开发

让我们想象一下，假设婴儿实际上是走着去找玩具，最终走到了卧室里。卧室里有几件玩具，婴儿看到了，并且很高兴。如果婴儿试图走出卧室，走向一个装满玩具的篮子的储藏室的话，会发生什么事情呢？婴儿会比在卧室里发现几件玩具时快乐得多。

前一种情况是，婴儿以一种随机的方式走进卧室，在找到玩具后安顿下来，这种情况被称为开发（exploitation）。在这里，婴儿看到了玩具，因此（逻辑上）感觉很舒服。但是，如果婴儿试图在房间外寻找，他们可能最终会找到储藏室，那里的玩具比卧室更多，此时会让婴儿更加快乐和满足，这一过程叫作探索（exploration）。如前所述，在这里，婴儿可能会找到一个装满玩具的篮子，让他们高兴过头（突然增加奖励），当然也可能最终一个玩具都找不到，这会使他们不安（减少奖励）。

这就是强化学习更加有趣的原因。基于与环境的交互，代理既可以通过稳定地开发来增加其奖励，也可以通过探索突然增加或减少奖励。两者都有优点和局限性。如果代理的训练方式是用更少的时间（或回合）获得更多的奖励，则建议采用开发模式；如果代理不担心增加奖励所需的时间，但最好在整个环境中进行试验，则建议采用探索模式。强化学习中有一些算法可以帮助确定是采用探索模式还是开发模式。这可以通过著名的多臂老虎机问题（multi-armed bandits problem）来进行平衡。

8.3.2 强化学习公式

下面逐一介绍强化学习中的重要概念：

- **代理**（agent）：通过执行必要的步骤或操作与环境进行交互的实体。
- **环境**（environment）：代理进行交互的场所。环境通常包括确定性、随机、完全可观测、连续、离散等类型。
- **状态**（state）：代理当前所处的态势或位置，通常是代理执行动作的结果。
- **动作**（action）：代理在与环境交互时所做的事情。
- **奖励**（reward）：代理为转换状态而执行的操作的结果。奖励可以是积极的，也可以是消极的。

可以通过图 8.3 来理解强化学习问题。

如图 8.3 所示，强化学习算法的工作过程为：

1）假设代理是一个移动机械臂，将要从环境中的某个位置移动到另一个位置。

2）假设代理的初始状态为 S_t，代理通过执行动作 A_t 来与环境进行交互，这一交互动作可以可视化为机器人做出向前运动的决策。

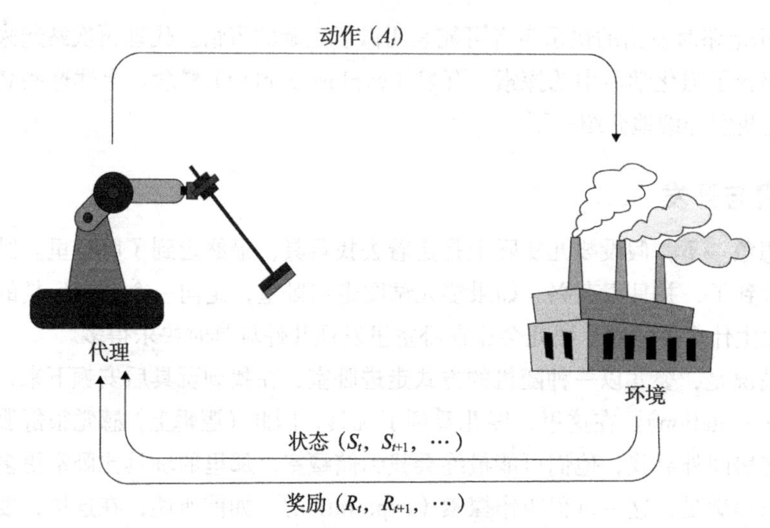

图 8.3 代理与环境——强化学习问题的一般性表述

3）执行动作之后，对应的结果为代理从初始状态移动到新的状态 S_{t+1}，并且获得一个奖励 R_t，这可能意味着机器人从环境中的某一点运动到了另一点，且没有遇到障碍物，因此，轨迹路径将被视为有效路径。

4）基于接收到的奖励，代理能够知道做出的动作是否正确。

5）如果执行的动作是正确的，则代理会继续执行动作 A_t，以此获得增加的奖励 R_{t+1}，而如果执行的动作不正确，则代理保存该动作 - 状态结果，并尝试执行不同的动作。

6）循环执行上述过程（即返回步骤 1，代理再次通过执行动作来与环境进行交互）。因此，通过这种方法，如果机器人的目标是到达指定位置，则对于机器人而言，每一次执行动作后，它都会读取状态和奖励，并评估动作是否正确，进而通过一系列的上述操作，机器人最终将到达目标点。

下面介绍可用的强化学习平台。

8.3.3 强化学习平台

目前有许多强化学习平台可用于模拟环境下的强化学习问题研究。我们可以通过这些平台定义和构建环境以及代理，并对代理的特定行为进行评估，以此研究代理是如何通过学习来解决问题的。主要的强化学习平台有：

- OpenAI Gym：强化学习领域最常用的工具包，主要用于强化学习算法的模拟实验。它是一个简单易用的工具，可用于预先构建的环境和代理。它是开源的，支持 TensorFlow、Theano 和 Keras 等框架，并且提供了支持 ROS 使用的 OpenAI Gym 功能包，我们将在第 9 章中对此进行介绍。更多信息请访问 https://github.com/openai/gym。

- OpenAI Universe：对 OpenAI Gym 的扩展，提供了更多更真实和复杂的环境，如各类计算机游戏。更多信息请访问 https://github.com/openai/universe。
- DeepMind Lab：一个很酷的工具，提供了可定制的现实和科幻风格的环境。更多信息请访问 https://github.com/deepmind/lab。
- ViZDoom：基于计算机游戏《毁灭战士》（*Doom*）的强化学习工具，提供了对多智能体的支持，但仅限于该游戏环境。更多信息请访问 https://github.com/mwydmuch/ViZDoom。
- Project Malmo：一个复杂的实验平台，建立在微软的 Minecraft 游戏之上，支持强化学习和人工智能的研究。更多信息请访问 https://github.com/Microsoft/malmo。

8.3.4 机器人领域的强化学习应用

假设我们考虑工业机器人：对于机械臂来说最复杂的任务是在受限空间内进行运动规划。任务可以是从篮子或箱子里拣物体，把非对称的部件一个接一个地组装起来，试图进入一个受限的空间，以及执行诸如焊接之类的敏感任务等。那么我们为什么提及这些应用场景？对于所有这些场景不是都已经有相应的机器人平台能够很好地完成了吗？机器人在这些应用场景中不是做得很好吗？这是完全正确的，但实际的情况通常是，在这样的受限空间中，由一个人类工人引导机器人移动到某个位置，这是因为有时对这样的环境进行数学建模是很复杂的。因此，它们是通过机器人运动学来解决的，在此情况下，很难实现机械臂的反向运动学求解，导致机器人有可能与环境发生碰撞，进而会对环境和工件造成损坏。

上述工作环境下的机器人应用难题就是强化学习可以大展身手的地方。机器人可以在人类工人的帮助下初步了解应用场景和环境，并学习自身运动轨迹。学会之后，它就可以在没有任何人工干预的情况下开始运作了。

要了解有关使用机械臂开门的研究，请查看 https://spectrum. ieee. org/ automaton/robotics/artificial-intelligence/ google-wants-robots- to- acquire-new-skills-by-learning-from-each-other，其中介绍了谷歌在该领域开展的研究。

除了工业机械臂的相关应用场景外，强化学习还可以用于其他许多不同的应用场景，例如在移动机器人领域规划导航，或者在空中机器人领域帮助稳定重型有效载荷下的无人机。

下面我们将对马尔可夫决策过程与贝尔曼方程进行介绍。

8.4 马尔可夫决策过程与贝尔曼方程

为了解决强化学习的相关问题，我们需要将问题定义或建模为马尔可夫决策过程。马尔可夫性质的定义如下：给定现在状态，则系统的未来状态与过去状态无关。这意味着系统不依赖于任何历史数据，只依赖于现在的数据，即可对未来状态进行预测。对于这一性质，我们可以用降雨预报来解释。需要说明的是，这里我们考虑的仅仅是一个类比，而不是实际的降雨估算模型。

估算降雨的方法有很多，有的需要历史数据，有的不需要。在本例中，我们不打算测量任何东西，而是要预测是否会降雨。因此，根据这个类比，马尔可夫决策过程需要在不依赖于过去的情况下，根据当前状态预测未来状态，即可以看到当前状态并预测下一个状态。如果当前状态是多云，则有可能在下一个状态降雨，这与前一个状态无关，而前一个状态本身可能是晴天或多云。

马尔可夫决策模型可以表征为以下五元组的形式：$(S_t, A_t, P^a_{ss'}, R_t, \gamma^k)$，其中 S_t 为状态空间，A_t 为动作列表，$P^a_{ss'}$ 为状态概率转移，R_t 为奖励，γ^k 为折扣因子。让我们看看这些新术语的含义与数学描述。

状态概率转移函数由以下等式给出：

$$P^a_{ss'} = \mathbb{P}[S_{t+1} = s' \mid S_t = s, A_t = a]$$

给定状态及动作，上式中的奖励 s 可由下式给出：

$$R^a_s = \sum[R_{t+1} \mid S_t = s, A_t = a]$$

或

$$R^a_s = \sum_{k=0}^{\infty} \gamma^k R_{t+k+1}$$

之所以引入 γ^k，是因为代理获得的奖励有可能是趋于无穷的，因此，折扣因子的作用是控制即时奖励和未来奖励。接近0的 γ^k 值表示代理需要重视即时奖励，接近1的 γ^k 值表示代理需要重视未来奖励。另外，请注意，与后者相比，前者所需的时间更少。

强化学习的目的是为代理找到最优的策略和价值函数，以使奖励最大化并向目标靠近：

- **策略函数**（policy function，π）：策略是代理决定要执行哪些动作以从当前状态进行转换的方式。映射此转换的函数称为策略函数。
- **价值函数**（value function，V^π）：价值函数帮助代理确定其是否需要保持在该特定状态或转换到另一个状态，通常表征代理从初始状态开始收到的全部奖励。

上述两个函数定义在使用强化学习解决问题中起着至关重要的作用。它们有助于权衡代理需要采用探索模式还是开发模式。用于帮助代理选择合适动作的策略主要有 ε 贪心策略、ε-soft 策略以及 softmax 策略等。相关策略的具体内容超出了本书的讨论范围，感兴趣的读者可以自行查阅资料来了解，这里我们仅对价值函数的求解过程进行介绍。价值函数 V^π 表征如下式所示：

$$V^\pi = E_\pi[R_t \mid S_t = s]$$

或

$$V^\pi(s) = E_\pi\left[\sum_{k=0}^{\infty} \gamma^k R_{t+k+1} \mid S_t = s\right]$$

从上面的公式可以看出，价值函数依赖于策略，并根据我们选择的策略而变化。这些价值函数通常是奖励的集合，或者是用状态表表示的值。通常选择价值最高的状态。如果表与表中的状态和值一起构成动作，则该表称为 Q 表，状态动作值函数也称为 Q 函数，如下所示：

$$Q^{\pi}(s,a)=E_{\pi}\left[\sum_{k=0}^{\infty}\gamma^{k}R_{t+k+1}\mid S_{t}=s,A_{t}=a\right]$$

用贝尔曼方程求最优值函数。最后的方程如下：

$$V^{\pi}(s)=\sum_{a}\pi(s,a)\sum_{s'}\mathbb{P}_{ss'}^{a}[R_{ss'}^{a}+\gamma V^{\pi}(s')]$$

其中，$\pi(s,a)$ 表示给定状态和动作时的策略。

对于 Q 函数，其形式为

$$Q^{\pi}(s,a)=\sum_{s'}\mathbb{P}_{ss'}^{a}[R_{ss'}^{a}+\gamma\sum_{a'}Q^{\pi}(s',a')]$$

上式也被称为贝尔曼最优方程。

现在我们已经了解了强化学习的基本知识，接下来介绍一些强化学习算法。

8.5 强化学习算法

马尔可夫决策模型可以通过多种方式求解。一种求解方法是蒙特卡罗预测方法，可以用于预测价值函数，并且进一步优化这些价值函数的控制方法。此方法仅适用于有时间限制的任务或回合制任务。这种方法的问题是，如果环境很大或回合很长，那么优化价值函数所需的时间也会比较长。但是，本节不会讨论蒙特卡罗方法，而是将研究一种更有趣的无模型学习技术，它实际上是蒙特卡罗方法和动态规划的结合。这种技术称为时序差分学习（temporal difference learning）。这种学习也可以应用于非回合制任务，并且不需要预先知道任何模型信息。让我们通过一个例子来详细讨论这个技巧。

8.5.1 出租车问题应用示例

出租车问题已经成为 OpenAI Gym 的一个测试环境（https://gym.openai.com/envs/Taxi-v2/）。该问题的环境如图 8.4 所示。

图 8.4 是一个基于 5 × 5 网格的环境，其中有标记为 R、G、Y 和 B 的特定位置。方形光标是出租车。出租车有 6 种可能的动作：

- 向南移动（视觉上向下移动）。
- 向北移动（视觉上向上移动）。
- 向东移动（视觉上向右移动）。
- 向西移动（视觉上向左移动）。
- 乘客上车。

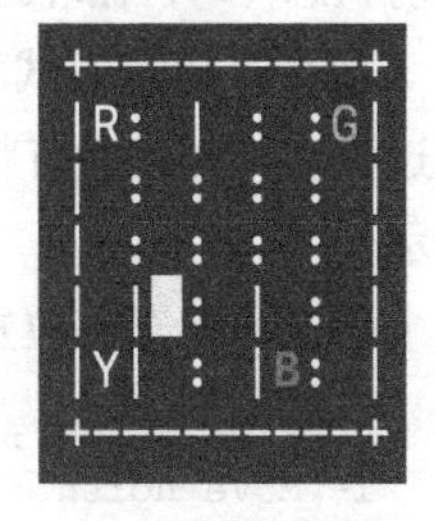

图 8.4　出租车问题的环境

- 乘客下车。

上车和下车位置是随机选择的，出租车的目的是到达上车乘客所在的网格空间中的任何可能位置，然后载客到达下车位置。在下一节中，我们将讨论**时间差分**（TD）预测。

8.5.2 TD 预测

前面介绍了出租车问题的例子，下面让我们看看 TD 预测方程的数学表达：

$$V(s) \leftarrow V(s) + \alpha(r + \gamma V(s') - V(s))$$

上式表示当前状态的值 $V(s)$ 是给定的当前状态值 $V(s)$ 加上学习率 α 与 TD 误差的乘积。其中，TD 误差为：

$$r + \gamma V(s') - V(s)$$

TD 误差是预测状态奖励与当前状态值之间的差，其中预测状态奖励表示为预测状态的奖励加上预测状态值乘以折扣因子。预测状态奖励也被称为 TD 目标。计算价值函数的 TD 算法如下：

```
Input: the policy π to be evaluated

Initialize V(s) arbitrarily
 Repeat (for each episode):
  Initialize S
  Repeat (for each step of episode):
    A ← action given by π for S
    Take action A, observe R, S'
    V (S) ← V (S) + α[R + γV (S') - V (S)]
    S ← S'
  until S is Terminal
```

算法说明

算法首先初始化一个空值（通常是 0）。然后，对于每一个回合，初始化一个状态，然后对每个时间步执行一个循环，其中基于策略梯度技术选择一个动作（A）。然后，观察更新后的状态（S'）和奖励（R），并使用前面的数学方程（TD 方程）求解价值函数。最后，将更新后的状态赋值给当前状态（S），循环继续，直到当前状态终止。

现在，让我们试着在出租车问题示例中实现上述过程。首先将所有状态的值初始化为零（如表 8.1 所示）。

表 8.1　初始化状态值

状态	值
(1, 1)	0
(1, 2)	0
(1, 3)	0
……	……
(4, 4)	0

假设出租车在位置（2, 2）。每项动作的奖励如下：

```
0- Move south : Reward= -1
1- Move north : Reward= -1
```

```
2- Move east : Reward= -1
3- Move west : Reward= -1
4- Pickup passenger : Reward= -10
5- Dropoff passenger : Reward= -10
```

学习率通常在 0 和 1 之间，不能等于 0；折扣因子也在 0 和 1 之间，但可以是 0。在这个例子中，我们假设学习率是 0.5，折扣因子是 0.8。假设一个动作是随机选择的（通常，ε 贪心算法用于定义策略 π），比如向北移动。对于向北移动的动作，奖励是 -1，下一个状态或预测状态（S'）是（1, 2）。因此，（2, 2）的价值函数如下：

```
V(S) ← 0+0.5*[(-1)+0.8*(0)-0]
 => V(S) ← -0.5
```

则表 8.1 可以更新为表 8.2。

表 8.2　更新后的状态值

状态	值
(1, 1)	0
(1, 2)	0
(1, 3)	0
……	……
(2, 2)	-0.5
……	……
(4, 4)	0

基于类似的步骤，该算法将执行计算直到回合结束。

因此，TD 预测比蒙特卡罗方法和动态规划方法更具优势，但随机策略生成有时可能会使 TD 预测在解决问题方面花费更多的时间。在前面的例子中，出租车可能会得到许多消极奖励，并且可能需要时间来达成一个完美的解决方案。除了 TD 预测方法外，还有其他方法可以优化预测值。在下一节中，我们将介绍 TD 控制，它可以实现预测值优化。

8.5.3　TD 控制

如前所述，TD 控制用于优化价值函数。有两种 TD 控制技术：

- 无策略学习：Q-learning。
- 有策略学习：SARSA。

下面让我们分别详细了解两种控制技术。

1. Q-learning 算法

Q-learning 算法是最常见和最著名的无策略学习技术之一。还记得我们之前介绍的 Q 函数吗？Q-learning 算法不是为每个状态单独存储值，而是用一个值存储状态 - 动作对。这个值称为 Q 值，更新 Q 值的表称为 Q 表。

Q-learning 算法方程如下：

$$Q(s,a) \leftarrow Q(s,a) + \alpha(r + \gamma_{\max} Q(s',a') - Q(s,a))$$

上式与前面介绍过的 TD 预测方程相似。区别在于上式包含了一个状态 - 动作对 $Q(s, a)$，而 TD 预测方程则是状态值 $V(s)$。另外，正如读者可能已经注意到的，有一个 max 函数表征了假定最大状态 - 动作对值和状态 - 动作对本身。Q-learning 算法如下：

```
Initialize Q(s, a), for all s ∈ S, a ∈ A(s), arbitrarily, and Q(Terminal-
state, ·) = 0
```

```
Repeat (for each episode):
  Initialize S
  Repeat (for each step of episode):
    Choose A from S using policy derived from Q (e.g., e-greedy)
    Take action A, observe R, S'
    Q(S, A) ← Q(S, A) + α[R + γ max Q(S', a') - Q(S, A)]
    S ← S'
  until S is Terminal
```

算法说明

算法首先为Q函数Q(S, A)初始化一个值（通常是0）。然后，对于每一个回合，初始化一个状态（S），然后对每个时间步执行一个循环，其中基于策略梯度技术选择一个动作（A）。然后，观察更新后的状态（S'）和奖励（R），并使用前面的数学方程（Q-learning算法方程）求解价值函数。最后，将更新后的状态（S'）赋值给当前状态（S），循环继续，直到当前状态（S）终止。

现在，让我们试着在出租车问题示例中实现上述过程。首先将所有状态的值初始化为零（如表8.3所示）：

表8.3 初始化Q表值

状态	值
(0, 0)	[0., 0., 0., 0., 0., 0.]
(0, 1)	[0., 0., 0., 0., 0., 0.]
(0, 2)	[0., 0., 0., 0., 0., 0.]
……	……
(4, 2)	[0., 0., 0., 0., 0., 0.]
(4, 3)	[0., 0., 0., 0., 0., 0.]
(4, 4)	[0., 0., 0., 0., 0., 0.]

请注意，这些动作是相对于每个状态映射的。一共有500种可能的状态，并且已经定义了6种动作；因此，可以看到一个500×6的零矩阵。使用ε贪心算法选择动作（我们将很快在代码中看到）。假设在出租车环境中，上车位置是Y，下车位置是B。在这里，学习率是0.4，折扣因子是0.9，出租车位于（2, 2）。这在代码中用一个数字表示（比如241，我们很快就会在代码中看到）。假设随机选择的动作是向东移动，即2。在这里，下一个状态是（2, 3），我们的方程如下：

```
Q(2,2;2) ← 0 + 0.4*[(-1)+0.999*max(0,0,0,0,0)-0]
 => Q(2,2;2) ← -0.4
```

更新后的Q表如8.4所示。

表8.4 更新后的Q表

状态	值
(0, 0)	[0., 0., 0., 0., 0., 0.]
(0, 1)	[0., 0., 0., 0., 0., 0.]
(0, 2)	[0., 0., 0., 0., 0., 0.]
……	……
(2, 2)	[0., 0., –0.4., 0., 0., 0.]
……	……
(4, 2)	[0., 0., 0., 0., 0., 0.]
(4, 3)	[0., 0., 0., 0., 0., 0.]
(4, 4)	[0., 0., 0., 0., 0., 0.]

同样，Q表也会在特定的时间间隔内更新。为了更具体地说明时间间隔，出租车的每一个动作都被认为是一个时间步。我们允许出租车最多走2500步，以尝试实现目标的可能性。这2500步构成了一个回合。因此，出租车实际上尝试执行了2500次动作来达到目标。如果成功了，奖励就会被记录下来。如果出租车在进行这么多步后无法达到目标，这一回合的奖励就不被考虑。

最终的Q表如表8.5所示。

表 8.5 3000 个序列后的 Q 表格

状态	值
(0, 0)	[1. 1. 1. 1. 1. 1.]
(0, 1)	[−3.04742139 −3.5606193 −3.30365009 −2.97499059 12.88138434 −5.56063984]
(0, 2)	[−2.56061413 −2.2901822 −2.30513928 −2.3851121 14.91018981 −5.56063984]
……	……
(4, 2)	[−0.94623903 15.92611592 −1.16857666 −1.25517116 −5.40064 −5.56063984]
(4, 3)	[−2.25446383 −2.28775779 −2.35535871 −2.49162523 −5.40064 −5.56063984]
(4, 4)	[−0.28086999 0.19936016 −0.34455025 0.1196 −5.40064 −5.56063984]

上述过程的具体实现可以参考以下代码：

```
alpha = 0.4
gamma = 0.999
epsilon = 0.9
episodes = 3000
max_steps = 2500

def qlearning(alpha, gamma, epsilon, episodes, max_steps):
    env = gym.make('Taxi-v2')
    n_states, n_actions = env.observation_space.n, env.action_space.n
    Q = numpy.zeros((n_states, n_actions))
    timestep_reward = []
    for episode in range(episodes):
        print "Episode: ", episode
        s = env.reset()
        a = epsilon_greedy(n_actions)
        t = 0
        total_reward = 0
        done = False
        while t < max_steps:
            t += 1
            s_, reward, done, info = env.step(a)
            total_reward += reward
            a_ = np.argmax(Q[s_, :])
            if done:
                Q[s, a] += alpha * ( reward - Q[s, a] )
            else:
                Q[s, a] += alpha * ( reward + (gamma * Q[s_, a_]) - Q[s, a]
)
            s, a = s_, a_
    return timestep_reward
```

其中的 epsilon_greedy 函数如下所示：

```
def epsilon_greedy(n_actions):
 action = np.random.randint(0, n_actions)
 return action
```

代码应该很容易理解。有一些 Gym API 可能是新的。gym.make() 允许我们选择 OpenAI Gym 中可用的环境。在这种情况下，我们选择 Taxi-v2。环境中通常包含代理的初始位置。可以使用 reset() 实例调用读取该位置。为了查看环境，可以使用 render() 实例调用。另一个有趣的实例调用是 `step()`，它返回当前状态、该状态完成时的奖励以及概率信息。因此，使用这些 API，OpenAI Gym 使我们的开发过程变得尽可能简单。

接下来介绍如何使用有策略学习技术实现上述示例的求解。

2. SARSA 算法

SARSA（State，Action，Reward，State，Action）技术是一种基于策略的学习技术。SARSA 和 Q-learning 之间有一个边际差异。在 Q-learning 中，我们使用 ε 贪心算法选择策略（例如，一个动作），在计算该状态的 Q 值时，我们根据该状态下每个动作的可用 Q 值的最大值来选择下一个状态动作。在 SARSA 中，我们再次使用 ε 贪心算法而不是 max 函数选择一个状态动作。SARSA 方程如下：

$$Q(s,a) \leftarrow Q(s,a) + \alpha(r + \gamma Q(s' + a') - Q(s,a))$$

该方程与我们之前看到的 TD 预测方程类似。如前所述，唯一的区别是不使用 max 函数，而是随机选择一个状态 - 动作对。SARSA 算法如下：

```
Initialize Q(s, a), for all s ∈ S, a ∈ A(s), arbitrarily, and Q(Terminal-
state, ·) = 0
 Repeat (for each episode):
   Initialize S
   Choose A from S using policy derived from Q (e.g., e-greedy)
   Repeat (for each step of episode):
     Take action A, observe R, S'
     Choose A' from S'using policy derived from Q (e.g., e-greedy)
     Q(S, A) ← Q(S, A) + α[R + γQ(S', A) - Q(S, A)]
     S ← S'; A ← A';
   until S is Terminal
```

算法说明

算法首先初始化 Q 函数 `Q(S, A)` 的初始值（大多为 `0`）。然后，对于每一个回合，初始化一个状态（`S`），基于策略梯度技术（例如 ε 贪心算法）从给定列表中选择一个动作，然后对每个时间步执行循环，观察所选动作的更新状态（`S'`）和奖励（`R`）。接下来，使用策略梯度技术从给定的列表中再次选择一个新动作（`A'`），然后通过求解方程来用相应的值填充 Q 表。最后，将更新后的状态赋给当前状态，将新动作幅值给当前动作（`A`），并继续循环，直到终止当前状态。

现在，让我们试着在出租车问题示例中实现上述算法过程。首先将状态值初始化为零，如表 8.6 所示。

表 8.6 初始化状态值

状态	值
(0, 0)	[0., 0., 0., 0., 0., 0.]
(0, 1)	[0., 0., 0., 0., 0., 0.]
(0, 2)	[0., 0., 0., 0., 0., 0.]
……	……
(4, 2)	[0., 0., 0., 0., 0., 0.]
(4, 3)	[0., 0., 0., 0., 0., 0.]
(4, 4)	[0., 0., 0., 0., 0., 0.]

假定各条件与 Q-learning 算法的例子相同，则计算过程如下：

```
Q(2,2;2) ← 0 + 0.4*[(-1)+0.999*(0)-0]
 => Q(2,2;2) ← -0.4
```

则更新后的状态值如表 8.7 所示。

表 8.7 更新后的状态值

状态	值
(0, 0)	[0., 0., 0., 0., 0., 0.]
(0, 1)	[0., 0., 0., 0., 0., 0.]
(0, 2)	[0., 0., 0., 0., 0., 0.]
……	……
(2, 2)	[0., 0., −0.4., 0., 0., 0.]
……	……
(4, 2)	[0., 0., 0., 0., 0., 0.]
(4, 3)	[0., 0., 0., 0., 0., 0.]
(4, 4)	[0., 0., 0., 0., 0., 0.]

在这个例子中，读者可能没有看到太大的区别，但是可以从逻辑上证明，我们并没有使用 max 函数，而是使用 ε 贪心算法随机重新选择动作，因此算法可能会很耗时，而在选择了正确的随机值时也可以立即完成求解。同样，该表在特定时间间隔内更新（如前所述）。最终结果可能如表 8.8 所示。

表 8.8 最终状态值

状态	值
(0, 0)	[1. 1. 1. 1. 1. 1.]
(0, 1)	[1.21294807 2.30485594 1.73831 2.84424473 9.01048181 −5.74954889]
(0, 2)	[3.32374208 −2.67730041 2.0805796 1.83409763 8.14755201 −7.0017296]
……	……
(4, 2)	[−0.94623903 10.93045652 −1.11443659 −1.1139482 −5.40064 −3.16039984]
(4, 3)	[−6.75173275 2.75158375 −7.07323206 −7.49864668 −8.74536711 −11.97352065]
(4, 4)	[−0.42404557 −0.35805959 −0.28086999 18.86740811 −5.40064 −5.56063984]

上述过程的代码实现如下所示：

```
alpha = 0.4
gamma = 0.999
epsilon = 0.9
episodes = 3000
max_steps = 2500

def sarsa(alpha, gamma, epsilon, episodes, max_steps):
    env = gym.make('Taxi-v2')
    n_states, n_actions = env.observation_space.n, env.action_space.n
    Q = numpy.zeros((n_states, n_actions))
    timestep_reward = []
    for episode in range(episodes):
        print "Episode: ", episode
        s = env.reset()
        a = epsilon_greedy(n_actions)
        t = 0
        total_reward = 0
        done = False
        while t < max_steps:
            t += 1
            s_, reward, done, info = env.step(a)
```

```
            total_reward += reward
            a_ = epsilon_greedy(n_actions)
            if done:
                Q[s, a] += alpha * ( reward - Q[s, a] )
            else:
                Q[s, a] += alpha * ( reward + (gamma * Q[s_, a_]) - Q[s, a]
)
            s, a = s_, a_
    return timestep_reward
```

可以更改变量 a_，该变量也使用 ε 贪心算法选择下一个策略。现在我们已经看到了这两种算法是如何表示的，接下来将介绍各个方法的模拟实现。为此，我们需要安装 OpenAI Gym、NumPy 和 pandas 库。

3. 安装 OpenAI Gym、NumPy 和 pandas

OpenAI Gym、NumPy 以及 pandas 的安装步骤如下。

1）如果已经安装了 Python 3.5，则可以使用 pip 命令安装 gym，具体命令如下：

```
$ pip install gym
```

如果提示没有权限，则可以使用以下命令授权安装：

```
$ pip install gym -U
```

2）对于本例子，我们需要安装 NumPy 和 pandas，安装命令如下：

```
$ python -m pip install --user numpy scipy matplotlib ipython
jupyter pandas sympy nose
```

此外，还可以使用以下命令进行安装：

```
$ sudo apt-get install python-numpy python-scipy python-matplotlib
ipython ipython-notebook python-pandas python-sympy python-nose
```

至此，我们完成了开发环境的安装，下面介绍算法的执行。

4. Q-learning 和 SARSA 算法的模拟运行

我们已经介绍了两种算法的数学描述，下面介绍它们在模拟中是如何工作的。我们将利用 OpenAI Gym 库提供的 Taxi-v2 环境。

相应的完整代码下载地址为 https://github.com/PacktPublishing/ROS-Robotics-Projects-SecondEdition/tree/master/chapter_8_ws/taxi_problem。

可以使用以下命令进行测试：

```
$ python taxi_qlearn.py
```

或者使用以下命令：

```
$ python taxi_sarsa.py
```

执行命令后，读者将会看到一系列的训练过程。完成此操作后，将开始渲染，从中可以看到出租车问题的模拟求解过程，如图 8.5 所示。

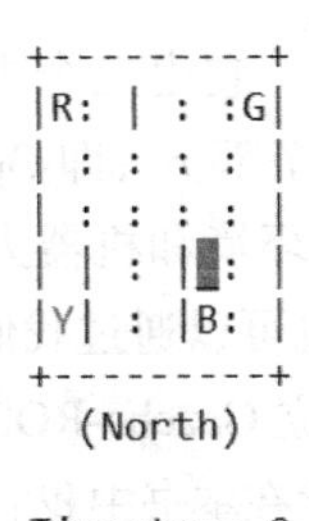

图 8.5　出租车问题的模拟求解过程

如读者所见，出租车以尽可能快的速度驶向上车区和下车。而且，读者可以看到两个方法之间没有太大的区别。在一段时间内，读者可以看到两个方法的得分相似，而且在获得的奖励方面没有明显的差异。

现在我们已经介绍了强化学习算法，让我们进一步了解 ROS 中的强化学习。

8.6　ROS 中的强化学习功能包

到目前为止，我们已经介绍了如何在 OpenAI Gym 中实现 Q-learning 和 SARSA 等强化学习算法。现在，我们将探讨 ROS 中的以下强化学习示例和实现：

- Erlerobot 的 gym-gazebo 功能包。
- Acutronic robotics 的 gym-gazebo2 功能包。

下面介绍这两个功能包的详细信息。

8.6.1　gym-gazebo

gym-gazebo 是 Gazebo 的一个 OpenAI Gym 扩展。这个扩展使用 ROS Gazebo 组合训练具有强化学习算法的机器人。在前面的章节中，我们看到了 ROS 和 Gazebo 在机器人相关问题中的应用，或者在某种程度上对现实进行模拟以完成相关概念证明的应用。这个扩展将帮助我们在模拟中使用这种组合来通过强化学习控制机器人。gym-gazebo 的简化架构如图 8.6 所示。

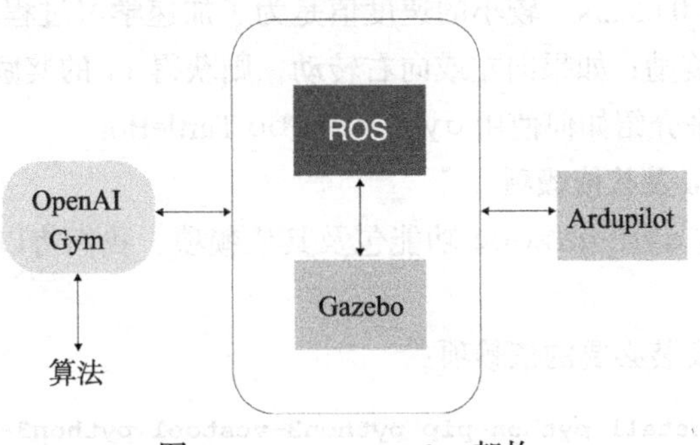

图 8.6　gym-gazebo 架构

图 8.6 为 gym-gazebo 的底层架构。它由三个主要的部分组成，我们已经知道了其中 Gazebo 和 ROS 的概念及其优势，第三个部分（即 OpenAI Gym 部分）利用 OpenAI Gym 库，并且帮助定义 ROS 和 Gazebo 所理解的环境和机器人。开发者在这个部分创建了一套可以被 Gazebo 理解的定制环境。当然读者也可以通过我们在第 3 章中介绍的插件在 ROS 下控制 Gazebo 上的机器人。机器人被定义为建立 Gazebo-ROS 连接的 catkin 工作空间。这个团队创建了许多世界和环境。由于篇幅有限，因此在本书中我们将只介绍一个具有一个环境的机器人。

要了解更多信息，请访问 https://arxiv.org/pdf/1608.05742.pdf。

下面介绍 TurtleBot 机器人及其强化学习模拟环境。

1. TurtleBot 及其环境

如前所述，gym-gazebo 扩展模块提供了许多不同的机器人和环境。在这里，我们将讨论一个最常用的移动机器人研究平台——TurtleBot 2。gym-gazebo 提供了 TurtleBot 2 的相关实现。我们将使用带有激光传感器的 TurtleBot 2，如图 8.7 所示。

图 8.7　带有激光传感器的 TurtleBot 2

有四种环境可供 TurtleBot 2 使用。我们将以 GazeboCircuit2TurtlebotLIDAR-v0 环境为例进行介绍，该环境包含直线通道和 90 度转弯，如图 8.8 所示。

TurtleBot 2 机器人的目的是在不撞墙的情况下在环境中自由移动。TurtleBot 将使用激光传感器来感知环境和显示它的状态。TurtleBot 的动作是向前、向左或向右移动，其中线速度为 0.3m/s，角速度为 0.05m/s。较小的速度值是为了加速学习过程。如果 TurtleBot 成功向前移动，则获得 +5 的奖励；如果向左或向右转动，则获得 +1 的奖励；如果发生碰撞，则获得 –200 的奖励。接下来介绍如何使用 gym-gazebo TurtleBot。

2. 安装 gym-gazebo 及其依赖项

下面介绍如何安装 gym-gazebo 功能包及其依赖项。我们将以源的形式进行安装，具体如下：

1）使用以下命令安装必要的依赖项：

```
$ sudo apt-get install python-pip python3-vcstool python3-pyqt4
pyqt5-dev-tools libbluetooth-dev libspnav-dev pyqt4-dev-tools
```

```
libcwiid-dev cmake gcc g++ qt4-qmake libqt4-dev libusb-dev libftdi-
dev python3-defusedxml python3-vcstool ros-melodic-octomap-msgs
ros-melodic-joy ros-melodic-geodesy ros-melodic-octomap-ros ros-
melodic-control-toolbox ros-melodic-pluginlib ros-melodic-
trajectory-msgs ros-melodic-control-msgs ros-melodic-std-srvs ros-
melodic-nodelet ros-melodic-urdf ros-melodic-rviz ros-melodic-kdl-
conversions ros-melodic-eigen-conversions ros-melodic-tf2-sensor-
msgs ros-melodic-pcl-ros ros-melodic-navigation ros-melodic-sophu
```

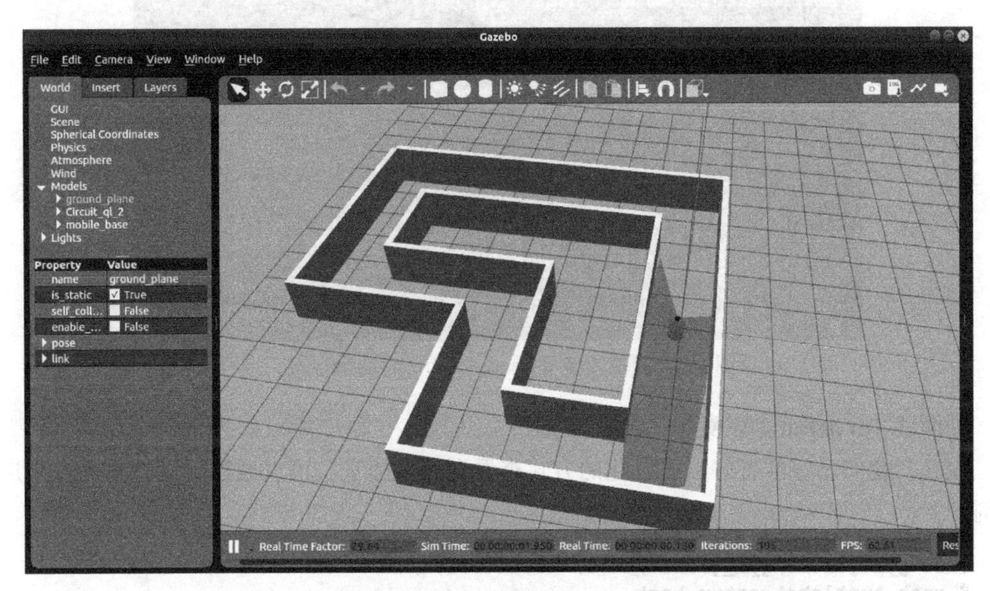

图 8.8　包含直线通道和 90 度转弯的 TurtleBot 2 模拟环境

2）安装相关 Python 依赖项，命令如下：

```
$ sudo apt-get install python-skimage
$ sudo pip install h5py
$ sudo pip install kera
```

3）如果读者的计算机具有 GPU，则使用 `$ pip install tensorflow-gpu` 命令安装 TensorFlow；否则，使用 `$ pip install tensorflow` 命令安装。

4）将 `gym-gazebo` 功能包复制到我们的工作空间并编译，命令如下：

```
$ mkdir ~/chapter_8_ws/
$ cd ~/chapter_8_ws/
$ git clone https://github.com/erlerobot/gym-gazebo
$ cd gym-gazebo
$ sudo pip install -e
```

5）完成安装后，编译构建工作空间，命令如下：

```
$ cd gym-gazebo/gym_gazebo/envs/installation
$ bash setup_melodic.bash
```

完成编译构建后，读者将会看到如图 8.9 所示的命令窗口。

图 8.9 展示了成功安装 gym-gazebo 后的命令窗口界面。下面我们对 TurtleBot 2 的环境进行测试。

```
robot@robot-pc: ~/chapter_8_ws/gym-gazebo/gym_gazebo/envs/installation/catkin_ws
File Edit View Search Terminal Help
avi_toolkit.dir/pose_helper.cpp.o
[100%] Linking CXX shared library /home/robot/chapter_8_ws/gym-gazebo/gym_gazebo
/envs/installation/catkin_ws/devel/lib/libdwa_local_planner.so
[100%] Built target dwa_local_planner
Scanning dependencies of target move_base
[100%] Building CXX object navigation/move_base/CMakeFiles/move_base.dir/src/mov
e_base.cpp.o
[100%] Linking CXX shared library /home/robot/chapter_8_ws/gym-gazebo/gym_gazebo
/envs/installation/catkin_ws/devel/lib/libyocs_navi_toolkit.so
[100%] Built target yocs_navi_toolkit
[100%] Linking CXX shared library /home/robot/chapter_8_ws/gym-gazebo/gym_gazebo
/envs/installation/catkin_ws/devel/lib/libmove_base.so
[100%] Built target move_base
Scanning dependencies of target move_base_node
[100%] Building CXX object navigation/move_base/CMakeFiles/move_base_node.dir/sr
c/move_base_node.cpp.o
[100%] Linking CXX executable /home/robot/chapter_8_ws/gym-gazebo/gym_gazebo/env
s/installation/catkin_ws/devel/lib/move_base/move_base
[100%] Built target move_base_node
## ROS workspace compiled ##
robot@robot-pc:~/chapter_8_ws/gym-gazebo/gym_gazebo/envs/installation/catkin_ws$
```

图 8.9 成功安装 gym-gazebo 后的命令窗口

3. 测试 TurtleBot 2 环境

现在，我们已经准备好以可视化的方式查看训练过程了。可以通过运行以下命令来启动示例：

```
$ cd gym-gazebo/gym_gazebo/envs/installation/
$ bash turtlebot_setup.bash
$ cd gym-gazebo/examples/turtlebot
$ python circuit_turtlebot_lidar_qlearn.py
```

执行上述命令后，读者应该会看到一个终端窗口显示开始进行强化学习训练，如后面给出的一系列屏幕截图所示。如果读者想直观地看到 TurtleBot 本身的训练过程，请在另一个终端窗口中打开 gzclient，命令如下：

```
$ cd gym-gazebo/gym_gazebo/envs/installation/
$ bash turtlebot_setup.bash
$ export GAZEBO_MASTER_URI=http://localhost:13853
$ gzclient
```

读者将能看到 TurtleBot 正在尝试通过一系列回合和相应的奖励学习如何在该环境中导航，如图 8.10 所示。

500 次训练（回合）之后，读者就能看到 TurtleBot 2 几乎可以在半个环境中移动而不会碰撞。而在 2000 次训练之后，读者应该会看到 TurtleBot 2 能够在环境中完成一圈导航，而不会与环境发生碰撞。

图 8.11 展示了某些回合的奖励，相应的折线图如图 8.12 所示。

很明显，随着时间（回合）的推移，奖励呈现逐渐增加的趋势。读者可以查看相应的白皮书以获取更多基准测试结果，并与 SARSA 算法进行比较。

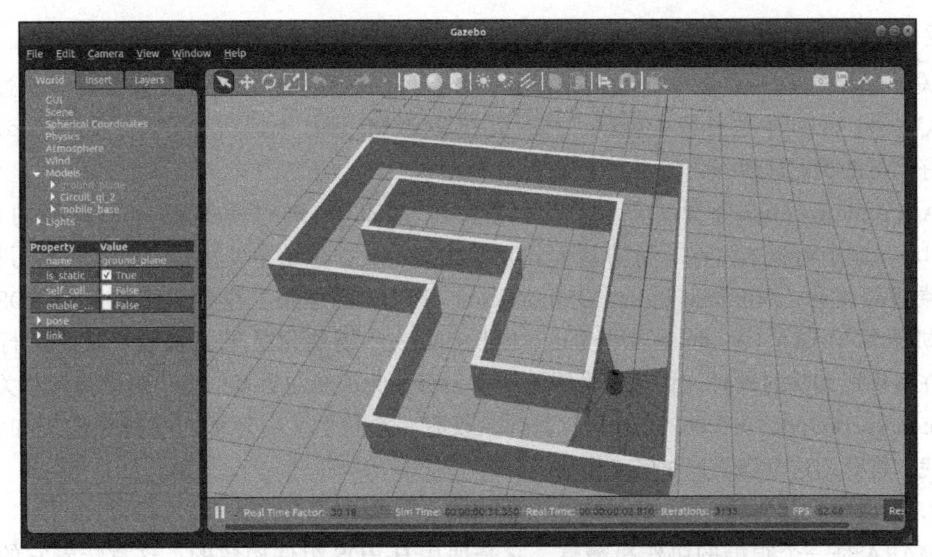

图 8.10　TurtleBot 2 在给定的环境下进行训练的过程

```
/home/robot/chapter_8_ws/gym-gazebo/gym_gazebo/envs/assets/launch/GazeboCircuit2TurtlebotLida...
File  Edit  View  Search  Terminal  Tabs  Help
/home/robot/chapter_8_ws/gym-gazebo/gym_g...   robot@robot-pc: ~/chapter_8_ws/gym-gazebo/g...
EP: 140 - [alpha: 0.2 - gamma: 0.8 - epsilon: 0.74] - Reward: -120    Time: 0:05:51
EP: 141 - [alpha: 0.2 - gamma: 0.8 - epsilon: 0.74] - Reward: -163    Time: 0:05:53
EP: 142 - [alpha: 0.2 - gamma: 0.8 - epsilon: 0.74] - Reward: -103    Time: 0:05:56
EP: 143 - [alpha: 0.2 - gamma: 0.8 - epsilon: 0.74] - Reward: -66    Time: 0:06:01
EP: 144 - [alpha: 0.2 - gamma: 0.8 - epsilon: 0.74] - Reward: -99    Time: 0:06:05
EP: 145 - [alpha: 0.2 - gamma: 0.8 - epsilon: 0.73] - Reward: -87    Time: 0:06:08
EP: 146 - [alpha: 0.2 - gamma: 0.8 - epsilon: 0.73] - Reward: -123    Time: 0:06:10
EP: 147 - [alpha: 0.2 - gamma: 0.8 - epsilon: 0.73] - Reward: -107    Time: 0:06:14
EP: 148 - [alpha: 0.2 - gamma: 0.8 - epsilon: 0.73] - Reward: -168    Time: 0:06:16
EP: 149 - [alpha: 0.2 - gamma: 0.8 - epsilon: 0.73] - Reward: -70    Time: 0:06:20
EP: 150 - [alpha: 0.2 - gamma: 0.8 - epsilon: 0.73] - Reward: -108    Time: 0:06:22
EP: 151 - [alpha: 0.2 - gamma: 0.8 - epsilon: 0.73] - Reward: -66    Time: 0:06:26
EP: 152 - [alpha: 0.2 - gamma: 0.8 - epsilon: 0.73] - Reward: -79    Time: 0:06:31
```

图 8.11　某些回合的奖励

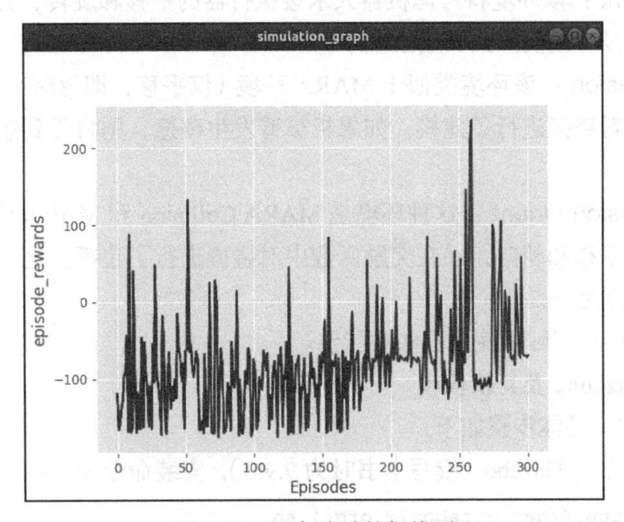

图 8.12　回合奖励的折线图

8.6.2 gym-gazebo2

关于gym-gazebo的一个重要信息是，该仓库已经存档，不再受更新支持。不过，我们在Ubuntu 18.04中也进行了测试，并且其在ROS Melodic上运行良好。gym-gazebo能够较好地帮助我们理解强化学习在ROS中应用。

Acutronic robotics公司扩展得到的gym-gazebo2是经过重新设计和升级的gym-gazebo。这个新版本讨论了新的基于ROS-2的架构，并总结了使用另一种强化学习技术，即**近端策略优化**（Proximal Policy Optimization，PPO）的结果。作者用一种符合ROS-2标准的机械臂MARA（Modular Articulated Robot ARM，**模块化关节机械臂**）对此进行了测试，在实现运动学的同时达到了毫米级的精度。有关此扩展的更多信息，可以查阅相关文献（https://arxiv.org/pdf/1903.06278.pdf）。目前，仅有一个机器人－环境对完成了实现和测试，因此我们将介绍这个例子是如何工作的。

1. MARA及其环境

MARA是一个很酷的协作机械臂，它是使用H-ROS组件构建的，这意味着它的执行器、传感器和其他代表性模块中都有ROS-2。因此，每个模块都可以提供工业级特性，例如ROS-2特性、稳定的通信能力和组件生命周期管理能力等。由于H-ROS集成的性质，机械臂可以连接额外的传感器和执行器，以及一个简单的系统升级。机械臂还支持大量的工业夹持器。MARA是一种6自由度机械臂，有效载荷能力为3kg，工具速度为1m/s，机械臂重约21kg，可达距离0.65m。

此强化学习实现包含四种环境：

- MARA：这是最简单的环境，任务目标是机器人的工具中心试图到达空间中给定目标点位置。如果检测到碰撞，但未使用奖励函数对碰撞进行建模，则重置环境。其中忽略了工具的朝向。
- MARA Orient：该环境将考虑机器人末端执行器的平移和旋转，并在检测到碰撞时重置。这些也没有被模拟到奖励系统中。
- MARA Collision：该环境类似于MARA环境（仅平移，即忽略了工具的朝向），但在奖励函数中对碰撞进行了建模。如果机械臂发生碰撞，则将受到惩罚，并被重置为初始位姿。
- MARA Collision Orient：这种环境是MARA Collision和MARA Orient的结合，考虑了机械臂的平移和朝向，并在奖励函数中对碰撞进行了建模。这是这个功能包中最复杂的环境实现之一。

接下来介绍如何在实际中使用这些功能包。

2. 安装gym-gazebo2及其依赖项

1）安装依赖项，具体步骤如下：

a）安装最新版本的Gazebo（撰写本书时为9.9.0），安装命令如下：

```
$ curl -sSL http://get.gazebosim.org | sh
```

b）安装以下 ROS-2 依赖项：

```
$ sudo apt install -y ros-dashing-action-msgs ros-dashing-
message-filters ros-dashing-yaml-cpp-vendor ros-dashing-
urdf ros-dashing-rttest ros-dashing-tf2 ros-dashing-tf2-


geometry-msgs ros-dashing-rclcpp-action ros-dashing-cv-
bridge ros-dashing-image-transport ros-dashing-camera-info-
manager
```

c）由于我们使用的版本为 Dashing Diademata，其中 OpenSplice RMW 还不可用，因此需要通过以下命令安装：

```
$ sudo apt install ros-dashing-rmw-opensplice-cpp
```

d）使用以下命令安装 Python 依赖项：

```
$ sudo apt install -y build-essential cmake git python3-
colcon-common-extensions python3-pip python-rosdep python3-
vcstool python3-sip-dev python3-numpy wget
```

e）使用以下命令安装 TensorFlow：

```
pip3 install tensorflow
```

f）使用以下命令安装其他要用到的工具包：

```
$ pip3 install transforms3d billiard psutil
```

g）使用以下命令安装 FAST-RTPS 依赖项：

```
$ sudo apt install --no-install-recommends -y libasio-dev
libtinyxml2-dev
```

2）安装相应的依赖项后，使用以下命令编译 MARA 工作空间，命令集如下：

```
mkdir -p ~/ros2_mara_ws/src
cd ~/ros2_mara_ws
wget
https://raw.githubusercontent.com/AcutronicRobotics/MARA/dashing/ma
ra-ros2.repos
vcs import src < mara-ros2.repos
wget
https://raw.githubusercontent.com/AcutronicRobotics/gym-gazebo2/das
hing/provision/additional-repos.repos
vcs import src < additional-repos.repos
# Avoid compiling erroneus package
touch
~/ros2_mara_ws/src/orocos_kinematics_dynamics/orocos_kinematics_dyn
amics/COLCON_IGNORE
# Generate HRIM dependencies
cd ~/ros2_mara_ws/src/HRIM
sudo pip3 install hrim
hrim generate models/actuator/servo/servo.xml
hrim generate models/actuator/gripper/gripper.xml
```

3）使用以下命令编译构建工作空间：

```
source /opt/ros/dashing/setup.bash
cd ~/ros2_mara_ws
colcon build --merge-install --packages-skip

individual_trajectories_bridge
# Remove warnings
touch ~/ros2_mara_ws/install/share/orocos_kdl/local_setup.sh
~/ros2_mara_ws/install/share/orocos_kdl/local_setup.bash
```

4）假设读者已经安装了OpenAI Gym，则可以使用以下命令安装gym-gazebo2功能包：

```
cd ~ && git clone -b dashing
https://github.com/AcutronicRobotics/gym-gazebo2
cd gym-gazebo2
pip3 install -e .
```

如果遇到任何问题，请访问https://github.com/AcutronicRobotics/gym-gazebo2/blob/dashing/INSTALL.md以获取更新的安装说明。

现在，让我们测试一下MARA环境。

3. 测试MARA环境

读者可以先训练代理。可以使用ppo2_mlp.py脚本训练MARA，命令如下所示：

```
$ cd ~/ros2learn/experiments/examples/MARA
$ python3 train_ppo2_mlp.py
```

可以尝试-h参数来获取此脚本的所有可用命令。

完成了机械臂的训练之后，可以使用以下命令测试已训练的策略：

```
$ cd ~/ros2learn/experiments/examples/MARA
$ python3 run_ppo2_mlp.py -g -r -v 0.3
```

8.7　本章小结

在本章中，我们概述了强化学习，以及它是如何从其他机器学习算法中脱颖而出的。我们对强化学习的各个组成部分进行了单独的解释，并通过实例加强了说明。然后，我们通过适当的例子从数学和实践两方面介绍了强化学习算法。我们还介绍了ROS中的强化学习的实现，介绍了TurtleBot 2和MARA机械臂这样的机器人在ROS的特定环境中的应用程序实现以及它们的用法。综上，本章简要地介绍了机器学习及其在ROS中的应用。

在下一章中，我们将对机器学习方法进行深入探讨，使得代理能够更加高效地学习并达到目标。

第9章

ROS下基于TensorFlow的深度学习

读者可能在互联网上见到过深度学习很多次。我们中的大多数人并不完全了解这项技术，很多人也在努力学习它。因此，在本章中，我们将介绍深度学习在机器人领域的重要应用，以及如何使用深度学习和ROS实现相关机器人应用程序。我们将首先了解深度学习的工作原理和实现方式，然后简要介绍用于深度学习的常用工具和库。我们将学习如何安装基于Python的TensorFlow和嵌入ROS中的TensorFlow API。我们将学习如何使用ROS和TensorFlow进行图像识别。稍后，读者将看到使用这些库与ROS进行交互的实际示例。

本章涵盖的主题包括：

- 深度学习及其应用简介。
- 机器人学领域的深度学习。
- 用于深度学习的软件框架和编程语言。
- TensorFlow入门。
- 安装基于Python的TensorFlow。
- 在ROS中嵌入TensorFlow API。
- ROS下基于TensorFlow的图像识别。
- scikit-learn简介。
- 使用scikit -learn实现SVM。
- 在ROS节点上嵌入SVM。
- 实现SVM-ROS应用程序。

9.1 技术要求

学习本章内容的相关要求如下：

- Ubuntu 18.04系统，预先安装ROS Melodic Morenia和Gazebo 9。
- ROS功能包：`cv_bridge`和`cv_camera`。
- 库：TensorFlow（0.12及以上版本，尚未使用2.0版本测试）、scikit-learn等。
- 时间线及测试平台：

- **预计学习时间**：平均 120 分钟。
- **项目构建时间（包括编译和运行）**：平均 60 ～ 90 分钟。
- **项目测试平台**：惠普 Pavilion 笔记本电脑（Intel®Core^{TM} i7-4510U CPU@2.00GHz × 4，8 GB 内存和 64 位操作系统，GNOME-3.28.2 桌面环境）。

本章的代码可在 https://github.com/PacktPublishing/ROS-Robotics-Projects-SecondEdition/tree/master/chapter_9_ws 上找到。

我们首先介绍深度学习及其应用。

9.2 深度学习及其应用简介

究竟什么是深度学习？这是神经网络技术中的一个热词。那么什么是神经网络呢？人工神经网络是复制人脑中神经元行为的计算机软件模型。神经网络是对数据进行分类的一种方式。例如，如果我们希望根据图像是否包含某个对象来对其进行分类，则可以使用此方法。

目前已有多种用于分类的计算机软件模型，如 logistic 回归模型和**支持向量机**（Support Vector Machine，SVM）模型，神经网络就是其中之一。那么，为什么我们不将它称为“神经网络”而是“深度学习”呢？原因是，在深度学习中，我们使用了大量的人工神经网络。因此，你可能会问，*为什么以前是不可能的呢*？答案是：为了创建大量的神经网络（多层感知器），我们可能需要大量的计算能力。那么，现在它是如何成为可能的呢？原因是廉价计算硬件的可用性。仅靠计算能力能完成这项工作吗？不能，我们还需要一个大的数据集来训练。

当我们训练大量的神经元时，它可以从输入数据中学习各种特征。在学习了这些特征之后，它可以预测一个对象或我们教给它的任何东西的出现。

对于神经网络的学习，我们可以使用监督学习方法，也可以使用无监督学习方法。在监督学习中，我们有一个带有输入及其预期输出的训练数据集。这些值将被反馈给神经网络，神经元的权重将以某种方式进行调整，即每当获得特定的输入数据时，它都可以预测应该生成何种输出。那么，无监督学习呢？这种类型的算法从不具有相应输出的输入数据集中学习。人脑可以在有监督或无监督的方式下工作，但在我们的情况下，无监督学习更占优势。深度神经网络主要应用于目标的分类和识别，如图像识别和语音识别。

在本书中，我们主要讨论使用监督学习建立机器人的深度学习应用。下一节将介绍深度学习在机器人领域的应用。

9.3 机器人领域的深度学习

以下是机器人技术中可以应用深度学习的主要领域：

- **基于深度学习的对象检测器**：假设一个机器人想要从一组对象中挑选一个特定的对象，那么解决这个问题的第一步是什么？应该是识别对象，对吧？我们可以使用图像处理算法，如分割和Haar训练来检测一个对象，但这些技术的问题是，它们是不可扩展的，不能用于许多对象。使用深度学习算法，我们可以训练一个大数据集的大型神经网络。与其他方法相比，深度学习算法具有良好的准确度和可扩展性。像ImageNet（http://image-net.org/）这样的数据集拥有大量的图像数据集，可以用于训练。我们也有经过训练的模型，可以直接使用。我们将在下一节中介绍一个基于ImageNet的图像识别ROS节点。

- **语音识别**：如果我们想用我们的声音来命令机器人执行某些任务，那该怎么做？机器人能听懂我们的语言吗？绝对不是这样。但是，与现有的基于隐马尔可夫模型（Hidden Markov Model，HMM）的识别器相比，使用深度学习技术可以构建更准确的语音识别系统。百度（http://research.baidu.com/）和谷歌（http://research.google.com/pubs/SpeechProcessing.html）等公司正在努力创建基于深度学习的全球语音识别系统。
- **SLAM和定位**：深度学习可用于SLAM和移动机器人的定位，其性能远优于传统方法。
- **自动驾驶汽车**：自动驾驶汽车中的深度学习方法是一种利用训练好的网络来控制车辆转向的新方法，其中传感器数据可以输入网络中，从而获得相应的转向控制。这种网络可以边“开车”边学习。

在深度强化学习方面做得很多的公司之一是谷歌旗下的DeepMind。该公司引入了一种仅以原始像素和分数作为输入将雅达利2600游戏提升到极高水平的方法（https://deepmind.com/research/dqn）。AlphaGo是DeepMind开发的另一个计算机程序，它甚至可以打败专业的围棋选手（https://deepmind.com/research/alphago/）。

现在让我们来看几个深度学习库。

9.4　深度学习库

当前学术研究及商业应用领域已经涌现出一些流行的深度学习库，如下所示：

- **TensorFlow**：这是一个使用数据流图进行数值计算的开源软件库。TensorFlow库（https://www.tensorflow.org/）是为机器智能而设计的，由谷歌Brain团队开发。该库的主要目的是进行机器学习和深度神经网络研究。它还可以广泛应用于其他领域。
- **Theano**：Theano是一个开源的Python库（http://deeplearning.net/software/theano/），它允许我们熟练地简化和评估数学表达式，包括多维数组。Theano最初是由加拿大蒙特利尔大学的机器学习小组创建的。
- **Torch**：Torch是一个科学计算框架，提供对GPU支持的机器学习算法。它非常高效，构建于脚本语言LuaJIT之上，并具有底层的C/CUDA实现（http://torch.ch/）。
- **Caffe**：Caffe（http://caffe.berkeleyvision.org/）是一个深度学习库，关注模块化、速

度和表现力。它是由**伯克利视觉和学习中心**（Berkeley Vision and Learning Centre，BVLC）开发的。

下一节我们将开始学习TensorFlow。

9.5 TensorFlow入门

如前所述，TensorFlow是一个开源库，主要用于快速数值计算。这个库主要基于Python，由Google发布。TensorFlow可以用作创建深度学习模型的基础库。我们可以在研发时和生产系统中使用TensorFlow。TensorFlow的优点是既可以在单个CPU上运行，也可以在数百台机器组成的大型分布式系统上运行。它在GPU和移动设备上也运行良好。

> 可以通过https://www.tensorflow.org/查看TensorFlow库。

现在让我们学习如何在Ubuntu 18.04 LTS上安装TensorFlow。

9.5.1 在Ubuntu 18.04 LTS上安装TensorFlow

如果读者有快速的互联网连接，那么安装TensorFlow并不是一项烦琐的任务。我们需要的主要工具是`pip`，它是用于管理和安装Python软件包的包管理工具。

> 可以从https://www.tensorflow.org/install/install_linux获取Linux下的最新安装说明。

让我们通过以下步骤安装TensorFlow：

1）在Ubuntu上安装`pip`的命令如下：

```
$ sudo apt-get install python-pip python-dev
```

2）安装`pip`后，可以使用以下命令安装TensorFlow：

```
$ pip install tensorflow
```

这将安装最新且稳定的TensorFlow库。如果想安装GPU版本，请使用以下命令：

```
$ pip install tensorflow-gpu
```

3）必须执行以下命令来设置一个名为`TF_BINARY_URL`的bash变量，用来为我们的配置安装正确的二进制文件。下面的变量是针对Ubuntu 64位、Python 2.7、CPU版本的：

```
$ export
TF_BINARY_URL=https://storage.googleapis.com/tensorflow/linux/gpu/t
ensorflow-0.11.0-cp27-none-linux_x86_64.whl
```

如果读者使用的是NVIDIA GPU，则可能需要不同的二进制文件。读者可能还需要安装CUDA工具包8.0 cuDNN v5才能安装，如下所示：

```
$ export
TF_BINARY_URL=https://storage.googleapis.com/tensorflow/linux/gpu/t
ensorflow-0.11.0-cp27-none-linux_x86_64.whl
```

请查看以下参考资料以了解如何使用 NVIDIA 加速安装 TensorFlow：

- http://www.nvidia.com/object/gpu-accelerated-applicationstensorflow-installation.html
- https://alliseesolutions.wordpress.com/2016/09/08/install-gpu-tensorflow-from-sources-w-ubuntu-16-04-and-cuda-8-0-rc/cuda-8-0-rc/

4）定义 bash 变量后，使用以下命令安装 Python 2 的二进制文件：

```
$ sudo pip install --upgrade $TF_BINARY_URL
```

可以查看 https://developer. nvidia.com/cudnn 来安装 cuDNN。

如果一切正常，读者将在终端中获得如图 9.1 所示的输出。

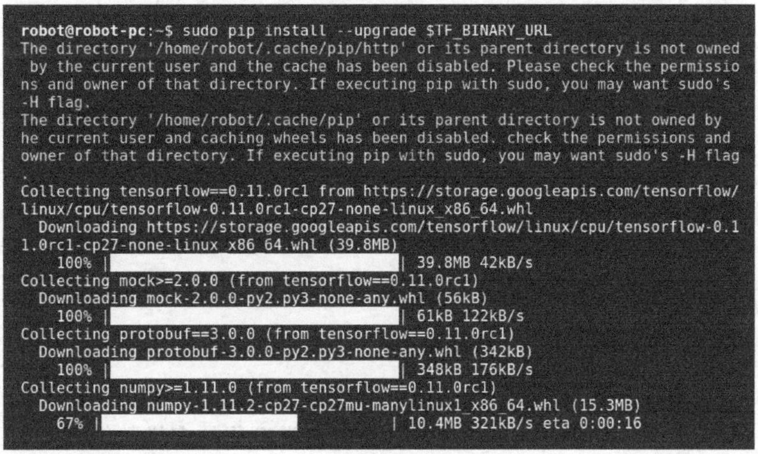

```
robot@robot-pc:~$ sudo pip install --upgrade $TF_BINARY_URL
The directory '/home/robot/.cache/pip/http' or its parent directory is not owned
 by the current user and the cache has been disabled. Please check the permissio
ns and owner of that directory. If executing pip with sudo, you may want sudo's
-H flag.
The directory '/home/robot/.cache/pip' or its parent directory is not owned by
he current user and caching wheels has been disabled. check the permissions and
owner of that directory. If executing pip with sudo, you may want sudo's -H flag
.
Collecting tensorflow==0.11.0rc1 from https://storage.googleapis.com/tensorflow/
linux/cpu/tensorflow-0.11.0rc1-cp27-none-linux_x86_64.whl
  Downloading https://storage.googleapis.com/tensorflow/linux/cpu/tensorflow-0.1
1.0rc1-cp27-none-linux_x86_64.whl (39.8MB)
    100% |████████████████████████████████| 39.8MB 42kB/s
Collecting mock>=2.0.0 (from tensorflow==0.11.0rc1)
  Downloading mock-2.0.0-py2.py3-none-any.whl (56kB)
    100% |████████████████████████████████| 61kB 122kB/s
Collecting protobuf==3.0.0 (from tensorflow==0.11.0rc1)
  Downloading protobuf-3.0.0-py2.py3-none-any.whl (342kB)
    100% |████████████████████████████████| 348kB 176kB/s
Collecting numpy>=1.11.0 (from tensorflow==0.11.0rc1)
  Downloading numpy-1.11.2-cp27-cp27mu-manylinux1_x86_64.whl (15.3MB)
    67% |█████████████████████           | 10.4MB 321kB/s eta 0:00:16
```

图 9.1　安装 TensorFlow

如果读者的系统上已经正确安装了所有东西，则可以使用一个简单的测试来检查它。打开 Python 终端，执行以下代码行，并检查是否得到相应的结果。我们稍后会解释代码。

以下是 TensorFlow 中的 hello world 代码：

```
import tensorflow as tf
hello = tf.constant('Hello, TensorFlow!')
sess = tf.Session()
print (sess.run(hello))
a = tf.constant(12)
b = tf.constant(34)
print(sess.run(a+b))
```

前面代码的输出如图 9.2 所示。在下一节中，我们将介绍 TensorFlow 的几个重要概念。

```
robot@robot-pc:~$ python
Python 2.7.11+ (default, Apr 17 2016, 14:00:29)
[GCC 5.3.1 20160413] on linux2
Type "help", "copyright", "credits" or "license" for more informati
on.
>>> import tensorflow as tf
>>> hello = tf.constant('Hello, TensorFlow!')
>>> sess = tf.Session()
>>> print(sess.run(hello))
Hello, TensorFlow!
>>> a = tf.constant(12)
>>> b = tf.constant(34)
>>> print(sess.run(a+b))
46
>>>
```

图 9.2　测试 TensorFlow 安装

9.5.2　TensorFlow 概念

在开始使用 TensorFlow 函数进行编程之前，读者应该了解其概念。图 9.3 展示了以 TensorFlow 中的加法运算为例演示的 TensorFlow 概念框图。

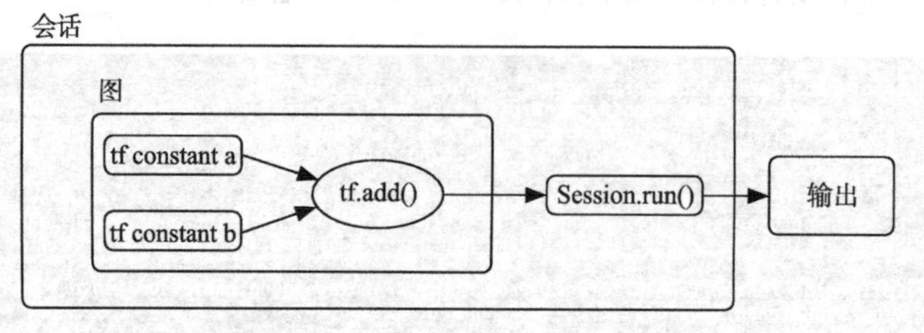

图 9.3　TensorFlow 加法运算概念框图

让我们来看看图 9.3 中的每个概念。

1. 图

在 TensorFlow 中，所有计算都表示为图（graph）。图由节点组成。图中的节点称为**操作**（operation）。操作或节点可以获取张量。张量通常是类型化的多维数组。例如，图像可以是张量。因此，简而言之，TensorFlow 图描述了所需的所有计算。

在前面的例子中，图的操作如下：

```
hello = tf.constant('Hello, TensorFlow!')
a = tf.constant(12)
b = tf.constant(34)
```

这些 `tf.constant()` 方法创建一个常量操作，该常量操作将作为节点添加到图中。读者可以看到字符串和整数是如何添加到图中的。

2. 会话

在构建完图之后，我们必须执行它。为了计算图，我们应该把它放在会话（session）中。TensorFlow 中的 `Session` 类将所有操作或节点放在计算设备（如 CPU 或 GPU）上。

可以通过以下代码在 TensorFlow 中创建 Session 对象：

```
sess = tf.Session()
```

为了在图中运行操作，Session 类提供了运行整个图的方法：

```
print(sess.run(hello))
```

它将执行名为 hello 的操作，并在终端中输出 Hello, TensorFlow。

3. 变量

在执行过程中，我们可能需要维护操作的状态。可以使用 tf.Variable() 完成此操作。让我们查看 tf.Variable() 的示例声明。此行代码将创建一个名为 counter 的变量，并将其初始化为标量值 0：

```
state = tf.Variable(0, name="counter")
```

以下是为变量赋值的操作：

```
one = tf.constant(1)
update = tf.assign(state, one)
```

如果正在处理变量，则必须使用以下函数将它们一次性全部初始化：

```
init_op = tf.initialize_all_variables()
```

在初始化之后，必须运行图才能使其生效。可以使用以下代码运行前面的操作：

```
sess = tf.Session()
sess.run(init_op)
print(sess.run(state))
sess.run(update)
```

4. 数据获取

要从图中获取输出，必须执行 run() 方法，它位于 Session 对象中。我们可以将操作传递给 run() 方法，并以张量的形式获取输出：

```
a = tf.constant(12)
b = tf.constant(34)
add = tf.add(a,b)
sess = tf.Sessions()
result = sess.run(add)
print(result)
```

在前面的代码中，result 的值为 12+34（46）。

5. 张量赋值

到目前为止，我们一直在处理常数和变量。我们还可以在图执行期间为张量赋值。这里我们有一个在执行期间赋值张量的例子。为了赋值一个张量，首先必须使用 tf.placeholder() 函数定义赋值对象。

定义了两个赋值对象后，我们可以看到如何在 sess.run() 中使用它：

```
x = tf.placeholder(tf.float32)
y = tf.placeholder(tf.float32)

output = tf.mul(input1, input2)

with tf.Session() as sess:
  print(sess.run([output], feed_dict={x:[8.], y:[2.]}))

# output:
# [array([ 16.], dtype=float32)]
```

让我们开始使用 TensorFlow 进行代码编写。

9.5.3　在 TensorFlow 下编写第一行代码

我们将再次编写执行矩阵运算的基本代码，如矩阵加法、乘法、标量乘法，以及与从 1 到 99 的标量的乘法。编写这些代码是为了演示前面介绍的 TensorFlow 的基本功能。

读者可以在我们的代码仓库 https://github.com/PacktPublishing/ROS-Robotics-Projects-SecondEdition/blob/master/chapter_9_ws/basic_tf_code.py 中查看和下载代码。

我们知道，必须导入 `tensorflow` 模块才能访问它的 API。我们还将导入 `time` 模块以在循环中提供延迟：

```
import tensorflow as tf
import time
```

下面在 TensorFlow 中定义变量。我们定义变量 `matrix_1` 和 `matrix_2`，即两个 3 × 3 矩阵：

```
matrix_1 = tf.Variable([[1,2,3],[4,5,6],[7,8,9]],name="mat1")
matrix_2 = tf.Variable([[1,2,3],[4,5,6],[7,8,9]],name="mat2")
```

除了前面的矩阵变量之外，我们还定义了一个常数和一个标量变量 `counter`。这些值用于标量乘法操作。我们将 `counter` 的值从 1 增至 99，令每个值乘以一个矩阵：

```
scalar = tf.constant(5)
number = tf.Variable(1, name="counter")
```

下面在 `tf` 中定义字符串。每个字符串被定义为一个常量：

```
add_msg = tf.constant("\nResult of matrix addition\n")
mul_msg = tf.constant("\nResult of matrix multiplication\n")
scalar_mul_msg = tf.constant("\nResult of scalar multiplication\n")
number_mul_msg = tf.constant("\nResult of Number multiplication\n")
```

下面是在图中执行计算的主要操作。第一行将两个矩阵相加，第二行将这两个相同的矩阵相乘，第三行将与一个值执行标量乘法，第四行将与标量变量执行标量乘法。代码如下：

```
mat_add = tf.add(matrix_1,matrix_2)
mat_mul = tf.matmul(matrix_1,matrix_2)
mat_scalar_mul = tf.mul(scalar,mat_mul)
mat_number_mul = tf.mul(number,mat_mul)
```

如果我们有 tf 变量声明，则必须使用以下代码行对其进行初始化：

```
init_op = tf.initialize_all_variables()
```

这里，我们创建了一个 Session() 对象：

```
sess = tf.Session()
```

这是我们之前没有讨论过的。我们可以根据我们的设备授权在任何设备（CPU 或 GPU）上进行计算。在这里，读者可以看到该设备是 CPU：

```
tf.device("/cpu:0")
```

这行代码将运行图来初始化所有变量：

```
sess.run(init_op)
```

在下面的循环中，我们可以看到 TensorFlow 图的运行。此循环将每个操作放入 run() 方法中，并获取其结果。为了能够看到每个输出，我们在循环中设置了延迟：

```
for i in range(1,100):

  print "\nFor i =",i

  print(sess.run(add_msg))
  print(sess.run(mat_add))

  print(sess.run(mul_msg))
  print(sess.run(mat_mul))

  print(sess.run(scalar_mul_msg))
  print(sess.run(mat_scalar_mul))
  update = tf.assign(number,tf.constant(i))
  sess.run(update)
  print(sess.run(number_mul_msg))
  print(sess.run(mat_number_mul))

  time.sleep(0.1)
```

完成所有计算后，必须释放 Session() 对象以释放资源：

```
sess.close()
```

输出结果将如图 9.4 所示。

至此我们介绍了 TensorFlow 的基础知识，现在让我们学习如何使用 ROS 和 TensorFlow 进行图像识别。

```
For i = 99

Result of matrix addition

[[ 2  4  6]
 [ 8 10 12]
 [14 16 18]]

Result of matrix multiplication

[[ 30  36  42]
 [ 66  81  96]
 [102 126 150]]

Result of scalar multiplication

[[150 180 210]
 [330 405 480]
 [510 630 750]]

Result of Number multiplication

[[ 2970  3564  4158]
 [ 6534  8019  9504]
 [10098 12474 14850]]
```

图 9.4　基本 TensorFlow 代码输出

9.6　ROS 下基于 TensorFlow 的图像识别

在讨论了 TensorFlow 的基础知识之后，让我们开始讨论如何与 ROS 和 TensorFlow 进行交互来完成一些重要的工作。在本节中，我们将讨论如何使用这两种方法进行图像识别。这里我们提供了一个使用 TensorFlow 和 ROS 执行图像识别的简单程序包，网址为 https://github.com/qboticslabs/rostensorflow。

这个功能包来自 https://github.com/OTL/rostensorflow 的一个分支。该功能包主要包含一个 ROS Python 节点，该节点订阅 ROS webcam 驱动程序的图像，并使用 TensorFlow API 执行图像识别。节点将打印检测到的对象及其概率。

图像识别主要是利用一种称为深度卷积网络的模型来完成的。该方法在图像识别领域具有较高的准确性。我们将使用一个改进的模型——Inception v3（https://arxiv.org/abs/1512.00567）。

> 该模型是为 ImageNet 大型视觉识别挑战（ILSVRC）（http://imagenet.org/challenges/LSVRC/2016/index）使用 2012 年的数据进行训练的。

当运行该节点时，它会将经过训练的 Inception v3 模型下载到计算机中，并根据摄像头图像对对象进行分类。读者可以在终端中看到检测到的对象的名称及其概率。运行此节点有几个基础需求。让我们来看一下相关的依赖项。

9.6.1　基础需求

要运行 ROS 图像识别节点，需要安装以下依赖项。第一个是 cv_bridge，它帮助我们将 ROS 图像消息转换为 OpenCV 图像数据类型，反之亦然。第二个是 cv_camera，它是 ROS camera 的驱动程序之一。安装命令如下：

```
$ sudo apt-get install ros-melodic-cv-bridge ros-melodic-cv-camera
```

下一节将介绍 ROS 图像识别节点。

9.6.2　ROS 图像识别节点

可以从 GitHub 下载 ROS 图像识别包；本书的代码包也提供了该功能包。image_Recognition.py 程序可以在 /result 话题中发布检测到的结果，该话题属于 ste_msgs/String 类型，并从 /image（sensor_msgs/Image）话题订阅 ROS camera 驱动程序的图像数据。那么，image_recognition.py 是如何工作的呢？首先，来看一看导入该节点的主要模块。如读者所知，rospy 提供了基于 Python 的 ROS API。ROS camera 驱动程序发布 ROS 图像消息，因此这里我们必须从 sensor_msgs 导入 Image 消息来处理这些图像消息。

要将 ROS 图像转换为 OpenCV 数据类型，我们需要 cv_bridge，当然还有 numpy、tensorflow 和 tensorflow imagenet 模块来对图像进行分类，此外还需要从 https://www.tensorflow.org/ 下载 Inception v3 模型。

基于以下代码导入相关模块及函数：

```
import rospy
from sensor_msgs.msg import Image
from std_msgs.msg import String
from cv_bridge import CvBridge
import cv2
import numpy as np
import tensorflow as tf
from tensorflow.models.image.imagenet import classify_image
```

下面的代码片段是一个名为 RosTensorFlow() 的类的构造函数：

```
class RosTensorFlow():
    def __init__(self):
```

构造函数调用包含 API，用于从 https://www. tensorflow. org/ 下载经过训练的 Inception v3 模型：

```
classify_image.maybe_download_and_extract()
```

现在我们正在创建一个 TensorFlow Session() 对象，然后从保存的 GraphDef 文件创建一个图，并返回它的句柄。代码包提供了 GraphDef 文件：

```
self._session = tf.Session()
classify_image.create_graph()
```

以下代码行将创建一个用于ROS-OpenCV图像格式转换的`cv_bridge`对象：

```
self._cv_bridge = CvBridge()
```

以下是该节点的订阅器和发布器句柄：

```
self._sub = rospy.Subscriber('image', Image, self.callback, queue_size=1)
        self._pub = rospy.Publisher('result', String, queue_size=1)
```

以下是一些用于识别阈值和顶部预测数的参数：

```
self.score_threshold = rospy.get_param('~score_threshold', 0.1)
self.use_top_k = rospy.get_param('~use_top_k', 5)
```

以下是将ROS图像消息转换为OpenCV数据类型的图像回调：

```
def callback(self, image_msg):
    cv_image = self._cv_bridge.imgmsg_to_cv2(image_msg, "bgr8")
    image_data = cv2.imencode('.jpg', cv_image)[1].tostring()
```

以下代码通过将`image_data`作为输入提供给图来运行`softmax`张量。`softmax:0`部分是包含1000个标签的归一化预测的张量：

```
softmax_tensor = self._session.graph.get_tensor_by_name('softmax:0')
```

`DecodeJpeg/contents:0`行是包含提供图像JPEG编码的字符串的张量：

```
predictions = self._session.run(
    softmax_tensor, {'DecodeJpeg/contents:0': image_data})
predictions = np.squeeze(predictions)
```

以下代码将查找匹配的对象字符串及其概率，并通过名为`/result`的话题发布相关结果：

```
node_lookup = classify_image.NodeLookup()
top_k = predictions.argsort()[-self.use_top_k:][::-1]
for node_id in top_k:
    human_string = node_lookup.id_to_string(node_id)
    score = predictions[node_id]
    if score > self.score_threshold:
        rospy.loginfo('%s (score = %.5f)' % (human_string, score))
        self._pub.publish(human_string)
```

以下是该节点的主要代码。该节点仅用于初始化类并调用`RosTensorFlow()`对象内的`main()`方法。`main()`方法将对节点执行`spin()`，并在图像进入`/image`话题时执行回调：

```
    def main(self):
        rospy.spin()
if __name__ == '__main__':
```

```
    rospy.init_node('rostensorflow')
    tensor = RosTensorFlow()
    tensor.main()
```

下面我们将学习如何运行 ROS 图像识别节点。

运行 ROS 的图像识别节点

1）插入一个 UVC 网络摄像头，运行 roscore：

```
$ roscore
```

2）运行网络摄像头驱动程序：

```
$ rosrun cv_camera cv_camera_node
```

3）使用以下命令运行图像识别节点：

```
$ python image_recognition.py image:=/cv_camera/image_raw
```

当运行图像识别节点时，它将下载 inception 模型并将其提取到 /tmp/imagenet 文件夹中。可以从 http://download.tensorflow.org/models/image/imagenet/inception-2015-12-05.tgz 手动下载 Inception v3。数据源是 https://www.tensorflow.org/datasets/catalog/overview#usage，在 Apache 许可证 2.0 版（https://www.apache.org/licenses/LICENSE-2.0）下使用。可以将此文件复制到 /tmp/imagenet 文件夹中，如图 9.5 所示。

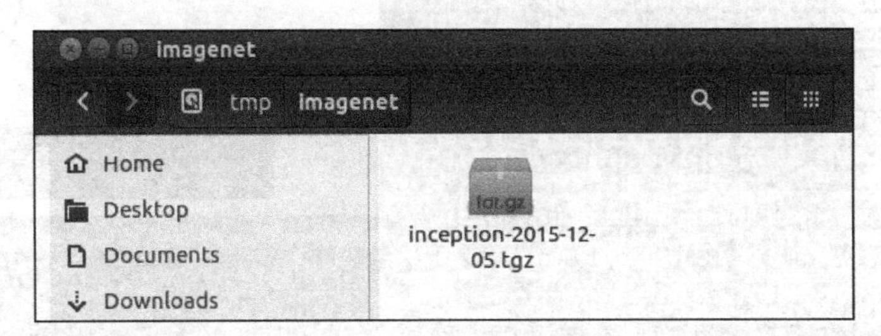

图 9.5　/tmp/imagenet 文件夹中的 inception 模型

4）通过响应以下话题来查看结果：

```
$ rostopic echo /result
```

5）可以使用以下命令查看摄像头图像：

```
$ rosrun image_view image_view image:= /cv_camera/image_raw
```

识别器的输出如图 9.6 所示。识别器将设备检测为手机。

在下一次检测中，被检测对象为水瓶，如图 9.7 所示。

现在让我们学习更多关于 scikit-learn 的知识。

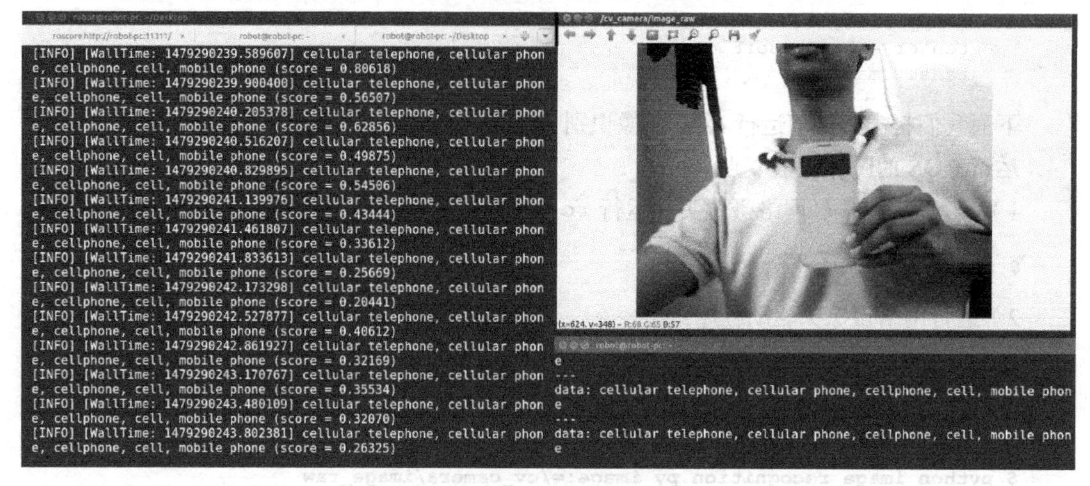

图 9.6　识别器节点的输出

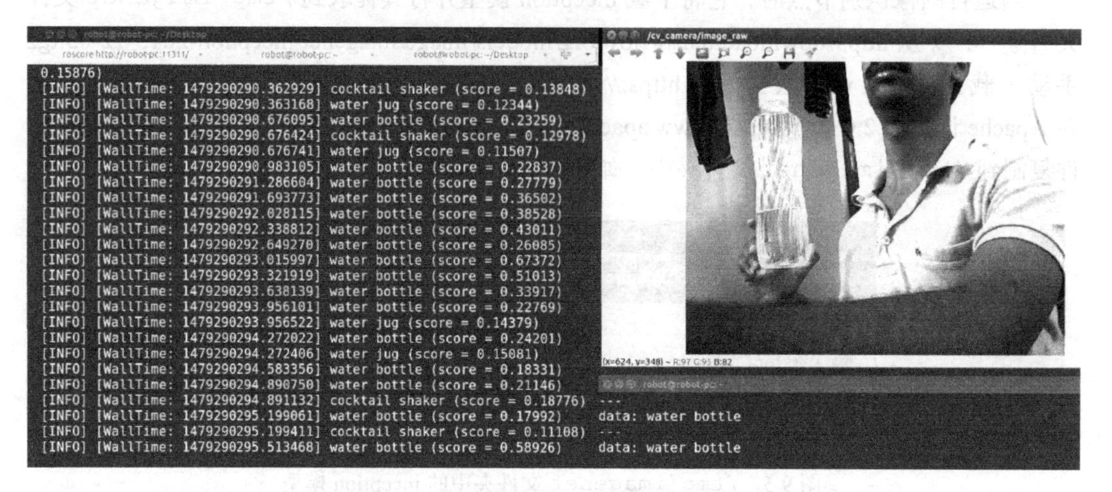

图 9.7　检测水瓶的识别器节点的输出

9.7　scikit-learn 简介

到目前为止，我们一直在讨论深度神经网络及其在机器人和图像处理中的一些应用。除了神经网络之外，还有很多模型可以用来对数据进行分类和预测。通常，在机器学习中，我们可以使用监督学习或无监督学习来训练模型。在监督学习中，我们根据数据集训练模型，但在无监督学习中，模型能够发现一组相关的观察结果，称为簇（cluster）。

有许多库可用来处理机器学习算法。这里我们将对名为 scikit-learn 的库进行介绍。我们可以用它来实现大多数标准的机器学习算法和自己的应用程序。scikit-learn（http://scikit-learn.org/）是基于 Python 的最流行的开源机器学习库之一。它提供了分类、回归和聚类算法的实现，以及从数据集中提取特性、训练模型和评估模型的函数。scikit-learn 是一个名为 SciPy（https://www.scipy.org/）的流行科学 Python 库的扩展。scikit-learn 与其他流行的 Python 库（如 NumPy 和 Matplotlib）紧密绑定。使用 NumPy，我们可以创建高效的多维数组，而使用 Matplotlib，我们可以可视化数据。scikit-learn 有很好的文档，并且有执行 SVM 和自然语言处理功能的封装器。

我们首先介绍如何在 Ubuntu 18.04 LTS 上安装 scikit-learn。

在 Ubuntu 18.04 LTS 上安装 scikit-learn

在 Ubuntu 上安装 scikit-learn 既简单又直接。读者可以使用 `apt-get install` 或 `pip` 进行安装。

下面是使用 `apt-get install` 安装 scikit-learn 的命令：

```
$ sudo apt-get install python-sklearn
```

也可以通过以下命令使用 `pip` 安装它：

```
$ sudo pip install scikit-learn
```

安装完 scikit-learn 后，可以在 Python 终端中使用以下命令测试安装：

```
>>> import sklearn
>>> sklearn.__version__
'0.19.1'
```

如果输出结果如上所示，则表明已经成功地安装了 scikit-learn，下一节将介绍 SVM 及其在机器人领域的应用。

9.8　SVM 及其在机器人领域的应用简介

我们已经安装了 scikit-learn，那么接下来是什么呢？实际上，我们将讨论一种叫作 SVM 的流行机器学习技术及其在机器人领域的应用。在讨论了基础知识之后，我们就可以使用 SVM 实现 ROS 应用程序了。

那么，什么是 SVM 呢？它是一种监督机器学习算法，可用于分类或回归。在 SVM 中，我们在 n 维空间中绘制每个数据项及其数值。在绘图之后，它通过找到一个超平面来分离这些数据点，从而实现分类。这就是基本分类的完成方式。SVM 对于小型数据集有更好的表现，但是当数据集非常大的时候，它的表现就不好了。此外，如果数据集有噪声数据，SVM 则不适用。SVM 在机器人领域有着广泛的应用，特别是在计算机视觉领域，它可以对机器人的目标和各种传感器数据进行分类。

在下一节中，我们将看到如何实现 SVM 并使用 scikit-learn 构建一个应用程序。

SVM-ROS 应用程序的实现

在这个应用程序中，我们将以三种方式对传感器数据进行分类。假设传感器值在 0 到 30 000 之间，我们有一个具有传感器值映射的数据集。例如，对于一个传感器值，可以将其赋值为 1、2 或 3。为了测试 SVM，我们将构建一个 ROS 节点，称为虚拟传感器节点，它可以发布 0 ～ 30 000 之间的值。训练后的 SVM 模型可以对虚拟传感器值进行分类。该方法可用于对任何类型的传感器数据进行分类。在将 SVM 嵌入 ROS 之前，先介绍一些使用 `sklearn` 实现 SVM 的 Python 基本代码。

首先导入 `sklearn` 和 `numpy` 模块。`sklearn` 模块有 `svm` 模块，将在稍后使用，`numpy` 用于制作多维数组。代码如下：

```
from sklearn import svm
import numpy as np
```

对于 SVM 的训练，我们需要一个输入（预测器）和一个输出（目标）；这里，`X` 是输入，`y` 是需要的输出：

```
X = np.array([[-1, -1], [-2, -1], [1, 1], [2, 1]])
y = np.array([1, 1, 2, 2])
```

定义了 `X` 和 `y` 之后，只需创建一个**支持向量机分类器**（SVM Classification，SVC）对象的实例。将 `X` 和 `y` 输入 SVC 对象中来训练模型。输入 `X` 和 `y` 后，可以输入一个可能不在 `X` 中的输入，让模型预测该给定输入对应的 `y` 值：

```
model = svm.SVC(kernel='linear',C=1,gamma=1)
model.fit(X,y)
print(model.predict([[-0.8,-1]]))
```

前面的代码将给出的输出为 `1`。

现在，我们将实现一个执行相同操作的 ROS 应用程序。在这里，我们将创建一个虚拟传感器节点，它可以发布 0 ～ 30 000 之间的随机值。ROS-SVM 节点将订阅这些值并使用前面的 API 对它们进行分类。SVM 中的学习是从 CSV 数据文件中完成的。可以在本书的代码仓库 https://github.com/PacktPublishing/ROS-Robotics-Projects-SecondEdition/tree/master/chapter_9_ws 中查看完整的应用程序包，名为 `ros_ml`。在 `ros_ml/scripts` 文件夹中，可以看到 `ros_svm.py` 和 `virtual_sensor.py` 等节点。

首先，让我们看看虚拟传感器节点。其代码非常简单，易于理解。它只需生成一个 0 ～ 30 000 之间的随机数，并将其发布到 `/sensor_read` 话题即可：

```
#!/usr/bin/env python
import rospy
from std_msgs.msg import Int32
import random

def send_data():
```

```
    rospy.init_node('virtual_sensor', anonymous=True)
  rospy.loginfo("Sending virtual sensor data")
  pub = rospy.Publisher('sensor_read', Int32, queue_size=1)
    rate = rospy.Rate(10) # 10hz

    while not rospy.is_shutdown():
      sensor_reading = random.randint(0,30000)
      pub.publish(sensor_reading)
      rate.sleep()

if __name__ == '__main__':
    try:
       send_data()
    except rospy.ROSInterruptException:
       pass
```

下一个节点是 ros_svm.py。该节点从 ros_ml 包内的数据文件夹中读取数据文件。当前数据文件名为 pos_reading.csv，它包含传感器值和目标值。以下是该文件的一个片段：

```
5125,5125,1
6210,6210,1
...............

10125,10125,2
6410,6410,2
5845,5845,2
................

14325,14325,3
16304,16304,3
18232,18232,3
..................
```

ros_svm.py 节点读取这个文件，训练 SVC，并预测来自虚拟传感器话题的每个值。该节点有一个名为 Classify_Data() 的类，它有读取 CSV 文件的方法，并使用 scikit API 对其进行训练和预测。

下面是这些节点的启动步骤：

1）启动 roscore：

```
$ roscore
```

2）切换到 ros_ml 的脚本文件夹：

```
$ roscd ros_ml/scripts
```

3）运行 ROS SVM 分类器节点：

```
$ python ros_svm.py
```

4）在另一个终端中运行虚拟传感器：

```
$ rosrun ros_ml virtual_sensor.py
```

从 SVM 节点获得的输出，如图 9.8 所示。

```
[INFO] [WallTime: 1478795301.108411] Input = 3578       Prediction = 2
[INFO] [WallTime: 1478795301.208386] Input = 25929      Prediction = 3
[INFO] [WallTime: 1478795301.308298] Input = 2692       Prediction = 1
[INFO] [WallTime: 1478795301.408412] Input = 18532      Prediction = 3
[INFO] [WallTime: 1478795301.508338] Input = 23827      Prediction = 3
[INFO] [WallTime: 1478795301.608325] Input = 9525       Prediction = 2
[INFO] [WallTime: 1478795301.708314] Input = 16329      Prediction = 3
[INFO] [WallTime: 1478795301.808376] Input = 6160       Prediction = 2
[INFO] [WallTime: 1478795301.908370] Input = 3789       Prediction = 2
[INFO] [WallTime: 1478795302.008349] Input = 23066      Prediction = 3
[INFO] [WallTime: 1478795302.108361] Input = 11637      Prediction = 3
[INFO] [WallTime: 1478795302.208381] Input = 29517      Prediction = 3
[INFO] [WallTime: 1478795302.308438] Input = 25526      Prediction = 3
[INFO] [WallTime: 1478795302.408303] Input = 9828       Prediction = 2
[INFO] [WallTime: 1478795302.508341] Input = 14718      Prediction = 3
[INFO] [WallTime: 1478795302.608403] Input = 19248      Prediction = 3
[INFO] [WallTime: 1478795302.708343] Input = 29411      Prediction = 3
[INFO] [WallTime: 1478795302.808402] Input = 8170       Prediction = 2
[INFO] [WallTime: 1478795302.908326] Input = 8343       Prediction = 2
[INFO] [WallTime: 1478795303.008411] Input = 18324      Prediction = 3
[INFO] [WallTime: 1478795303.108378] Input = 14846      Prediction = 3
[INFO] [WallTime: 1478795303.208400] Input = 20526      Prediction = 3
[INFO] [WallTime: 1478795303.308316] Input = 18781      Prediction = 3
[INFO] [WallTime: 1478795303.408407] Input = 1716       Prediction = 1
[INFO] [WallTime: 1478795303.508380] Input = 28444      Prediction = 3
[INFO] [WallTime: 1478795303.608389] Input = 7272       Prediction = 2
[INFO] [WallTime: 1478795303.708434] Input = 22650      Prediction = 3
```

图 9.8 ROS-SVM 节点的输出

9.9 本章小结

在本章中，我们主要讨论了可以与 ROS 交互的各种机器学习技术和库。我们首先介绍了机器学习和深度学习的基础知识。然后，我们介绍了 TensorFlow 的基本使用方法。TensorFlow 是一个开源 Python 库，主要用于执行深度学习。我们讨论了使用 TensorFlow 的基本代码，然后将这些功能与 ROS 结合起来，用于图像识别应用程序。在讨论了 TensorFlow 和深度学习之后，我们讨论了另一个名为 scikit-learn 的 Python 库，它用于构建机器学习应用程序。我们了解了什么是 SVM，并研究了如何使用 scikit-learn 实现它。在此基础上，我们使用 ROS 和 scikit-learn 实现了一个示例应用程序，用于对传感器数据进行分类。本章提供了在 ROS 中集成 TensorFlow 以用于深度学习应用程序的概述。在下一章中，我们将研究自动驾驶汽车是如何工作的，并尝试在 Gazebo 中进行模拟。

第 10 章 ROS 下的自动驾驶汽车构建

在本章中，我们将讨论机器人行业中流行的一种技术：无人驾驶或自动驾驶汽车。许多人可能听说过这项技术；如果没有听说过，则可以在 10.2 节中进行了解。

我们将从一个典型的自动驾驶汽车的软件框图开始，然后学习如何在 ROS 中模拟自动驾驶汽车传感器以及如何与之进行交互。我们还将介绍线控汽车与 ROS 的接口、虚拟可视化汽车、读取其传感器信息。从头开始创建自动驾驶汽车不在本书的讨论范围内，但本章将介绍自动驾驶汽车组件的抽象概念和模拟教程。

本章涵盖的主题包括：

- 自动驾驶汽车入门。
- 典型自动驾驶汽车基本组件。
- ROS 下的自动驾驶汽车模拟与交互。
- Gazebo 下带传感器的自动驾驶汽车模拟。
- ROS 下的 DBW 汽车接口。
- Udacity 开源自动驾驶汽车项目简介。
- Udacity 的开源自动驾驶汽车模拟器。

10.1 技术要求

学习本章内容的相关要求如下：

- Ubuntu 18.04 系统，预先安装 ROS Melodic Morenia 和 Gazebo 9。
- ROS 功能包：`velodyne-simulator`、`sensor-sim-gazebo`、`hector-slam` 等。
- 时间线及测试平台：
  - ❑ **预计学习时间**：平均 90 ～ 120 分钟。
  - ❑ **项目构建时间（包括编译和运行）**：平均约 90 分钟。
  - ❑ **项目测试平台**：惠普 Pavilion 笔记本电脑（Intel® Core™ i7-4510U CPU @ 2.00 GHz × 4，8 GB 内存，64 位操作系统，GNOME-3.28.2 桌面环境）。

本章的代码可在以下网址下载：

https://github.com/PacktPublishing/ROS-Robotics-Projects-SecondEdition/tree/master/chapter_10_ws。

首先介绍自动驾驶汽车的基本概念。

10.2 自动驾驶汽车入门

想象一下，一辆汽车在没有任何人帮助的情况下自动驾驶。自动驾驶汽车就像机器人汽车一样，可以思考并决定选择哪条路径来到达目的地。只需指定目的地，机器人汽车就会把我们安全地送到那里。要把一辆普通汽车改造成机器人汽车，我们需要在其中添加一些机器人传感器。我们知道，对于一个机器人来说，至少应该有三个重要的能力：感知、规划和行动。自动驾驶汽车满足了所有这些要求。我们将讨论构造自动驾驶汽车所需的所有组件。在讨论构造自动驾驶汽车之前，让我们先看看自动驾驶汽车发展的一些里程碑。

自动驾驶汽车发展历程

使汽车自动化的概念很久以前就有了。自1930年以来，人们一直在尝试汽车和飞机的自动化，但围绕自动驾驶汽车的宣传在2004～2013年之间浮出水面。为了鼓励人们研究自动驾驶汽车技术，美国国防部的研究机构DARPA在2004年发起了一项名为"DARPA无人驾驶机器人挑战赛"的挑战。

这项挑战的目标是在沙漠道路上自动驾驶150英里[⊖]。

在这次挑战中，没有一个团队能够完成目标，因此该机构在2007年再次发起了挑战，但这一次目标略有不同。这里没有沙漠道路，而是绵延60英里的城市环境。在这次挑战中，4支队伍最终完成了目标。

挑战的获胜者是来自卡内基-梅隆大学的Tartan赛车队（http://www.tartanracing.org/），第二名是来自斯坦福大学的斯坦福赛车队（http://cs.stanford.edu/group/roadrunner/）。

在DARPA挑战赛之后，汽车公司开始努力在自己的汽车上实现自动驾驶功能。现在，几乎所有的汽车公司都有自己的自动驾驶汽车原型。

2009年，谷歌开始开发其自动驾驶汽车项目，现在名为Waymo（https://waymo.com/）。该项目由斯坦福人工智能实验室（http://robots.stanford.edu/）前主任Sebastian Thrun（http://ai.stanford.edu/）领导，极大地影响了其他汽车公司。

2016年，谷歌研发的自动驾驶汽车（参见图10.1）自动行驶了约270万公里。

⊖ 1英里=1609.344米。——编辑注

图 10.1 谷歌自动驾驶汽车（图片来源：https://commons.wikimedia.org/wiki/File:Google_self_driving_car_at_the_Googleplex.jpg。图片作者：Michael Shick。基于知识共享授权协议 CC-BY-SA 4.0：https://creativecommons.org/licenses/by-sa/4.0/legalcode）

2015 年，特斯拉汽车（Tesla Motors）在其电动汽车中引入了半自动驾驶功能。它主要在高速公路和其他道路上实现自动驾驶。2016 年，NVIDIA 推出了自己的自动驾驶汽车（http://www.nvidia.com/object/drive-px.html），该车型使用名为 NVIDIA-DGX-1（http://www.nvidia.com/object/deep-learning-system.html）的 AI 汽车计算机构建。这台计算机是专门为自动驾驶汽车设计的，是开发训练自动驾驶模型的最佳选择。

除了自动驾驶汽车，还有针对校园中移动的自动驾驶班车。现在很多初创公司都在建造自动驾驶班车，其中一家初创公司名为 Auro Robotics（http://www.auro.ai/）。

描述自动驾驶汽车时最常用的术语之一是自动驾驶水平分级。接下来将具体介绍它的含义。

自动驾驶水平分级

让我们来了解一下用于描述自动驾驶水平的不同分级：

- **0 级**：具有 0 级自动驾驶水平的汽车完全由人类驾驶员控制。大多数汽车都属于这一类。
- **1 级**：1 级的自动驾驶汽车将有一名人类驾驶员，但也将有一个驾驶员辅助系统，该系统可以使用来自环境的信息自动控制转向系统或加 / 减速。所有其他功能都必须由驾驶员控制。
- **2 级**：2 级的自动驾驶汽车可以执行转向和加 / 减速。所有其他任务都必须由驾驶员控制。可以说这个水平的自动驾驶是部分自动化的。
- **3 级**：在此水平，期望所有任务都将自动执行，但必要时需要人工干预。这一水平称为条件自动化。
- **4 级**：在此水平，不需要驾驶员；所有事情都由自动化系统处理。这种自主系统将在特定的天气条件下在特定的区域工作。这一水平称为高度自动化。
- **5 级**：此水平称为完全自动化。在这个水平上，一切都是高度自动化的，可以在任何道路上和任何天气条件下工作。不需要人类驾驶员。

在下一节中，我们将了解自动驾驶汽车的各种组件。

10.3 典型自动驾驶汽车基本组件

图10.2展示了自动驾驶汽车的重要组件。本节将讨论组件列表及其功能，以及用于DARPA挑战赛的自动驾驶汽车的相关传感器。

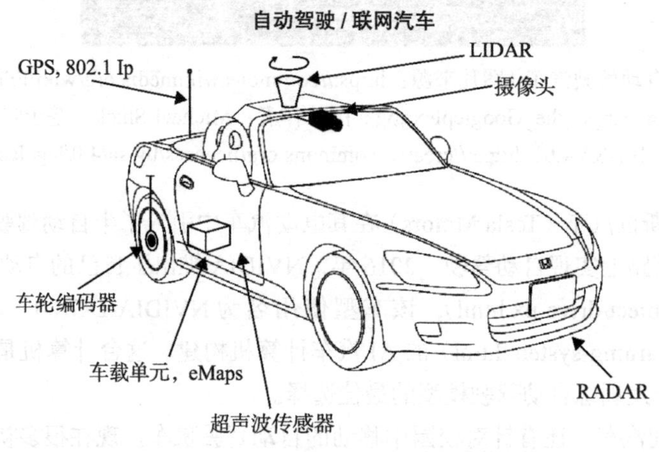

图10.2 自动驾驶汽车的重要组件

接下来介绍重要的组件，从GPS、IMU和车轮编码器开始。

10.3.1 GPS、IMU和车轮编码器

如读者所知，我们在GPS（Global Positioning System，**全球定位系统**）及卫星的帮助下能确定车辆的全球位置。车辆的纬度和经度可以从GPS数据中计算出来，GPS的精度随传感器类型的不同而有所差异，一些传感器的误差范围在几米以内，而有些传感器的误差范围不到1米。结合GPS、IMU（Inertial Measurement Unit，**惯性测量单元**）和车轮里程计的数据，利用传感器融合算法，可以检测出车辆的状态。这样可以更好地估计车辆位置。让我们来看看用于2007年DARPA挑战赛的位置估计模块。

来自Applanix的POS LV模块是斯坦福自动驾驶汽车Junior中使用的模块，是GPS、IMU和车轮编码器或**距离测量指示器**（Distance Measurement Indicator，DMI）的组合。可以在http://www.applanix.com/products/poslv.htm上找到它们。

OxTS模块是**牛津大学技术解决方案**（OxTS）（http://www.oxts.com/）的GPS/IMU组合模块，在2007年的DARPA挑战赛中被广泛使用。该模块来自RT 3000 v2系列（http://www.oxts.com/products/rt3000-family/）。OxTS的全部全球定位系统模块都可以在http://www.oxts.com/industry/automotive-testing/上找到。

Xsens MTi IMU

Xsens MTi 系列拥有独立的 IMU 模块，可用于自动驾驶汽车。可以从 http://www.xsens.com/products/mti-10-series/ 购买该产品。

10.3.2　摄像头

大多数自动驾驶汽车都部署了立体或单目摄像头来检测各种情况，如交通信号状态、行人、骑自行车的人以及汽车。例如，被 Intel 收购的 Mobilye 公司（http://www.mobileye.com/）利用摄像头和激光雷达数据的传感器融合来预测障碍物和路径轨迹，建立了**高级驾驶辅助系统**（Advanced Driving Assistance System，ADAS）。除了 ADAS，我们也可以使用自己的控制算法，只需使用摄像头数据。Boss 机器人汽车在 DARPA 2007 中使用的摄像头之一是 Point Grey Firefly（PGF）(https://www.ptgrey.com/firefly-mv-usb2-cameras)。

10.3.3　超声波传感器

在 ADAS 系统中，超声波传感器在汽车停放、躲避盲区障碍物、检测行人等方面发挥着重要作用。村田公司（http://www.murata.com/）是为 ADAS 系统提供超声波传感器的公司之一，提供的长达 10 米的超声波传感器是停车辅助系统（PAS）的最佳选择。图 10.3 展示了超声波传感器在汽车上的放置位置。

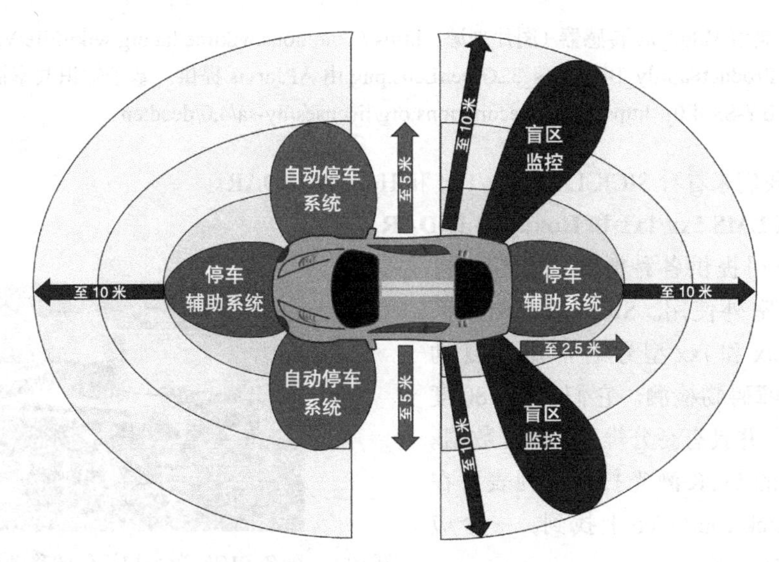

图 10.3　PAS 的超声波传感器的布置

下面将介绍 LIDAR 和 RADAR 及其在自动驾驶汽车中的应用。

10.3.4　LIDAR 与 RADAR

LIDAR（Light Detection and Ranging，光探测和测距）（http://oceanservice.noaa.gov/facts/

lidar.html）传感器是自动驾驶汽车的核心传感器。LIDAR 基本上是通过发送激光信号并接收其反射来测量到物体的距离的。它可以提供准确的环境三维数据，这些数据是根据每个接收到的激光信号计算得出的。LIDAR 在自动驾驶汽车中的主要应用是根据三维数据绘制环境地图、避障、目标检测等。

下面将介绍 DARPA 挑战赛中使用的一些 LIDAR。

1. Velodyne HDL-64 LINDAR

Velodyne HDL-64 传感器设计用于自动驾驶汽车的障碍物检测、测绘和导航。它可以提供 360 度视角的激光点云数据，数据率很高。该激光雷达的扫描范围是 80 ～ 120 米。这种传感器几乎用于当前所有的自动驾驶汽车。

图 10.4 展示了几种典型的 Velodyne 传感器。

图 10.4　典型 Velodyne 传感器（图片来源：https://commons.wikimedia.org/wiki/File:Velodyne_ProductFamily_BlueLens_32GreenLens.png 由 APJarvis 提供。基于知识共享协议 CC-BY-SA 4.0：https://creativecommons.org/licenses/by-sa/4.0/deed.en

现在让我们来看看 SICK LMS 5xx/1xx 和 Hokuyo LIDAR。

2. SICK LMS 5xx/1xx 和 Hokuyo LINDAR

SICK 公司提供各种激光扫描仪，可以在室内或室外使用。SICK 激光测量系统（LMS）5xx 和 1xx 型号通常用于自动驾驶汽车的障碍物检测。它们提供 180 度的扫描范围，并具有高分辨率的激光数据。市场上提供的 SICK 激光扫描仪列表可在 https://www.sick.com/in/en 上找到，一个应用示例如图 10.5 所示。

图 10.5　配备 SICK 激光扫描仪的移动机器人（图片来源：https://commons.wikimedia.org/wiki/File:LIDAR_equipped_mobile_robot.jpg）

另一家名为 Hokuyo 的公司也为自动驾驶汽车制造激光扫描仪。Hokuyo 提供的激光扫描仪列表参见 http://www.hokuyo-aut.jp/02sensor/。

在 DARPA 挑战赛中使用的一些其他 LIDAR 如下所示：

- Continental：http://www.contionline.com/www/industrial_sensors_de_en/。
- Ibeo：https://www.ibeo-as.com/en/produkte。

下面介绍 Continental ARS 300 radar（ARS）。

3. Continental ARS 300 radar（ARS）

除了 LIDAR，自动驾驶汽车也部署了远程雷达。美国大陆航空公司（Continental）（https://www.continental-automotive.com/getattachment/9b6de999-75d4-4786-bb18-8ab64fd0b181/ARS30X-Datasheet-EN.pdf.pdf）的 ARS30X 是目前流行的远程雷达之一，它使用多普勒原理工作，探测距离最远可达 200 米。Bosch 也生产适用于自动驾驶汽车的雷达，其主要用途是避碰。通常，雷达安装在汽车的前部。

4. Delphi radar

Delphi 有一种新的自动驾驶汽车雷达，参见 https://autonomoustuff.com/product/delphi-esr-2-5-24v/。

5. 车载计算机

车载计算机是自动驾驶汽车的核心。它通过 Intel Xenon 和 GPU 等高端处理器来处理来自各种传感器的数据。所有的传感器都连接到这台计算机上，它最终预测轨迹，并发出控制命令，比如自动驾驶汽车的转向角、油门、刹车。通过理解软件框图，我们将能够更详细地了解自动驾驶汽车。我们会在下一节中介绍该内容。

10.3.5　自动驾驶汽车的软件模块体系结构

在本节中，我们将介绍参加 DARPA 挑战赛的自动驾驶汽车的基本软件框图（参见图 10.6）。

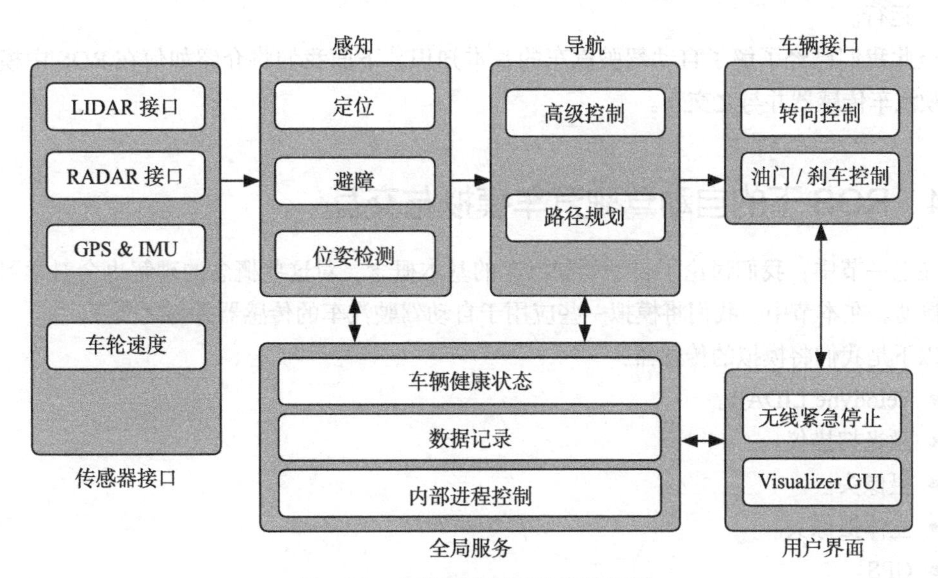

图 10.6　自动驾驶汽车的软件框图

图 10.6 中的每个模块都可以使用**进程间通信**（Inter-Process Communication，IPC）或共享内存与其他模块相互作用。ROS 消息传递中间件非常适合此场景。在 DARPA 挑战赛中，它们实现了发布 / 订阅机制来完成这些任务。麻省理工学院为 2006 年 DARPA 挑战赛开发的 IPC 库之一是**轻量级通信和编组**（Lightweight Communications and Marshalling，LCM）。更多关于 LCM 的信息参见 https://lcm-proj.github.io/。

让我们了解一下每个模块的含义：

- **传感器接口**：顾名思义，传感器和车辆之间的所有通信都在此模块中完成。该模块使我们能够向所有其他模块提供各种类型的传感器数据。主要的传感器包括 LIDAR、摄像头、RADAR、GPS、IMU 和车轮编码器。
- **感知模块**：这些模块对来自传感器（如 LIDAR、摄像头和 RADAR）的感知数据进行处理，并对数据进行分割以发现运动和静态对象。它们还有助于将自动驾驶汽车相对于环境数字地图进行定位。
- **导航模块**：这些模块决定自动驾驶汽车的行为。它具有针对机器人中不同行为的运动规划器和有限状态机。
- **车辆接口**：路径规划完成后，转向、油门、刹车控制等控制命令通过有线驱动（Drive-By-Wire，DBW）接口发送给车辆。DBW 基本上通过 CAN 总线工作。只有一些车辆支持 DBW 接口。例如林肯 MKZ、大众帕萨特旅行车，以及日产（Nissan）的一些车型。
- **用户界面**：用户界面部分为用户提供控件。它可以是触摸屏，用于查看地图和设置目的地。此外，它还为用户提供了紧急停止按钮。
- **全局服务**：该模块帮助记录数据，并具有时间标识和消息传递支持，以保持软件可靠运行。

至此我们已经了解了自动驾驶汽车的基本知识，下面我们将介绍如何在 ROS 中模拟自动驾驶汽车传感器并与之交互。

10.4　ROS 下的自动驾驶汽车模拟与交互

在上一节中，我们讨论了自动驾驶汽车的基本概念，对这些概念的理解也会对学习本节有所帮助。在本节中，我们将模拟一些应用于自动驾驶汽车的传感器并与之交互。

以下是我们将模拟的传感器：

- Velodyne LIDAR。
- 激光扫描仪。
- 摄像头。
- 立体摄像头。
- GPS。

- IMU。
- 超声波传感器。

我们将讨论如何使用 ROS 和 Gazebo 设置模拟传感器并读取传感器值。当从头开始构建自己的模拟自动驾驶汽车时，此传感器接口将非常有用。所以，如果读者知道如何模拟和对接这些传感器，那么绝对可以加速自动驾驶汽车的开发。我们先来模拟一下 Velodyne LIDAR。

10.4.1 Velodyne LIDAR 模拟

Velodyne LIDAR 正在成为自动驾驶汽车不可或缺的一部分。由于需求量大，因此有足够的软件模块可用于此传感器。我们将模拟两种常用的 Velodyne 型号，分别是 HDL-32E 和 VLP-16。我们来看看如何在 ROS 和 Gazebo 中实现它们的模拟。

在 ROS Melodic 中，可以通过以下步骤从二进制功能包安装或从源代码编译：

1）运行以下命令在 ROS Melodic 上安装 Velodyne 功能包：

```
$ sudo apt-get install ros-melodic-velodyne-simulator
```

2）要从源代码安装它，只需将源代码包复制到 ROS 工作空间即可。命令如下：

```
$ git clone
https://bitbucket.org/DataspeedInc/velodyne_simulator.git
```

3）在复制功能包之后，可以使用 `catkin_make` 命令构建它。Velodyne 模拟器的 ROS wiki 网页链接为 http://wiki.ros.org/velodyne_simulator。

4）现在我们已经安装了功能包，可以开始对 Velodyne 传感器进行模拟了。可以使用以下命令启动模拟：

```
$ roslaunch velodyne_description example.launch
```

此命令将在 Gazebo 中启动传感器模拟。

> 请注意，此模拟将消耗系统的大量 RAM；在开始模拟之前，系统应该至少有 8GB 的内存。

可以在传感器周围添加一些障碍物来进行测试，如图 10.7 所示。

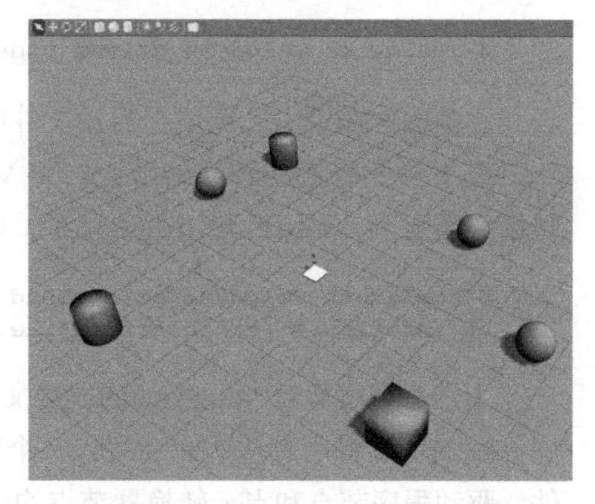

图 10.7　Gazebo 中的 Velodyne 模拟

可以通过添加显示类型（如 PointCloud2 和 Robot Model）来可视化传感器数据和传感器模型。必须将“Fixed Frame”设置为 `velodyne`。在图 10.8 中，可以清楚地看到传感器周围的障碍物。

下面我们将把 Velodyne 传感器与 ROS 连接起来以进行交互。

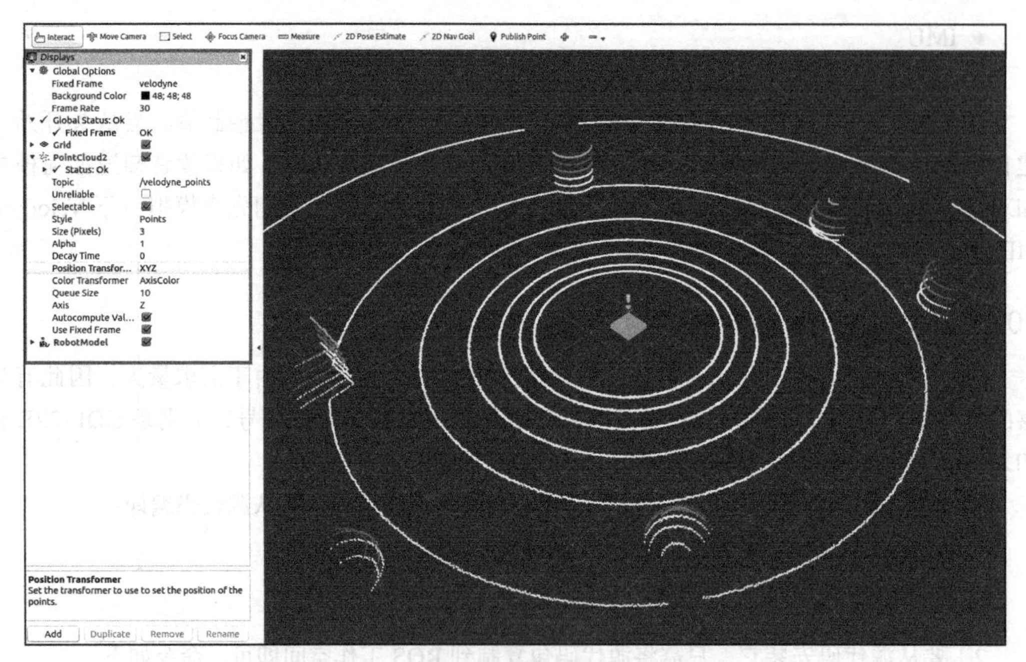

图 10.8　Velodyne 传感器在 RViz 中的可视化

10.4.2　ROS 下的 Velodyne 传感器接口

我们已经了解了如何模拟 Velodyne 传感器。现在让我们看看如何将一个真正的 Velodyne 传感器与 ROS 连接起来以便进行交互。

以下命令用于安装 Velodyne ROS 驱动程序包，以将 Velodyne 数据转换为点云数据。

对于 ROS Melodic，使用以下命令安装软件包：

```
$ sudo apt-get install ros-melodic-velodyne
```

以下是启动驱动程序节点的命令：

```
$ roslaunch velodyne_driver nodelet_manager.launch model:=32E
```

在前面的命令中，需要在启动文件中指明型号名称，以启动特定型号的驱动程序。

以下命令将启动转换器节点，将 Velodyne 消息（`velodyne_msgs/VelodyneScan`）转换为点云（`sensor_msgs/PointCloud2`）。下面是执行这种转换的命令：

```
$ roslaunch velodyne_pointcloud cloud_nodelet.launch
calibration:=~/calibration_file.yaml
```

上述命令将启动 Velodyne 的校准文件，用于纠正传感器噪声。

我们可以将所有这些命令写入一个启动文件，如下面的代码块所示。如果运行此启动文件，驱动程序节点和点云转换器节点均将启动，我们就可以处理传感器数据了：

```
<launch>
  <!-- start nodelet manager and driver nodelets -->
  <include file="$(find velodyne_driver)/launch/nodelet_manager.launch" />

  <!-- start transform nodelet -->
  <include file="$(find
velodyne_pointcloud)/launch/transform_nodelet.launch">
    <arg name="calibration"
         value="$(find velodyne_pointcloud)/params/64e_utexas.yaml"/>
  </include>
</launch>
```

每个模型的校准文件都可以在 velodyne_pointcloud 功能包中找到。我们现在可以继续模拟激光扫描仪。

注意：Velodyne 与 PC 的连接过程参见 http://wiki.ros.org/velodyne/Tutorials/Getting%20Started%20with%20the%20HDL-32E。

10.4.3　激光扫描仪模拟

在本节中，我们将了解如何在 Gazebo 中模拟激光扫描仪。我们可以根据应用程序提供自定义参数来模拟它。安装 ROS 时，还会自动安装几个默认的 Gazebo 插件，其中包括 Gazebo 激光扫描仪插件。

我们可以简单地使用这个插件并应用我们的自定义参数。作为示例，可以使用 chapter_10_ws 中的一个名为 sensor_sim_gazebo 的教程包（https://github.com/PacktPublishing/ROS-Robotics-Projects-SecondEdition/tree/master/chapter_10_ws/sensor_sim_gazebo）。可以简单地将该教程包复制到工作空间，并使用 catkin_make 命令构建它。该软件包包含对激光扫描仪、摄像头、IMU、超声波传感器和 GPS 的基本模拟。

在开始使用此教程包之前，需要使用以下命令安装一个名为 hector-gazebo-plugins 的功能包：

```
$ sudo apt-get install ros-melodic-hector-gazebo-plugins
```

该功能包包含了几个传感器的 Gazebo 插件，可以用于自动驾驶汽车模拟。

要启动激光扫描仪模拟，只需使用以下命令：

```
$ roslaunch sensor_sim_gazebo laser.launch
```

我们将首先查看激光扫描仪的输出，然后深入研究代码。

当启动前面的命令时，将看到一个带有橙色框的虚拟世界。橙色的盒子是我们的激光扫描仪。可以根据应用程序使用任何网格文件替换此形状。为了显示激光扫描数据，我们可以在 Gazebo 中放置一些对象，如图 10.9 所示。

可以从 Gazebo 的顶部面板添加模型。如图 10.10 所示，可以在 RViz 中可视化激光数据。激光数据将要传入的话题是 /laser/scan。可以添加 LaserScan 显示类型以查看此数据。

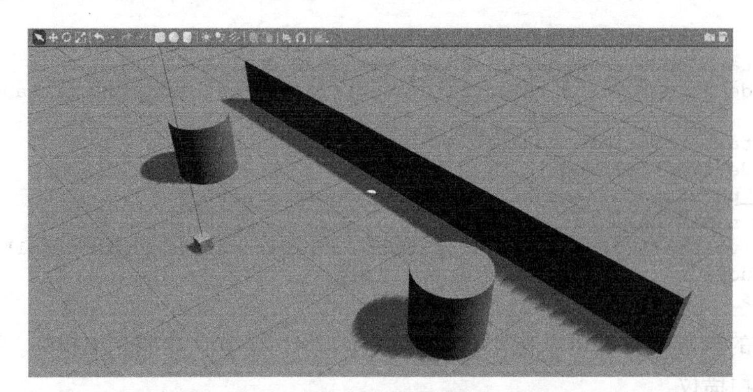

图 10.9　Gazebo 中激光扫描仪的模拟

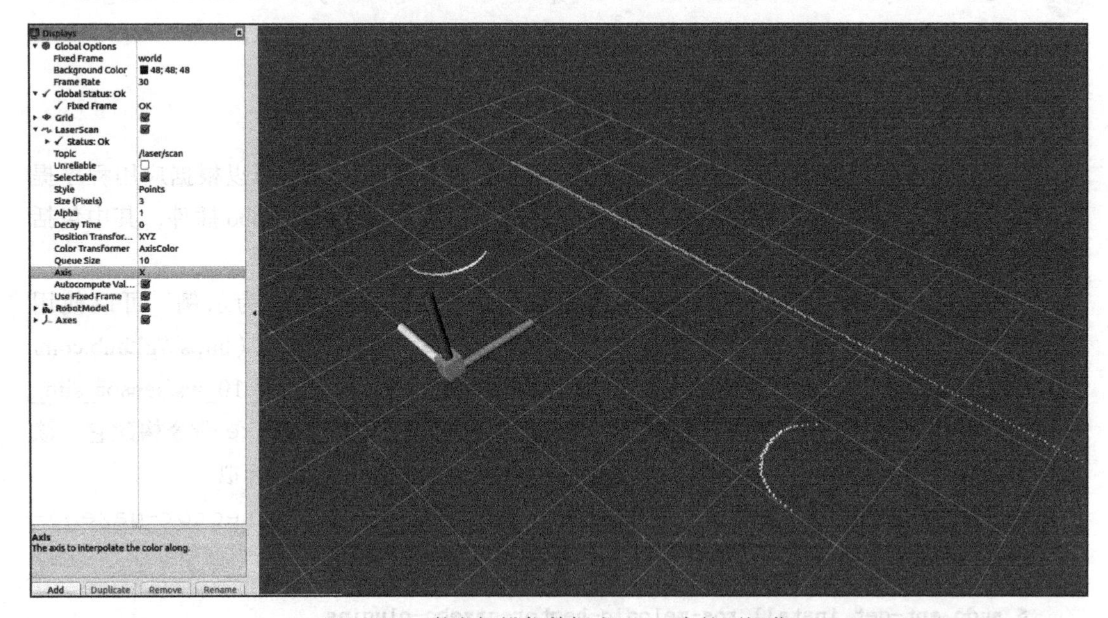

图 10.10　激光扫描仪数据在 RViz 中的可视化

必须将“Fixed Frame”设置为 world 坐标系，并在 RViz 中启用 RobotModel 和 Axes 显示类型。模拟此传感器时生成的话题列表如图 10.11 所示。

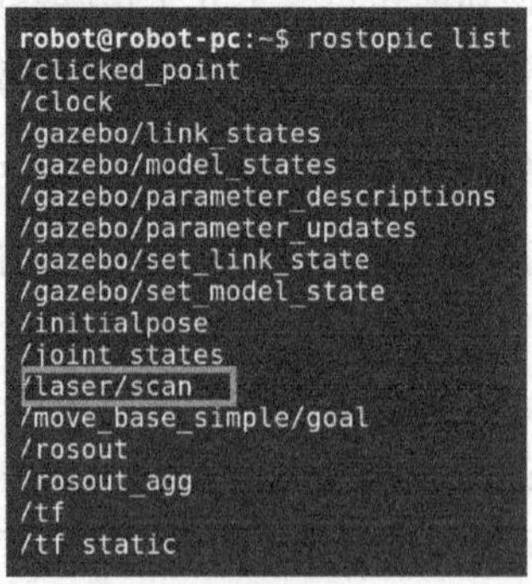

```
robot@robot-pc:~$ rostopic list
/clicked_point
/clock
/gazebo/link_states
/gazebo/model_states
/gazebo/parameter_descriptions
/gazebo/parameter_updates
/gazebo/set_link_state
/gazebo/set_model_state
/initialpose
/joint_states
/laser/scan
/move_base_simple/goal
/rosout
/rosout_agg
/tf
/tf_static
```

图 10.11　模拟激光扫描仪生成的话题列表

读者应该能够看到图 10.11 中突出显示的 /laser/scan。接下来让我们了解一下代码是如何工作的。

10.4.4　模拟代码扩展

sensor_sim_gazebo 功能包含有以下文件

列表，用于模拟所有自动驾驶汽车传感器。该功能包的目录结构如图 10.12 所示。

要模拟激光扫描仪，需要启动 laser.launch 文件；同样，要模拟 IMU、GPS 和摄像头，也需要启动相应的启动文件。在 URDF 中，可以看到每个传感器的 Gazebo 插件定义。

```
├── CMakeLists.txt
├── include
│   └── sensor_sim_gazebo
├── launch
│   ├── camera.launch
│   ├── gps.launch
│   ├── imu.launch
│   ├── laser.launch
│   ├── sonar.launch
│   └── stereo_camera.launch
├── mesh
│   ├── hokuyo_utm_30lx.dae
│   └── max_sonar_ez4.dae
├── package.xml
├── src
└── urdf
    ├── camera.xacro
    ├── gps.xacro
    ├── imu.xacro
    ├── laser.xacro
    ├── sensor.xacro
    ├── sonar_model.xacro
    ├── sonar.xacro
    └── stereo_camera.xacro
```

图 10.12　sensor_sim_gazebo 中的文件列表

sensor.xacro 文件是在前面的模拟中看到的橙色框定义。它只是一个用来可视化传感器模型的盒子。我们使用这个模型来表示这个功能包中的所有传感器。读者也可以用自己的模型来代替它。

laser.xacro 文件包含激光扫描仪的 Gazebo 插件定义，如我们的代码仓库所示：https://github.com/PacktPublishing/ROS-Robotics-Projects-SecondEdition/blob/master/chapter_10_ws/sensor_sim_gazebo/urdf/laser.xacro。

在这里，可以看到激光扫描仪插件的各种参数。我们可以针对自定义应用程序微调这些参数。这里使用的插件是 libgazebo_ros_laser.so，所有参数都传递给这个插件。

在 laser.launch 文件中，我们创建了一个空的世界并生成了 laser.xacro 文件。下面是在 Gazebo 中生成模型并启动 joint-state 发布器来开始发布 TF 数据的代码片段：

```
<param name="robot_description" command="$(find xacro)/xacro --inorder
'$(find sensor_sim_gazebo)/urdf/laser.xacro'" />

<node pkg="gazebo_ros" type="spawn_model" name="spawn_model" args="-urdf
-param /robot_description -model example"/>

<node pkg="robot_state_publisher" type="robot_state_publisher"
name="robot_state_publisher">
   <param name="publish_frequency" type="double" value="30.0" />
</node>
```

现在我们已经了解了激光扫描仪插件是如何工作的，让我们在下一节中看看如何在 ROS 中连接真实的硬件。

10.4.5　ROS 下的激光扫描仪接口

以下链接包含完整的安装说明，可以指导读者在 ROS 中设置 Hokuyo 和 SICK 激光扫描仪：

- **Hokuyo 传感器**：http://wiki.ros.org/hokuyo_node。
- **SICK 激光扫描仪**：http://wiki.ros.org/sick_tim。

通过将以下功能包复制到工作空间，来以源的形式安装 Hokuyo 驱动程序：

- 对于 2D Hokuyo 传感器，复制以下内容：

```
$ git clone https://github.com/ros-drivers/hokuyo_node.git
$ cd ~/workspace_ws
$ catkin_make
```

- 对于 3D Hokuyo 传感器，复制以下内容：

```
$ git clone https://github.com/at-wat/hokuyo3d.git
$ cd ~/workspace_ws
$ catkin_make
```

对于 SICK 激光扫描仪，可以直接使用二进制功能包进行安装：

```
$ sudo apt-get install ros-melodic-sick-tim ros-melodic-lms1xx
```

在下一节中，我们将在 Gazebo 中模拟立体和单目摄像头。

10.4.6 Gazebo 下的立体与单目摄像头模拟

在上一节中，我们讨论了激光扫描仪的模拟。在本节中，我们将了解如何模拟摄像头。摄像头是各种机器人的重要传感器。我们将了解如何实现单目和立体摄像头的模拟。

可以使用以下命令启动单目摄像头的模拟：

```
$ roslaunch sensor_sim_gazebo camera.launch
```

可以使用以下命令启动立体摄像头的模拟：

```
$ roslaunch sensor_sim_gazebo stereo_camera.launch
```

可以使用 RViz 或名为 image_view 的工具查看摄像头中的图像。

可以使用以下命令查看单目摄像头的图像：

```
$ rosrun image_view image_view image:=/sensor/camera1/image_raw
```

读者应该会看到如图 10.13 所示的图像窗口。

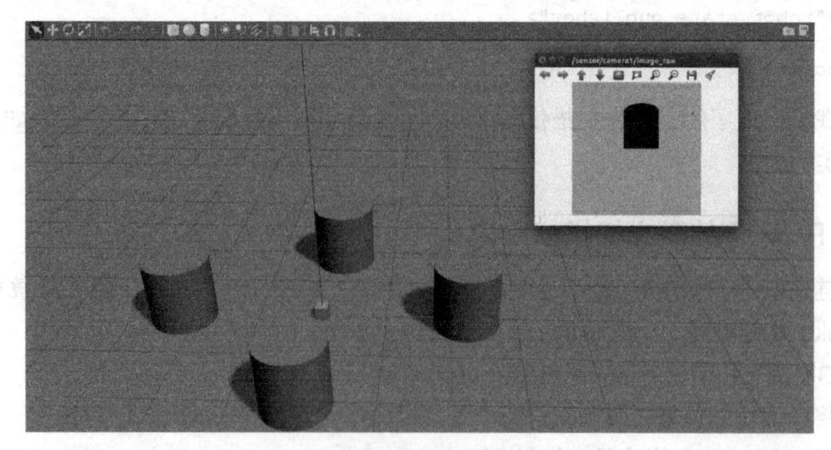

图 10.13　来自模拟单目摄像头的图像

要查看来自模拟立体摄像头的图像，需要使用以下命令：

```
$ rosrun image_view image_view image:=/stereo/camera/right/image_raw
$ rosrun image_view image_view image:=/stereo/camera/left/image_raw
```

上述命令将显示立体摄像头中每个摄像头的图像窗口，如图 10.14 所示。

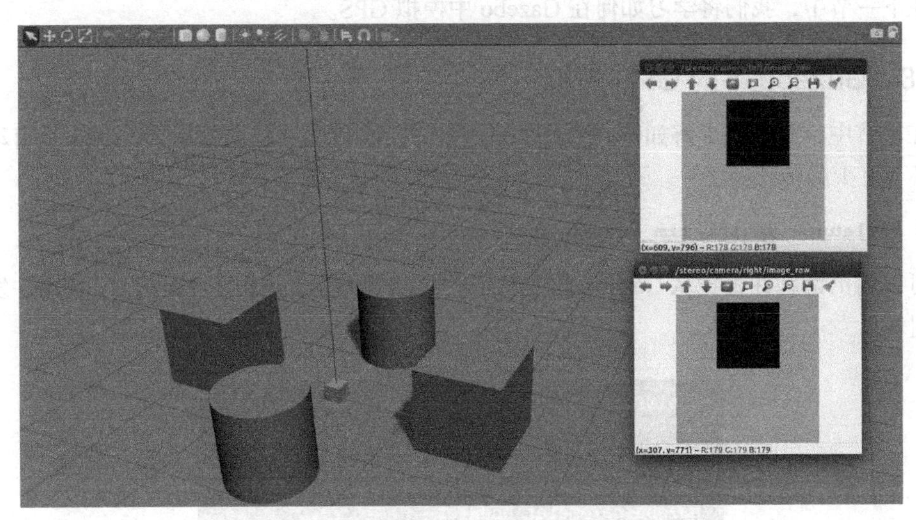

图 10.14 来自模拟立体摄像头的图像

与激光扫描仪插件类似，我们对单目和立体摄像头分别使用单独的插件。可以在 `sensor_sim_gazebo/urdf/camera.xacro` 文件以及 `stereo_camera.xacro` 文件中查看 Gazebo 插件定义，相关文件链接为 https://github.com/PacktPublishing/ROS-Robotics-Projects-SecondEdition/tree/master/chapter_10_ws/sensor_sim_gazebo/urdf。

`libgazebo_ros_camera.so` 插件用于模拟单目摄像头，`libgazebo_ros_multiamer.so` 插件用于模拟立体摄像头。我们现在将学习如何将摄像头与 ROS 进行连接。

10.4.7 ROS 下的摄像头接口

在本节中，我们将了解如何将实际的摄像头连接到 ROS。市场上有很多摄像头可供选择。我们将介绍一些常用的摄像头及其接口。

有一些网页可指导读者在 ROS 中设置每个驱动程序：

- 对于 Point Gray 摄像头，可以参考 http://wiki.ros.org/pointgrey_camera_driver。
- 如果读者使用的是 Mobileye 传感器，则可以通过联系该公司获得 ROS 驱动程序。有关驱动程序及其 SDK 的所有详细信息，参见 https://autonomoustuff.com/product/mobileye-camera-dev-kit。
- 如果读者使用的是 IEEE 1394 数码摄像头，则可以使用 http://wiki.ros.org/camera1394 中的驱动程序与 ROS 连接。

- 最新的立体摄像头之一是 ZED 摄像头（https://www.stereolabs.com/），此摄像头的 ROS 驱动程序可从 http://wiki.ros.org/zed-ros-wrapper 获得。
- 如果读者使用的是普通 USB 网络摄像头，则最好使用 usb_cam 驱动程序包（http://wiki.ros.org/usb_cam）来与 ROS 连接。

在下一节中，我们将学习如何在 Gazebo 中模拟 GPS。

10.4.8　Gazebo 下的 GPS 模拟

在本节中，我们将了解如何在 Gazebo 中模拟 GPS 传感器。众所周知，GPS 是自动驾驶汽车必不可少的传感器之一。可以使用以下命令启动 GPS 模拟：

```
$ roslaunch sensor_sim_gazebo gps.launch
```

可以列出话题并查找从 Gazebo 插件发布的 GPS 话题。图 10.15 展示了 GPS 插件发布的话题列表。

```
robot@robot-pc:~$ rostopic list
/clock
/gazebo/link_states
/gazebo/model_states
/gazebo/parameter_descriptions
/gazebo/parameter_updates
/gazebo/set_link_state
/gazebo/set_model_state
/gps/fix
/gps/fix/position/parameter_descriptions
/gps/fix/position/parameter_updates
/gps/fix/status/parameter_descriptions
/gps/fix/status/parameter_updates
/gps/fix/velocity/parameter_descriptions
/gps/fix/velocity/parameter_updates
/gps/fix_velocity
/joint_states
/rosout
/rosout_agg
/tf
/tf_static
```

图 10.15　来自 Gazebo GPS 插件的话题列表

可以查看 /gps/fix 话题以确认插件是否正确发布相应的值。

可以使用以下命令查看这个话题：

```
$ rostopic echo /gps/fix
```

读者应该会看到如图 10.16 所示的输出。

如果查看 https://github.com/PacktPublishing/ROS-Robotics-Projects-SecondEdition/blob/master/chapter_10_ws/sensor_sim_gazebo/urdf/gps.xacro 中的代码，则将会看到 <plugin name="gazebo_ros_gps" filename="libhector_gazebo_ros_gps.so">，这些插件属于我们在传感器连接开始时安装的 hector_gazebo_ros_plugins 功能包。我

们可以在这个插件描述中设置所有与 GPS 相关的参数，可以在 gps.xacro 文件中看到测试参数值。GPS 模型显示为一个方框，可以通过在 Gazebo 中移动此方框来测试传感器值。接下来介绍如何连接 GPS 与 ROS。

```
robot@robot-pc:~$ rostopic echo /gps/fix
header:
  seq: 161
  stamp:
    secs: 40
    nsecs: 500000000
  frame_id: sensor
status:
  status: 0
  service: 0
latitude: -30.0602249716
longitude: -51.17391374
altitude: 9.960587315
position_covariance: [0.0025010000000000006, 0.0, 0.0, 0.0, 0.00250100000
6, 0.0, 0.0, 0.0, 0.0025010000000000006]
position_covariance_type: 2
```

图 10.16 发布到 /gps/fix 话题的值

10.4.9 ROS 下的 GPS 接口

在本节中，我们将了解如何将一些流行的 GPS 模块与 ROS 连接。流行的 GPS 模块之一是**牛津大学技术解决方案**。可以在 http://www.oxts.com/products/ 上找到 GPS/IMU 模块。

此模块的 ROS 接口可在 http://wiki.ros.org/oxford_gps_eth 上找到。以下链接提供了 Applanix GPS/IMU ROS 模块驱动程序：

- applanix_driver：http://wiki.ros.org/applanix_driver。
- applanix：http://wiki.ros.org/applanix。

10.4.10 Gazebo 下的 IMU 模拟

与 GPS 类似，我们可以使用以下命令启动 IMU 模拟：

```
$ roslaunch sensor_sim_gazebo imu.launch
```

读者将从该插件获得方向值、线加速度和角速度。启动此文件后，可以列出 IMU 插件发布的话题，如图 10.17 所示。

我们可以通过响应话题来查看 /imu 话题的内容。可以从该话题中找到方向、线加速度和角速度数据，如图 10.18 所示。

如果查看 sensor_sim_gazebo/urdf/imu.xacro 中的 IMU 插件定义代码，则可以找到插件的名称及其参数。

```
robot@robot-pc:~$ rostopic list
/clock
/gazebo/link_states
/gazebo/model_states
/gazebo/parameter_descriptions
/gazebo/parameter_updates
/gazebo/set_link_state
/gazebo/set_model_state
/imu
/joint_states
/rosout
/rosout_agg
/tf
/tf_static
```

图 10.17 IMU ROS 插件发布的话题列表

```
robot@robot-pc:~$ rostopic echo /imu
header:
  seq: 0
  stamp:
    secs: 24
    nsecs:  95000000
  frame_id: sensor
orientation:
  x: -9.88131291682e-324
  y: -9.88131291682e-324
  z: 8.87671670196e-17
  w: 1.0
orientation_covariance: [0.0, 0.0, 0.0, 0.0, 0.0, 0.0, 0.0, 0.0, 0.0]
angular_velocity:
  x: 3.95252516673e-321
  y: 3.95252516673e-321
  z: 0.0
angular_velocity_covariance: [0.0, 0.0, 0.0, 0.0, 0.0, 0.0, 0.0, 0.0, 0.0]
linear_acceleration:
  x: -1.95719626798e-20
  y: 8.93613280022e-20
  z: 7.28456264068e-12
```

图 10.18 来自 /imu 话题的数据

下面的代码片段中提到了插件的名称：

```
<gazebo>
  <plugin name="imu_plugin" filename="libgazebo_ros_imu.so">
    <alwaysOn>true</alwaysOn>
    <bodyName>sensor</bodyName>
    <topicName>imu</topicName>
    <serviceName>imu_service</serviceName>
    <gaussianNoise>0.0</gaussianNoise>
    <updateRate>20.0</updateRate>
  </plugin>
</gazebo>
```

该插件的名称是 libgazebo_ros_imu.so，它与标准的 ROS 一起安装。

还可以在 RViz 中可视化 IMU 数据。选择 imu 显示类型进行查看。IMU 本身被可视化为一个方盒，因此，如果在 Gazebo 中移动该方盒，则可以看到一个箭头沿移动方向移动。Gazebo 和 RViz 可视化如图 10.19 所示。

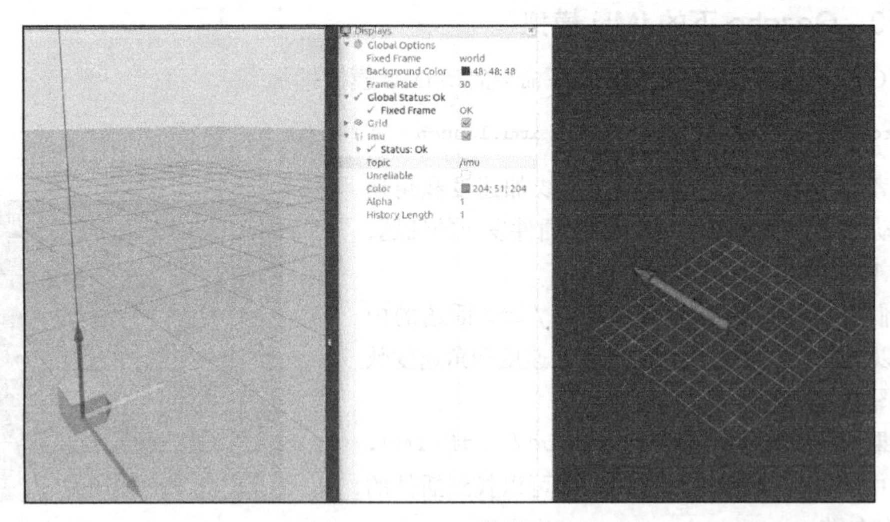

图 10.19 /imu 话题的可视化

现在，让我们看看如何将实际硬件与 ROS 连接起来。

10.4.11　ROS 下的 IMU 接口

大多数自动驾驶汽车使用 GPS、IMU 和车轮编码器的集成模块来进行准确的位置预测。在本节中，我们将介绍一些流行的 IMU 模块，如果读者想单独使用 IMU，则可以使用这些模块。

这里可以提供几个用于连接 IMU 的 ROS 驱动程序的链接。其中一种流行的 IMU 是 MicroStrain 3DM-GX2（http://www.microstrain.com/inertial/3dm-gx2）。

以下是此 IMU 系列的 ROS 驱动程序：

- `microstrain_3dmgx2_imu`：http://wiki.ros.org/microstrain_3dmgx2_imu。
- `microstrain_3dm_gx3_45`：http://wiki.ros.org/microstrain_3dm_gx3_45。

除此之外，还有来自 Phidget（http://wiki.ros.org/phidgets_imu）的 IMU，以及诸如 InvenSense MPU 9250、9150 和 6050 型（https://github.com/jeskesen/i2c_imu）等流行的 IMU。

Xsens 旗下另一款称为 MTi 的 IMU 传感器系列及其驱动程序可以在 http://wiki.ros.org/xsens_driver 中找到。

在下一节中，我们将在 Gazebo 中模拟超声波传感器。

10.4.12　Gazebo 下的超声波传感器模拟

超声波传感器在自动驾驶汽车中也扮演着关键角色。我们已经看到，距离传感器在停车辅助系统中得到了广泛的应用。在本节中，我们将了解如何在 Gazebo 中模拟距离传感器。距离传感器 Gazebo 插件已经在 Hector Gazebo ROS 插件中提供，因此我们可以在代码中直接使用。

正如我们在前面的演示中所做的那样，我们将首先了解如何运行模拟并查看输出。

以下命令将在 Gazebo 中启动距离传感器模拟：

```
$ roslaunch sensor_sim_gazebo sonar.launch
```

在这个模拟中，我们采用的是声呐的实际 3D 模型，它非常小，可能需要放大才能在 Gazebo 下查看。我们可以通过在传感器前面放一个障碍物来测试它的功能。我们可以启动 RViz，并使用范围显示类型查看距离。话题名称为 `/distance`，“Fixed Frame”为 `world`。

图 10.20 展示了障碍物较远时的距离传感器值。

可以看到，标记点是超声波声音传感器，在右侧可以查看锥形结构的 RViz 范围数据。如果我们将障碍物移动到传感器附近，则可以看到距离传感器数据发生了变化，如图 10.21 所示。

当障碍物距离传感器太近时，锥体尺寸减小，这意味着到障碍物的距离很短。

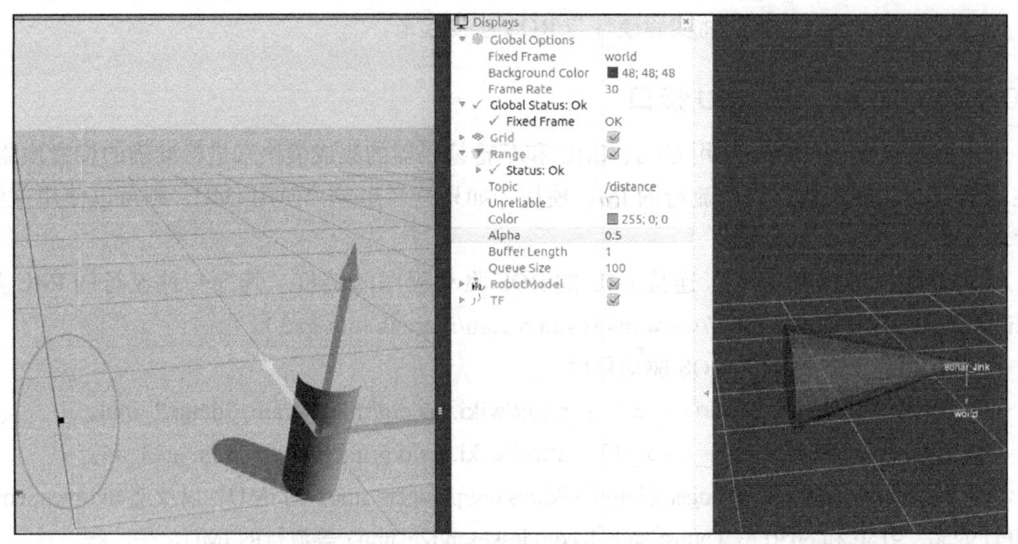

图 10.20　障碍物较远时的距离传感器值

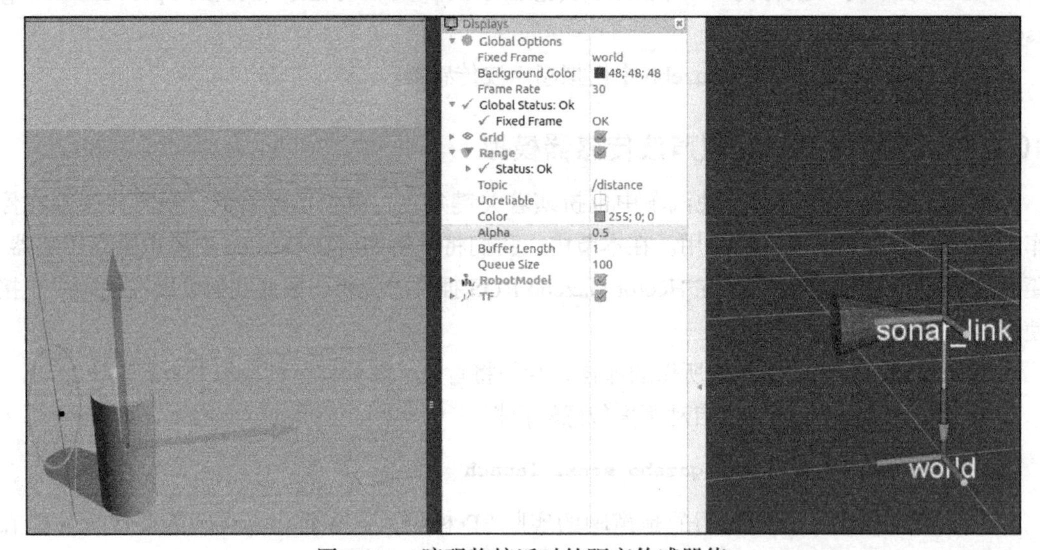

图 10.21　障碍物接近时的距离传感器值

可以从 https://github.com/PacktPublishing/ROS-Robotics-Projects-SecondEdition/blob/master/chapter_10_ws/sensor_sim_gazebo/urdf/sonar.xacro 打开并查看 Gazebo 声呐插件的定义。该文件包含对另一个名为 sonar_model.xacro 文件的引用，该文件具有完整的声呐插件定义。

我们使用 libhector_gazebo_ros_sonar 插件来运行此模拟，下面是 sonar_mode.xacro 的代码片段：

```
<plugin name="gazebo_ros_sonar_controller"
filename="libhector_gazebo_ros_sonar.so">
```

现在我们来看几个流行的低成本 LIDAR 传感器。

10.4.13 低成本 LIDAR 传感器

这是一个供业余爱好者阅读的附加部分。如果读者计划构建一个自动驾驶汽车的微型模型，则可以使用以下 LIDAR 传感器。

1. Sweep LIDAR

Sweep 的 360 度旋转扫描 LIDAR（https://scanse.io/download/sweep-visualizer#r）（参见图 10.22）的扫描范围为 40 米。与 Velodyne 这样的高端 LIDAR 相比，它非常便宜，适合业余研究。

图 10.22 Sweep LIDAR（图片来源：https://commons.wikimedia.org/wiki/File:Scanse_Sweep_LiDAR.jpg，由 Simon Legner 提供。根据知识共享授权协议 CC-BY-SA 4.0：https://creativecommons.org/licenses/by-sa/4.0/deed.en）

此传感器具有良好的 ROS 接口。该传感器的相应 ROS 功能包的链接为 https://github.com/scanse/sweep-ros。在构建功能包之前，需要安装一些依赖项：

```
$ sudo apt-get install ros-melodic-pcl-conversions ros-melodic-pointcloud-to-laserscan
```

现在，可以简单地将 `sweep-ros` 包复制到 catkin 工作空间，并使用 `catkin_make` 命令构建它。

构建完功能包后，可以通过串行到 USB 转换器将 LIDAR 插入 PC 中。如果将此转换器插入 PC，Ubuntu 将分配一个名为 `/dev/ttyUSB0` 的设备。首先，需要使用以下命令更改设备的权限：

```
$ sudo chmod 777 /dev/ttyUSB0
```

更改权限后，就可以开始启动任何启动文件，以从传感器查看激光扫描仪的 `/scan` 点云数据。

启动文件将在 RViz 中显示激光扫描：

```
$ roslaunch sweep_ros view_sweep_laser_scan.launch
```

启动文件将在 RViz 中显示点云：

```
$ roslaunch sweep_ros view_sweep_pc2.launch
```

图 10.23 展示了 Sweep LIDAR 的可视化效果。

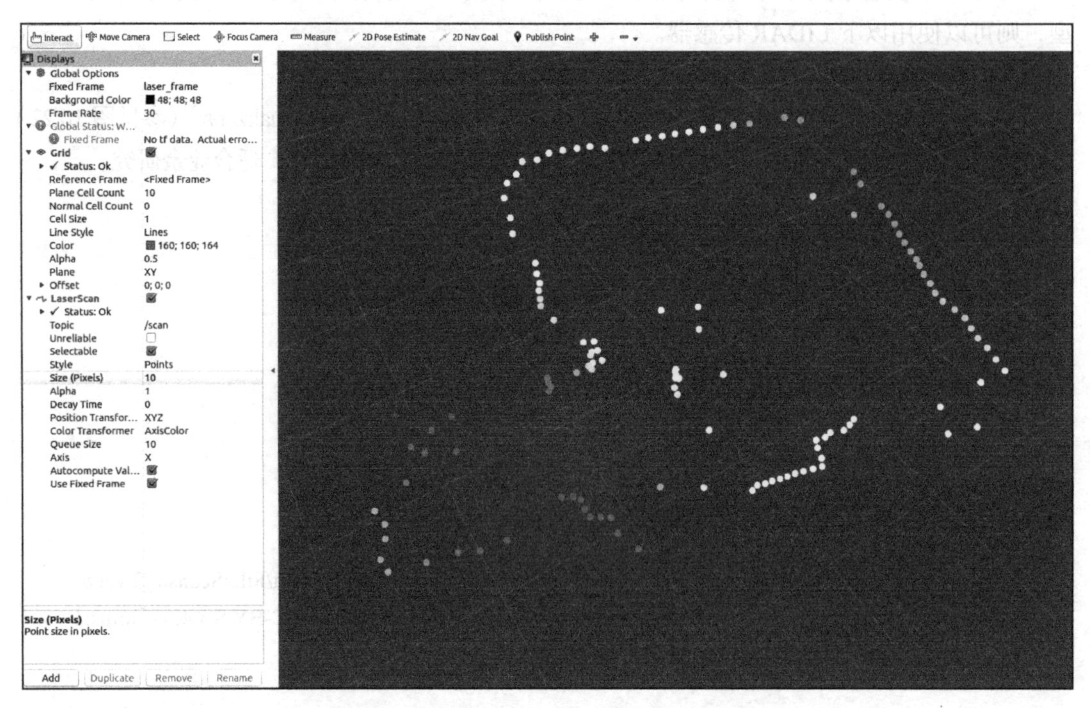

图 10.23　RViz 中 Sweep LIDAR 的可视化

接下来我们将深入了解 RPLIDAR。

2. RPLIDAR

与 Sweep LIDAR 类似，RPLIDAR（http://www.slamtec.com/en/lidar）是另一种适用于业余研究的低成本 LIDAR。RPLIDAR 和 Sweep LIDAR 具有相同的应用：SLAM 和自主导航。

用于将 RPLIDAR 与 ROS 连接起来的 ROS 驱动程序的功能包网址为 http://wiki.ros.org/rplidar，其 GitHub 链接是 https://github.com/robopeak/rplidar_ros。

现在我们已经了解了如何在 ROS 中连接自动驾驶汽车传感器，接下来我们将在 Gazebo 中模拟带有传感器的自动驾驶汽车。

10.5　Gazebo 下带传感器的自动驾驶汽车模拟

在本节中，我们将讨论一个在 Gazebo 下完成的开源自动驾驶汽车项目。在这个项目中，我们将学习如何在 Gazebo 实现机器人汽车模型，以及如何将所有传感器集成到其中。此外，我们将使用键盘在环境中移动机器人，最后，我们将使用 SLAM 构建环境地图。

1. 基础模块安装

让我们来看一下设置 Ros Melodic 软件包的基础需求。

使用以下命令安装 Ros Gazebo 控制器管理器：

```
$ sudo apt-get install ros-melodic-controller-manager
$ sudo apt-get install ros-melodic-ros-control ros-melodic-ros-controllers
$ sudo apt-get install ros-melodic-gazebo-ros-control
```

安装后，可以使用以下命令在 Melodic 中安装 Velodyne 模拟器功能包：

```
$ sudo apt-get install ros-melodic-velodyne
```

这个项目使用 SICK 激光扫描仪，因此我们必须安装 SICK ROS 工具箱包。我们通过将功能包复制到工作空间并编译来执行源安装：

```
$ git clone https://github.com/ros-drivers/sicktoolbox.git
$ cd ~/workspace_ws/
$ catkin_make
```

在安装所有这些依赖项之后，我们可以将项目文件复制到新的 ROS 工作空间。使用以下命令：

```
$ cd ~
$ mkdir -p catvehicle_ws/src
$ cd catvehicle_ws/src
$ catkin_init_workspace
```

我们已经创建了一个新的 ROS 工作空间，现在是将项目文件复制到工作空间的时候了。使用以下命令：

```
$ cd ~/catvehicle_ws/src
$ git clone https://github.com/sprinkjm/catvehicle.git
$ git clone https://github.com/sprinkjm/obstaclestopper.git
$ cd ../
$ catkin_make
```

如果所有功能包都已成功编译，则可以将以下代码行添加到 `.bashrc` 文件中：

```
$ source ~/catvehicle_ws/devel/setup.bash
```

可以使用以下命令启动汽车模拟：

```
$ roslaunch catvehicle catvehicle_skidpan.launch
```

此命令将仅在命令行中启动模拟。需要在另一个终端窗口中运行以下命令：

```
$ gzclient
```

这样就在 Gazebo 中得到了机器人汽车模拟，如图 10.24 所示。

图 10.24　Gazebo 中的机器人汽车模拟

可以在图 10.24 中看到车辆前面的 Velodyne 扫描区域。可以使用 rostopic 命令列出模拟中的所有 ROS 话题。

图 10.25 展示了模拟生成的主要话题。

```
/catvehicle/cmd_vel
/catvehicle/cmd_vel_safe
/catvehicle/distanceEstimator/angle
/catvehicle/distanceEstimator/dist
/catvehicle/front_laser_points
/catvehicle/front_left_steering_position_controller/command
/catvehicle/front_right_steering_position_controller/command
/catvehicle/joint1_velocity_controller/command
/catvehicle/joint2_velocity_controller/command
/catvehicle/joint_states
/catvehicle/lidar_points
/catvehicle/odom
/catvehicle/path
/catvehicle/steering
/catvehicle/vel
/clock
/gazebo/link_states
/gazebo/model_states
/gazebo/parameter_descriptions
/gazebo/parameter_updates
/gazebo/set_link_state
/gazebo/set_model_state
/rosout
/rosout_agg
/tf
/tf_static
```

图 10.25　机器人汽车模拟生成的主要话题

现在让我们看看如何可视化我们的机器人汽车传感器数据。

2. 机器人汽车传感器数据可视化

我们可以在 RViz 中查看来自机器人汽车的每种类型的传感器数据。只需运行 RViz 并打开 chapter_10_ws 文件夹中的 catevehicle.rviz 配置即可。可以在 RViz 中看到 Velodyne 获取的扫描点和机器人汽车模型，如图 10.26 所示。

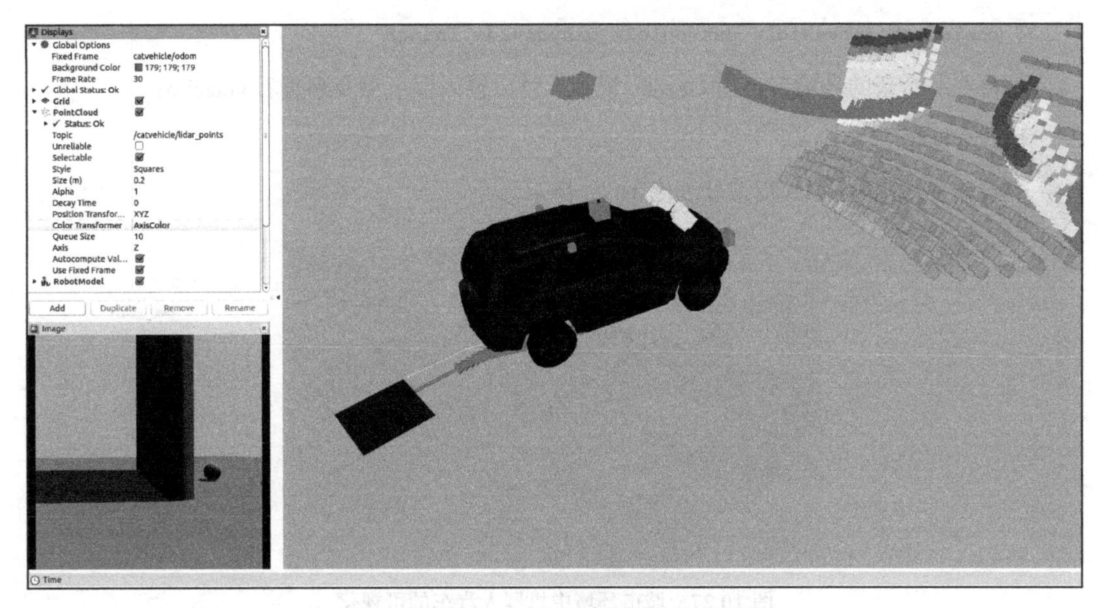

图 10.26　在 RViz 中完成机器人汽车模拟

还可以在 RViz 中添加摄像头视图。汽车的左边和右边各有一个摄像头。我们在 Gazebo 中添加了一些障碍物，以检查传感器是否能检测到障碍物。可以向 RViz 添加更多传感器，如 SICK 激光扫描仪和 IMU。接下来我们将在 Gazebo 中控制自动驾驶汽车运动。

3. 在 Gazebo 下控制自动驾驶汽车运动

至此，我们已经在 Gazebo 中模拟了一辆完整的机器人汽车；现在，让我们把机器人汽车放到环境中运动。我们可以使用 `keyboard_teleop` 节点来实现这一点。可以使用以下命令启动现有的 TurtleBot 遥操作节点：

```
$ roslaunch turtlebot_teleop keyboard_teleop.launch
```

TurtleBot 遥操作节点将 Twist 消息发布到 `/cmd_vel_mux/input/teleop`，我们需要将它们转换为 `/catvehicle/cmd_vel`。

使用以下命令可以执行此转换：

```
$ rosrun topic_tools relay /cmd_vel_mux/input/teleop /catvehicle/cmd_vel
```

现在，可以使用键盘在环境中移动汽车。这在我们执行 SLAM 时会很有用。接下来我们将使用机器人汽车运行 hector SLAM。

4. 使用机器人汽车运行 hector SLAM

成功控制机器人在环境中运动之后，就可以对环境（world）进行地图构建了。我们提供了在 Gazebo 中打开新的环境模型并进行地图构建的启动文件。以下是在 Gazebo 开始构建新环境模型的命令：

```
$ roslaunch catvehicle catvehicle_canyonview.launch
```

这将在一个新的环境下启动 Gazebo 模拟。可以输入以下命令来查看 Gazebo：

```
$ gzclient
```

具有新环境的 Gazebo 模拟器如图 10.27 所示。

图 10.27　城市环境中机器人汽车的可视化

可以启动遥操作节点来移动机器人，执行以下命令将启动 hector SLAM：

```
$ roslaunch catvehicle hectorslam.launch
```

要将生成的地图可视化，可以启动 RViz 并打开名为 `catvehicle.rviz` 的配置文件。读者将在 RViz 中获得如图 10.28 所示的可视化效果。

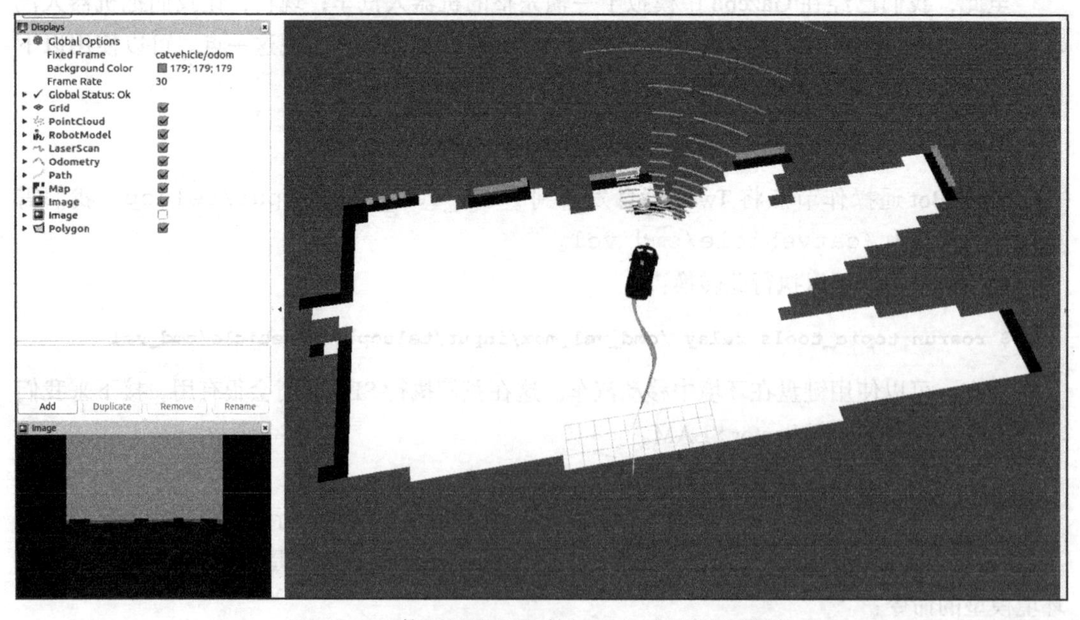

图 10.28　使用机器人汽车在 RViz 中可视化地图

完成地图构建过程后，我们可以使用以下命令保存地图：

```
$ rosrun map_server map_saver -f map_name
```

前面的命令将当前地图保存为两个文件，分别名为map_name.pgm和map_name.yaml。

有关此项目的更多详细信息，参见http://cps-vo.org/group/CATVehicleTestbed。

在下一节中，我们将把DBW汽车与ROS连接起来。

10.6 ROS下的DBW汽车接口

在这一节中，我们将介绍如何将真实的汽车与ROS连接，并实现自动驾驶汽车的运动控制与地图构建。如前所述，DBW接口使我们能够使用CAN协议控制车辆的油门、刹车和转向。

有一个现有的开放源码项目可以完成这项工作。该项目由一家名为Dataspeed的公司（http://dataspeedinc.com/）所有。Dataspeed公司与自动驾驶汽车相关的项目列表参见https://bitbucket.org/DataspeedInc/。

下面我们将讨论Dataspeed的ADAS汽车开发项目。首先，我们将了解如何安装此项目的ROS功能包，并查看每个功能包和节点的功能。

10.6.1 功能包安装

以下是安装这些功能包的完整说明。只需要一个命令就可以安装所有这些功能包。我们可以使用以下命令将其安装在ROS Melodic上：

```
bash <(wget -q -O -
https://bitbucket.org/DataspeedInc/dbw_mkz_ros/raw/default/dbw_mkz/scripts/
ros_install.bash)
```

可以从http://wiki.ros.org/dbw_mkz获得其他安装方法。

下面介绍如何将自动驾驶汽车和传感器数据可视化。

10.6.2 自动驾驶汽车及传感器数据可视化

前面的功能包可以帮助读者将DBW汽车与ROS进行连接。如果我们没有真正的汽车，则可以使用ROS包文件来进行数据可视化，并以离线的形式进行处理。

下面的命令可以实现自动驾驶汽车的URDF模型的可视化。

```
$ roslaunch dbw_mkz_description rviz.launch
```

执行后，将获得如图 10.29 所示的模型。

图 10.29　自动驾驶汽车的可视化

如果要可视化 Velodyne 传感器数据、其他传感器（如 GPS 和 IMU）以及控制信号（如转向命令、刹车和加速度），则可以使用以下命令：

1）使用以下命令下载 ROS 包文件：

```
$ wget
https://bitbucket.org/DataspeedInc/dbw_mkz_ros/downloads/mkz_201512
07_extra.bag.tar.gz
```

执行该命令后，将获得一个压缩文件。将其解压缩到主文件夹。

2）现在可以运行以下命令从包文件中读取数据：

```
$ roslaunch dbw_mkz_can offline.launch
```

3）执行以下命令将可视化汽车模型：

```
$ roslaunch dbw_mkz_description rviz.launch
```

4）运行包文件：

```
$ rosbag play mkz_20151207.bag -clock
```

5）要在 RViz 中查看传感器数据，必须发布静态转换：

```
$ rosrun tf static_transform_publisher 0.94 0 1.5 0.07 -0.02 0
base_footprint velodyne 50
```

结果如图 10.30 所示。

可以将“Fixed Frame”设置为 base_footprint，并查看汽车模型和 Velodyne 数据。此数据由位于美国密歇根州罗切斯特山的 Dataspeed 公司提供。

图 10.30　自动驾驶汽车传感器数据的可视化

10.6.3　基于 ROS 与 DBW 通信

在本节中，我们将了解如何从 ROS 与基于 DBW 的汽车进行通信。以下是执行此操作的命令：

```
$ roslaunch dbw_mkz_can dbw.launch
```

现在，可以使用手柄测试汽车。以下是启动其节点的命令：

```
$ roslaunch dbw_mkz_joystick_demo joystick_demo.launch sys:=true
```

在下一节中，我们将介绍 Udacity 开源自动驾驶汽车项目。

10.7　Udacity 开源自动驾驶汽车项目简介

Udacity（https://github.com/udacity/self-driving-car）同样提供了一个开源自动驾驶汽车项目，是为教授 Nanodegree 自动驾驶汽车项目而创建的。该项目旨在创造一个采用深度学习和 ROS 作为通信中间件的全自主自动驾驶汽车。

该项目被分成一系列挑战，任何人都可以为该项目做出贡献并获得奖励。该项目正试图从汽车摄像头数据集中训练**卷积神经网络**（Convolution Neural Network，CNN）来预测转向角度。这种方法复制了 NVIDIA（https://devblogs.nvidia.com/parallelforall/deep-learning-self-driving-cars/）在其名为 DAVE-2 的自动驾驶汽车项目中使用的端到端深度学习方法。

图 10.31 是 DAVE-2 的框图。DAVE-2 代表 DARPA 自主汽车 -2，灵感来自 DARPA 的 DAVE 项目。

这个系统基本上由三个摄像头和一台名为 NVIDIA PX 的 NVIDIA 超级计算机组成。这台计算机可以训练摄像头拍摄的图像，并预测汽车的转向角度。转向角度被馈送到 CAN 总线并用来控制汽车。

以下是 Udacity 自动驾驶汽车中使用的传感器和组件：

- 2016 年林肯 MKZ，这是一款即将实现自动驾驶的汽车。在前面，我们看到了这款汽车的 ROS 接口。我们在这里也将使用该项目。
- 两台 Velodyne VLP-16 型 LIDAR。
- Delphi radar。
- Point Grey Blackfly 摄像头。
- Xsens IMU。
- **发动机控制单元**（Engine Control Unit，ECU）。

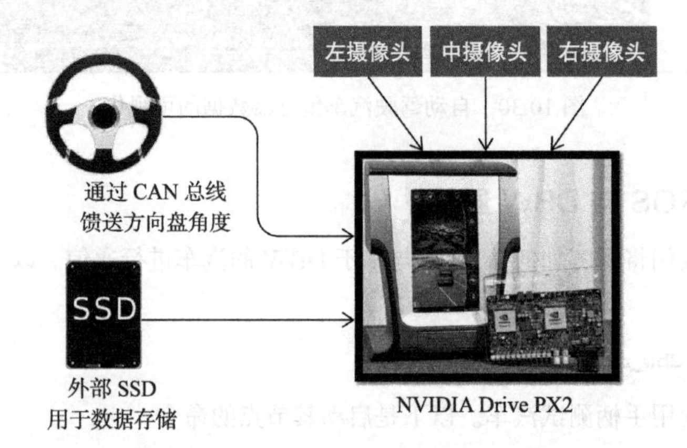

图 10.31　DAVE-2 框图（图片来源：https://en.wikipedia.org/wiki/Nvidia_Drive#/media/File:NVIDIA_Drive_PX,_Computex_Taipei_20150601.jpg，由 NVIDIA Taiwan，China 提供。基于知识共享授权协议 CC-BY-SA 2.0 ：https://creativecommons.org/licenses/by/2.0/legalcode）

本项目使用 `dbw_mkz_ros` 功能包实现 ROS 与林肯 MKZ 的通信。在前面，我们设置并使用了 `dbw_mkz_ros` 功能包。获取用于训练转向模型的数据集的链接为 https://github.com/udacity/self-driving-car/tree/master/datasets。还可以从这个链接得到一个 ROS 启动文件来处理这些包文件。

可以从 https://github.com/udacity/self-driving-car/tree/master/steering-models 获取一个已训练的模型，该模型只能用于研究目的。此外，还有一个用于从训练模型向林肯 MKZ 发送转向命令的 ROS 节点。在本书中，我们使用 `dbw_mkz_ros` 功能包充当已训练模型指令和实际汽车之间的中间层。

10.7.1　Udacity 的开源自动驾驶汽车模拟器

Udacity 还提供了一个开源模拟器，用于训练和测试自动驾驶深度学习算法。该模拟器项目可在 https://github.com/udacity/self-driving-car-sim 上获得。还可以从该链接下载用于 Linux、Windows 和 macOS 的预编译版模拟器。

下面我们将对该模拟器的工作原理进行介绍。该模拟器的屏幕截图如图 10.32 所示。

图 10.32　Udacity 自动驾驶汽车模拟器

可以在模拟器中看到两个选项：第一个用于训练，第二个用于测试自主算法。也可以选择用于驾驶汽车的赛道。当单击“TRAINING MODE”(训练模式）按钮时，将在选定的赛道上获得一辆汽车。可以使用 WASD 键组合来移动汽车，就像游戏一样。训练模式的屏幕截图如图 10.33 所示。

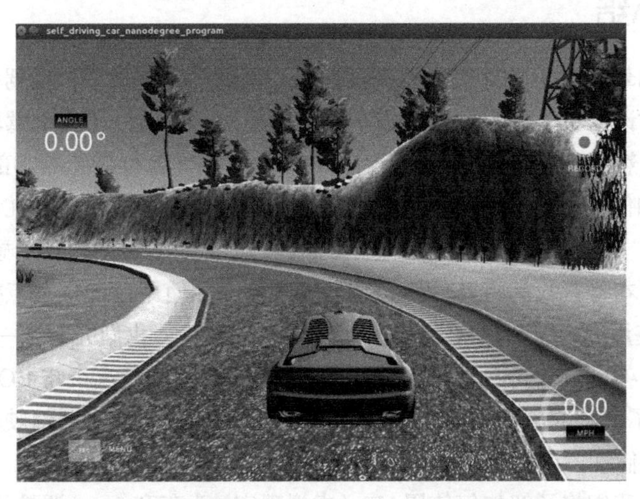

图 10.33　训练模式下的 Udacity 自动驾驶汽车模拟器

我们可以在右上角看到一个“RECORD”（记录）按钮，用于捕捉汽车的前置摄像头图像。我们可以通过浏览来指定一个文件目录位置，将这些捕获的图像存储在该位置中。

在捕获图像之后，我们必须使用深度学习算法来训练汽车，以预测转向角度、加速度和刹车。本书不讨论代码，但将提供编写代码的参考。有关使用深度学习实现驾驶模型的完整代码参考和说明，请参阅 https://github.com/thomasantony/sdc-live-trainer。live_trainer.py 代码将帮助我们根据捕获的图像训练模型。

在训练了模型之后，我们可以运行 hybrid_driver.py 来实现自动驾驶。对于此模式，我们需要在模拟器中选择自主模式，并执行 hybrid_driver.py 代码，运行结果如图 10.34 所示。

我们可以看到汽车的自动行驶状态，并随时获取手动控制方向盘的权限。这个模拟器可以用来测试我们将要在真实的自动驾驶汽车上使用的深度学习算法的准确性。

图 10.34 自主模式下的 Udacity 自动驾驶汽车模拟器

10.7.2 MATLAB ADAS 工具箱

MATLAB 还提供了 ADAS 和自主系统的工具箱。可以使用此工具箱设计、模拟和测试 ADAS 及自动驾驶系统。该工具箱的链接为 https://in.mathworks.com/products/automated-driving.html。

10.8 本章小结

本章是对自动驾驶汽车及其实现的深入讨论。我们首先介绍了自动驾驶汽车技术的基础及其历史，之后讨论了典型的自动驾驶汽车的核心模块，还讨论了自动驾驶汽车的自动驾驶水平分级的概念。然后，我们讨论了自动驾驶汽车中常用的各种传感器和部件。

我们讨论了如何在 Gazebo 中模拟汽车，并将其与 ROS 进行交互。在讨论了所有传感器之后，我们介绍了一个开源的自动驾驶汽车项目，该项目整合了所有传感器，并在 Gazebo 中模拟了汽车模型本身。我们将其传感器数据可视化，并使用遥操作节点控制并移动了机器人汽车。我们还使用 hector SLAM 绘制了环境地图。然后，我们介绍了一个来自 Dataspeed 公司的项目，在该项目中，我们看到了如何将真正的 DBW 兼容汽车与 ROS 进行连接。我们使用 RViz 可视化了汽车的离线数据。最后，我们论述了 Udacity 自动驾驶汽车项目及其模拟器。这一章帮助我们掌握了模拟自动驾驶汽车所需的技能。

在下一章中，我们将了解如何使用 VR（虚拟现实）头盔和 Leap 遥控机器人。

第11章

基于VR头盔和Leap Motion的机器人遥操作

虚拟现实（Virtual Reality，VR）虽然是一项古老的发明，但如今越来越流行。虚拟现实的概念最早出现在20世纪50年代的科幻小说中，但过了60多年才开始流行并被广泛接受。

那么，为什么它现在更受欢迎呢？答案是廉价计算的可用性。之前，VR头盔非常昂贵；现在我们可以花5美元造一个。你可能听说过谷歌Cardboard，它是目前市面上最便宜的VR头盔，而且在其基础上还有很多即将上市的型号。现在，我们只需要一部好的智能手机和一个便宜的VR头盔就可以获得VR体验。还有高端的VR头盔，如Oculus Rift和HTC Vive，它们的帧率很高，响应速度也很快。

在本章中，我们将讨论一个ROS项目，在这个项目中，我们可以使用Leap Motion传感器控制机器人，并使用VR头盔体验机器人环境。我们将在Gazebo中演示这个项目，并使用Leap Motion控制模拟的TurtleBot机器人。为了可视化机器人环境，我们将使用一个便宜的VR头盔和一个Android智能手机。

本章涵盖的主题包括：

- VR头盔和Leap Motion入门。
- 项目的设计和实施。
- 在Ubuntu上安装Leap Motion SDK。
- 使用Leap Motion可视化工具。
- 安装用于Leap Motion的ROS功能包。
- 在RViz中可视化Leap Motion数据。
- 为Leap Motion创建遥操作节点。
- 构建和安装ROS-VR Android应用程序。
- ROS-VR应用程序的使用及其与Gazebo的交互。
- VR下的TurtleBot模拟。
- ROS-VR应用和Leap Motion遥操作的集成。
- ROS-VR应用程序故障排除。

11.1　技术要求

以下是本项目的软硬件技术要求：

- **低成本的 VR 头盔**：https://vr.google.com/cardboard/get-cardboard/。
- **Leap Motion 控制器**：https://www.leapmotion.com/。
- **Wi-Fi 路由器**：任何可以连接到 PC 或 Android 手机的路由器。
- **Ubuntu 14.04.5 LTS**：http://releases.ubuntu.com/14.04/。
- **ROS Indigo**：http://wiki.ros.org/indigo/Installation/Ubuntu。
- **Leap Motion SDK**：https://www.leapmotion.com/setup/linux。

这个项目已经在 ROS Indigo 上测试过了，代码也与 ROS Kinetic 兼容。但是，支持 Ubuntu 16.04 LTS 的 Leap Motion SDK 还在开发中。因此，在这里，代码是用 Ubuntu 14.04.5 和 ROS Indigo 进行测试的。

以下是预计时间线和测试平台：

- **预计学习时间**：平均 90 分钟。
- **项目构建时间（包括编译和运行）**：平均 60 分钟。

本章的代码可以在以下链接中找到：

https://github.com/PacktPublishing/ROS-Robotics-Projects-SecondEdition/tree/master/chapter_11_ws。

下面我们开始学习 VR 头盔和 Leap Motion 传感器的相关知识。

11.2　VR 头盔和 Leap Motion 传感器入门

本节是为那些还没有使用过 VR 头盔或 Leap Motion 的初学者准备的。VR 头盔一般具有一个头戴式显示器，可以把智能手机放在上面，或者有一个内置显示器，可以连接到 HDMI 或其他显示端口。VR 头盔可以通过模仿人的视觉来创建一个虚拟的 3D 环境，即立体视觉。

人类的视觉是这样运作的：我们有两只眼睛，每只眼睛都有两个独立的、稍微不同的图像。然后，大脑将这两幅图像结合起来，生成周围环境的 3D 图像。类似地，VR 头盔有两个镜头和一个显示器。显示器可以是内置的，也可以是智能手机。当我们将智能手机或内置显示器接入头盔时，它使用两个镜头进行聚焦和重塑，从而模拟 3D 立体视觉。

实际上，我们可以在这个头盔里探索整个 3D 世界。除了可视化世界，我们还可以控制 3D 世界中的事件并听到声音。很酷，对吧？

图 11.1 展示了谷歌 Cardboard VR 头盔的结构。

VR 头盔有多种型号可供选择，包括高端型号，如 Oculus Rift、HTC Vive 等。图 11.2 展示了我们将在本章中使用的其中一个 VR。它遵循了谷歌 Cardboard 的原理，但其外壳不是由硬纸板而是由塑料制成的。

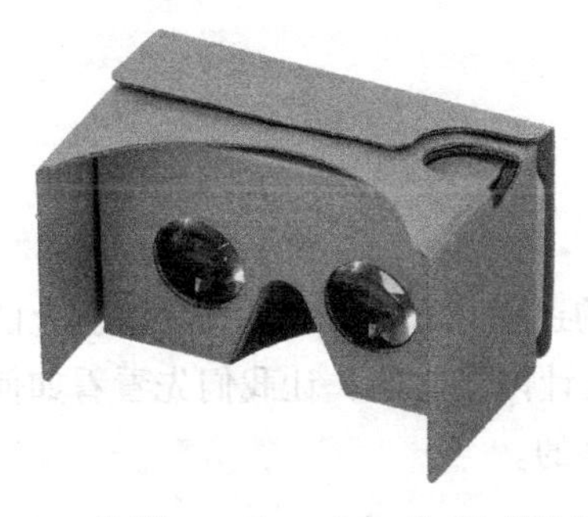

图 11.1　谷歌 CardboardVR 头盔（图片来源：https://commons.wikimedia.org/wiki/File:Google-Cardboard.jpg）

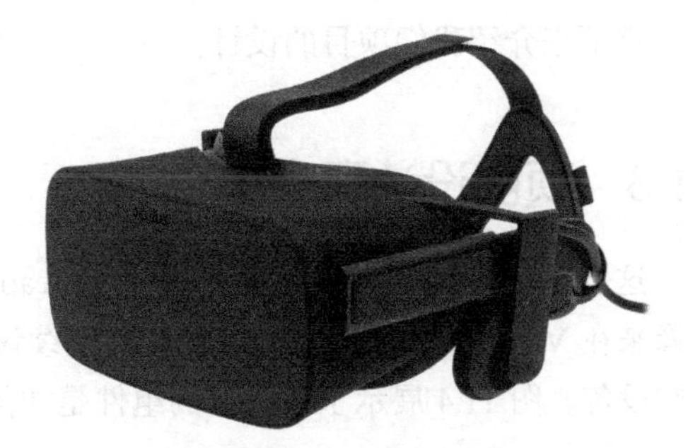

图 11.2　Oculus Rift（图片来源：https://commons.wikimedia.org/wiki/File:Oculus-Rift-CV1-Headset-Front.jpg）

可以从 Google Play Store 下载 Android VR 应用程序来测试头盔的 VR 功能。

可以在 Google Play Store 中搜索“Cardboard”来找到谷歌 VR 应用程序。可以利用它在智能手机上测试 VR。

我们在这个项目中使用的下一个设备是 Leap Motion 控制器（https://www.leapmotion.com/）。Leap Motion 控制器本质上是一个像 PC 鼠标一样的输入设备，我们可以用手势控制一切。该控制器可以准确地跟踪用户的两只手，并精确地映射出每个手指关节的位置和方向。它有两个红外摄像头和几个向上的红外投影仪。用户可以把手放在设备上方，然后移动，Leap Motion 控制器能够通过 SDK 准确地获取手和手指的位置和方向。

图 11.3 展示了 Leap Motion 控制器以及我们与它互动的例子。

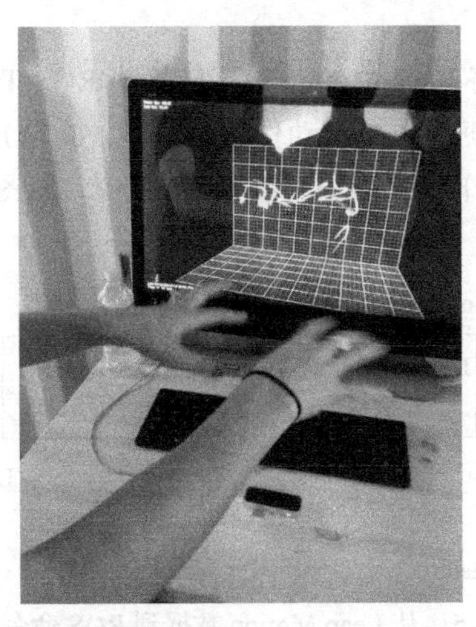

图 11.3　与 LeapMotion 控制器交互（图片来源：https://www.flickr.com/photos/davidberkowitz/8598269932，由 David Berkowitz 提供。基于知识共享授权协议 CC-BY 2.0：https://creativecommons.org/licenses/by/2.0/legalcode）

接下来介绍我们项目的设计。

11.3　项目设计和实施

这个项目可以分为两个部分：使用 Leap Motion 的遥操作；使用 Android 手机上的流式图像来在 VR 头盔内获得 VR 体验。在继续讨论每个设计内容之前，让我们先看看如何互连这些设备。图 11.4 展示了该项目的组件是如何相互连接的。

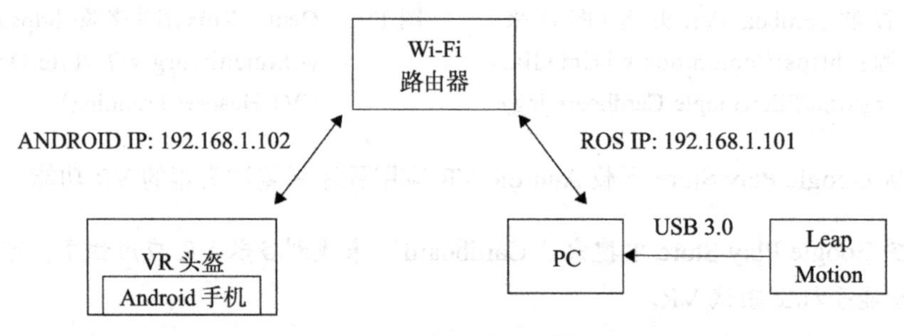

图 11.4　硬件组成及连接

从图 11.4 中可以看到每个设备（即 PC 和 Android 手机）都连接到一个 Wi-Fi 路由器，路由器为每个设备分配了一个 IP 地址。每个设备使用这些 IP 地址进行通信。在接下来的小节中，我们将看到这些 IP 地址的重要性。

接下来，我们将研究如何使用 Leap Motion 遥操作 ROS 中的机器人。我们将会戴着 VR 头盔来控制它。这意味着我们不需要按任何键盘按键来移动机器人，而是用手控制机器人的移动。

这里涉及的基本操作是将 Leap Motion 数据转换为 ROS Twist 消息。在这里，我们只对读取手的方向感兴趣。我们使用的控制动作包括横滚（旋转）、俯仰（上下倾斜）以及偏航（左右摆动），并将这些控制动作映射到 ROS Twist 消息中，如图 11.5 所示。

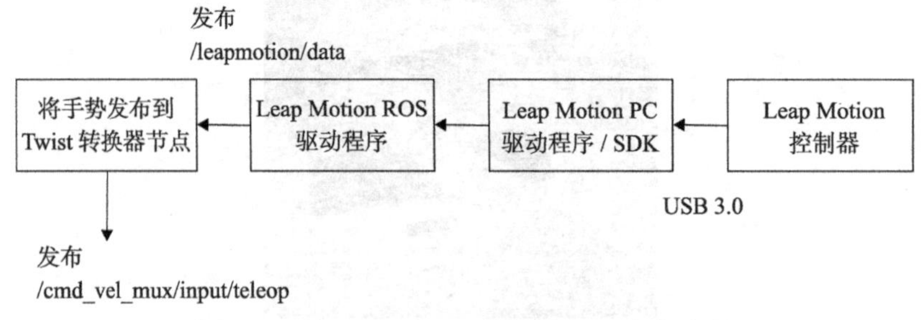

图 11.5　从 Leap Motion 数据到 ROS 命令速度

图 11.5 展示了 Leap Motion 数据是如何被转换成 ROS Twist 消息的。Leap Motion PC 驱

动程序 /SDK 将控制器与 Ubuntu 连接起来，Leap Motion ROS **驱动程序**在该驱动程序 /SDK 之上工作，获取手和手指的位置并将其发布为 ROS 话题。我们要编写的节点可以将手的位置转换为 Twist 数据，该数据将订阅 Leap Motion 数据话题 `/leapmotion/data`，将其转换为相应的命令速度，然后将其发布到话题 `/cmd_vel_mux/input/teleop`。该转换算法基于手定位值的比较。如果值在特定范围内，我们将发布特定的 Twist 值。

下面是一个简单算法的工作原理，它可以将 Leap Motion 方向数据转换成 Twist 消息：

1）从 Leap Motion ROS 驱动程序获取手的方向值，如偏航角、俯仰角和横滚角。

2）手的旋转运动对应于机器人的旋转。如果手逆时针旋转，则通过发送命令触发机器人逆时针旋转，反之亦然。

3）如果手向下倾斜，机器人将向前移动；如果手向上倾斜，机器人将向后移动。

4）如果手没有运动，机器人就会停止移动。

这是一个使用 Leap Motion 来移动机器人的简单算法。下面我们将介绍如何在 Ubuntu 中设置 Leap Motion 控制器并通过它的 ROS 接口进行使用。

11.4　在 Ubuntu 14.04.5 上安装 Leap Motion SDK

在这个项目中，我们选择了 Ubuntu 14.04.5 LTS 和 ROS Indigo，因为 Leap Motion SDK 能够与这个组合一起顺利工作。Ubuntu 16.04 LTS 尚未完全支持 Leap Motion SDK；如果该公司有任何进一步修改，此代码就将在安装有 ROS Kinetic 的 Ubuntu 16.04 LTS 上运行。

Leap Motion SDK 是 Leap Motion 控制器的核心。Leap Motion 控制器与 PC 交互，Leap Motion SDK 在 PC 上运行，PC 上有控制器的驱动程序。它还具有处理手部图像的算法，以生成每个手指关节的关节值。

下面是在 Ubuntu 中安装 Leap Motion SDK 的步骤：

1）从 https://www.leapmotion.com/setup/linux 下载 SDK。可以解压这个包，然后会发现有两个可以在 Ubuntu 上安装的 DEB 文件。

2）在提取的位置打开终端窗口，使用以下命令安装 DEB 文件（适用于 64 位 PC）：

```
$ sudo dpkg -install Leap-*-x64.deb
```

如果在 32 位 PC 上安装，则可以使用以下命令：

```
$ sudo dpkg -install Leap-*-x86.deb
```

如果安装上述功能包时没有遇到任何错误，那么就完成了 Leap Motion SDK 和驱动程序的安装。

更详细的安装和调试提示参见 https://support.leapmotion.com/hc/en-us/articles/223782608-Linux-Installation。

一旦安装了 Leap Motion SDK 和驱动程序，就可以开始可视化 Leap Motion 控制器的数据了。

11.4.1 可视化 Leap Motion 控制器数据

如果已经成功安装了 Leap Motion 驱动程序 / SDK，就可以按照以下步骤启动设备：

1）将 Leap Motion 控制器插入 USB 端口（USB 3.0 或 2.0 都可以）。

2）打开终端窗口，执行 `dmesg` 命令以确认在 Ubuntu 上正确检测到了该设备：

```
$ dmesg
```

如果检测正确，将得到如图 11.6 所示的输出。

```
[10010.420978] usb 2-1.2: new high-speed USB device number 8 using ehci-pci
[10010.513671] usb 2-1.2: New USB device found, idVendor=f182, idProduct=0003
[10010.513682] usb 2-1.2: New USB device strings: Mfr=1, Product=2, SerialNumber=0
[10010.513688] usb 2-1.2: Product: Leap Dev Kit
[10010.513692] usb 2-1.2: Manufacturer: Leap Motion
[10010.514270] uvcvideo: Found UVC 1.00 device Leap Dev Kit (f182:0003)
lentin@lentin-Aspire-4755:~$ 
```

图 11.6 插入 Leap Motion 时显示的内核消息

如果看到此消息，则可以准备启动 Leap Motion 控制器管理器。

11.4.2 使用 Leap Motion 可视化工具

可以使用一个名为 Leap Motion Visualizer 的可视化工具和以下相关命令将来自 Leap Motion 控制器的运动跟踪数据可视化。

可以通过执行以下操作来调用 Leap Motion 控制器管理器：

```
$ sudo LeapControlPanel
```

如果只想启动驱动程序，则可以使用以下命令：

```
$ sudo leapd
```

另外，可以使用这个命令来重新启动驱动程序：

```
$ sudo service leapd stop
```

如果正在运行 Leap Motion 控制面板，那么将在屏幕左侧看到一个附加菜单。选择“Diagnostic Visualizer...”以查看 Leap Motion 的数据，如图 11.7 所示。

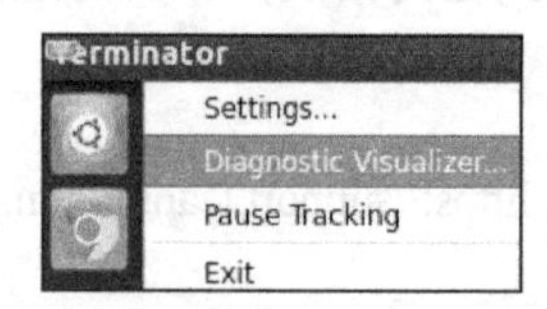

图 11.7 Leap Motion 控制面板

当单击这个选项时，会弹出一个窗口，可以在那里看到自己的手，当把手放在设备上时，图像会被跟踪。还可以从该设备查看两个红外摄像头视图。图 11.8 是 Visualizer 应用程序的屏幕截图。也可以从相同的下拉菜单中退出驱动程序。

可以与设备交互并在这里可视化数据。如果一切顺利，就可以进入下一个阶段——安装用于 Leap Motion 控制器的 ROS 驱动程序。

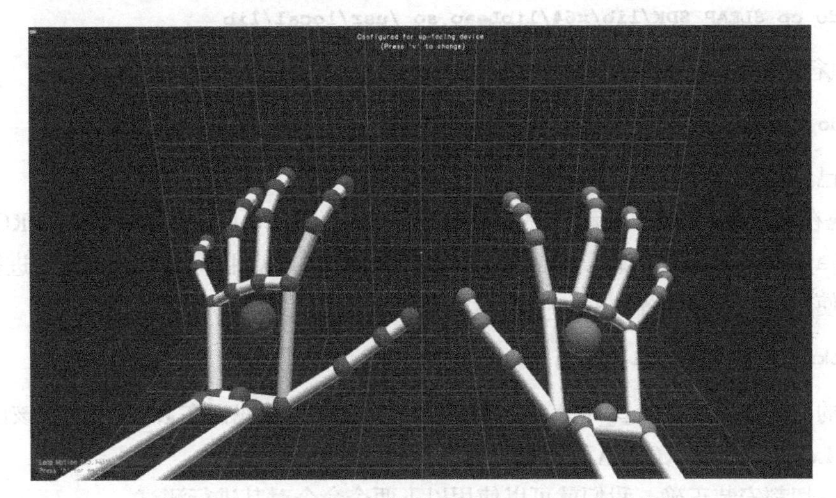

图 11.8　Leap Motion 控制器的 Visualizer 应用程序

可以在 https://developer.leapmotion.com/documentation/cpp/supplements/Leap_Visualizer.html 中找到更多关于 Visualizer 的快捷方式。

11.4.3　安装用于 Leap Motion 控制器的 ROS 驱动程序

要将 Leap Motion 控制器与 ROS 连接起来，我们需要 ROS 驱动程序。可以使用以下命令复制 ROS 包：

```
$ git clone https://github.com/ros-drivers/leap_motion
```

在安装 `leap_motion` 驱动程序包之前，必须进行一些配置来确保能够正确编译：

1）在 `.bashrc` 文件中设置 Leap Motion SDK 的路径。

假设 Leap SDK 在用户名为 `LeapSDK` 的 `home` 主文件夹中，我们需要在 `.bashrc` 中设置路径变量，如下所示：

```
$ export LEAP_SDK=$LEAP_SDK:$HOME/LeapSDK
```

这个环境变量是编译带有 Leap SDK API 的 ROS 驱动程序代码所必需的。

2）我们还必须将 Leap Motion SDK 的 Python 扩展路径添加到 `.bashrc` 中。

下面是用于执行此操作的命令：

```
export
PYTHONPATH=$PYTHONPATH:$HOME/LeapSDK/lib:$HOME/LeapSDK/lib/x64
```

这将启用基于 Python 的 Leap Motion SDK API。

3）保存 .bashrc 并打开一个新终端，这样就可以在新终端中获得前面的变量。

4）将 libLeap.so 文件复制到 /usr/local/lib。以下是操作方法：

```
$ sudo cp $LEAP_SDK/lib/x64/libLeap.so /usr/local/lib
```

5）执行 ldconfig：

```
$ sudo ldconfig
```

现在已经完成了环境变量的设置。

6）现在可以编译 ROS 驱动程序功能包 leap_motion 了。可以创建一个 ROS 工作空间或将 leap_motion 功能包复制到现有 ROS 工作空间并使用 catkin_make 进行编译。

可以使用以下命令编译 leap_motion 功能包：

```
$ catkin_make install --pkg leap_motion
```

前面的代码将安装 leap_motion 驱动程序。现在，让我们在 ROS 中测试该设备。

测试 Leap Motion ROS 驱动程序

如果一切都安装正确，我们就可以使用以下两个命令对其进行测试：

1）使用以下命令启动 Leap Motion 驱动程序或控制面板：

```
$ sudo LeapControlPanel
```

2）启动后，可以通过打开 Visualizer 应用程序来验证设备是否工作正常。如果运行良好，则可以使用以下命令启动 ROS 驱动程序：

```
$ roslaunch leap_motion sensor_sender.launch
```

如果工作正常，我们就可以用以下命令获取话题列表：

```
$ rostopic list
```

可用话题列表如图 11.9 所示。

```
lentin@lentin-Aspire-4755:~$ rostopic list
/leapmotion/data
/rosout
/rosout_agg
```

图 11.9 Leap Motion ROS 驱动程序话题

如果可以在列表中看到 rostopic/leapmotion/data，则可以确认驱动程序正在工作。只需响应该话题，就能看到手和手指相关数值正在读入，如图 11.10 所示。

现在让我们在 RViz 中可视化 Leap Motion 数据。

```
header:
  seq: 847
  stamp:
    secs: 0
    nsecs:
  frame_id: ''
direction:
  x: 0.24784040451
  y: 0.227308988571
  z: -0.941756725311
normal:
  x: 0.0999223664403
  y: -0.972898304462
  z: -0.208529144526
palmpos:
  x: -52.5600471497
  y: 173.553512573
  z: 66.0648040771
ypr:
  x: 25.602668997
  y: 13.5697675013
  z: 132.525765862
```

图 11.10 Leap ROS 驱动程序话题中的数据

11.5 RViz 中 Leap Motion 数据的可视化

可以在 RViz 中可视化 Leap Motion 数据。https://github.com/qboticslabs/leap_client 提供了名为 leap_client 的 ROS 功能包。

可以通过在 ~/.bashrc 中设置以下环境变量来安装这个功能包：

```
export LEAPSDK=$LEAPSDK:$HOME/LeapSDK
```

注意，当我们在 ~/.bashrc 中添加新变量时，可能需要打开一个新终端或在现有终端中键入 bash。

现在，我们可以在 ROS 工作空间中复制代码，并使用 catkin_make 构建功能包。让我们来看看启动这个功能包的步骤：

1）要启动节点，我们必须启动 LeapControlPanel，命令如下：

```
$ sudo LeapControlPanel
```

2）启动 ROS Leap Motion 驱动程序启动文件，命令如下：

```
$ roslaunch leap_motion sensor_sender.launch
```

3）启动 leap_client 文件来启动可视化节点。该节点将订阅 leap_motion 驱动程序，并将其转换为 RViz 中的可视化标记：

```
$ roslaunch leap_client leap_client.launch
```

4）使用以下命令打开 RViz，并选择 leap_client/launch/leap_client.rviz 配置文件以正确显示标记：

```
$ rosrun rviz rviz
```

如果加载 leap_client.rviz 配置，则将获得与图 11.11 类似的手的数据（必须将手放在 Leap Motion 控制器上）。

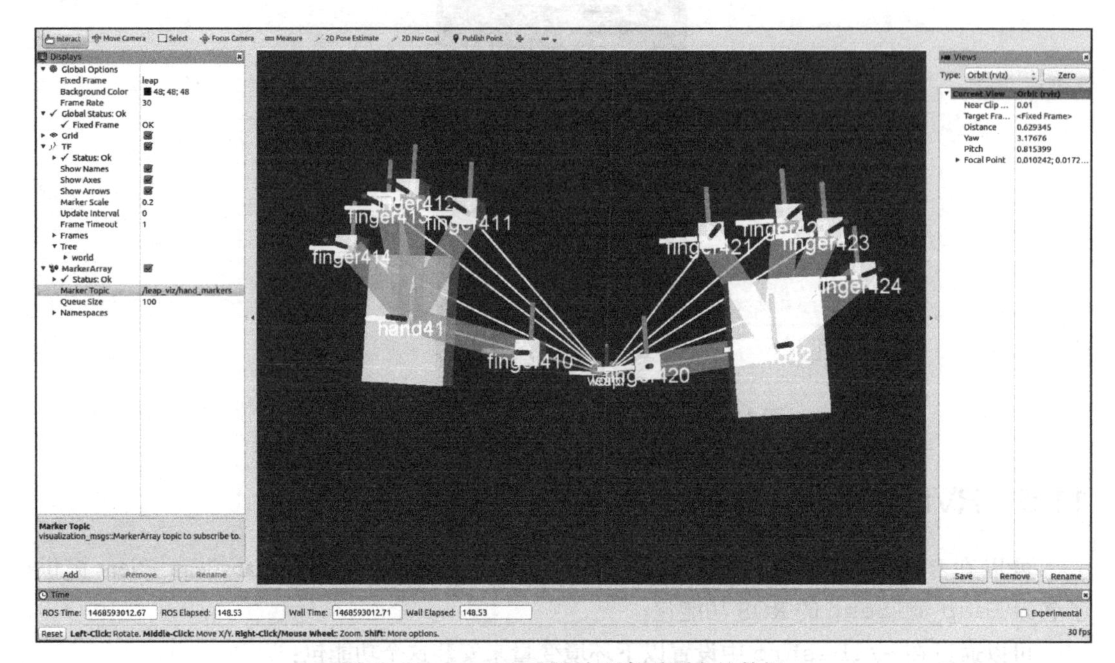

图 11.11 Leap ROS 驱动程序话题中的数据

11.6 使用 Leap Motion 控制器创建遥操作节点

在本节中，我们将演示如何使用 Leap Motion 数据为机器人创建遥操作节点。该程序很简单。我们可以通过以下步骤为该节点创建一个 ROS 功能包：

1）以下是用于创建新功能包的命令，也可以在 chapter_11_ws/vr_leap_teleop 中找到此功能包：

```
$ catkin_create_pkg vr_leap_teleop roscpp rospy std_msgs
visualization_msgs geometry_msgs message_generation
visualization_msgs
```

创建之后，可以使用 catkin_make 命令构建工作空间。

2）创建节点来将 Leap Motion 数据转换为 Twist 消息。可以在 vr_leap_teleop 功能包中创建一个名为 scripts 的文件夹。

3）可以复制名为 vr_leap_teleop.py 的节点，链接为 https://github.com/PacktPublishing/ROS-Robotics-Projects-SecondEdition/blob/master/chapter_11_ws/vr_leap_teleop/scripts/vr_ leap_teleop.py。下面让我们看看这段代码是如何工作的。

此节点中需要以下 Python 模块。我们需要 leap_motion 功能包（驱动程序功能包）中的消息定义：

```
import rospy
from leap_motion.msg import leap
from leap_motion.msg import leapros
from geometry_msgs.msg import Twist
```

4）设置一些必需的范围值，以便检查当前手的值是否在范围内。我们还在此处定义 teleop_topic 名称：

```
teleop_topic = '/cmd_vel_mux/input/teleop'

low_speed = -0.5
stop_speed = 0
high_speed = 0.5

low_turn = -0.5
stop_turn = 0
high_turn = 0.5
pitch_low_range = -30
pitch_high_range = 30

roll_low_range = -150
roll_high_range = 150
```

以下是该节点的主要代码。在此代码中，可以看到 Leap Motion 驱动程序中的话题正在被订阅。当收到话题后，它将会调用 callback_ros() 函数：

```
def listener():
    global pub
    rospy.init_node('leap_sub', anonymous=True)
    rospy.Subscriber("leapmotion/data", leapros, callback_ros)
    pub = rospy.Publisher(teleop_topic, Twist, queue_size=1)

    rospy.spin()

if __name__ == '__main__':
    listener()
```

以下是 callback_ros() 函数的定义。本质上，它将接收 Leap Motion 数据并仅提取手掌的方向分量。因此，我们将通过此函数获得偏航角、俯仰角和横滚角数据。我们还创建了一条 Twist() 消息，用于将速度值发送给机器人：

```
def callback_ros(data):
  global pub

  msg = leapros()
  msg = data
  yaw = msg.ypr.x
  pitch = msg.ypr.y
  roll = msg.ypr.z

  twist = Twist()
```

```
twist.linear.x = 0; twist.linear.y = 0; twist.linear.z = 0
twist.angular.x = 0; twist.angular.y = 0; twist.angular.z = 0
```

我们再次在一定范围内与当前的横滚角和俯仰角值进行基本的比较。表 11.1 展示了我们为机器人的每一次运动分配的动作。

表 11.1　手势与机器人运动的对应描述

动作（手部动作）	描述（对应的机器人运动）
手向下倾斜	向前移动
手向上倾斜	向后移动
手逆时针旋转	逆时针旋转
手顺时针旋转	顺时针旋转

下面是处理一个条件的代码片段。在这种情况下，如果俯仰角很低，那么对应地在前进的 x 方向上提供一个较高的线速度值：

```
if(pitch > pitch_low_range and pitch < pitch_low_range + 30):
   twist.linear.x = high_speed; twist.linear.y = 0;
     twist.linear.z = 0   twist.angular.x = 0; twist.angular.y = 0;
twist.angular.z = 0
```

现在我们已经构建了节点，并且可以在项目的最后测试它的功能。在下一节中，我们将研究如何在 ROS 中实现 VR。

11.7　构建 ROS-VR Android 应用程序

在本节中，我们将研究如何在 ROS 中创建并体验 VR，特别是在 Gazebo 等机器人模拟器中进行虚拟现实的体验。一个名为 ROS Cardboard（https://github.com/cloudspace/ros_cardboard）的 Android 项目为我们提供了相应的应用程序。该项目基于 ROS-Android API，并能帮助我们可视化来自 ROS PC 的压缩图像。当我们把安装了该应用的手机放在 VR 头盔上时，它还可以分割左眼和右眼的视图，使人感觉就像在体验 3D 视觉一样。

图 11.12 展示了此应用程序的工作原理。

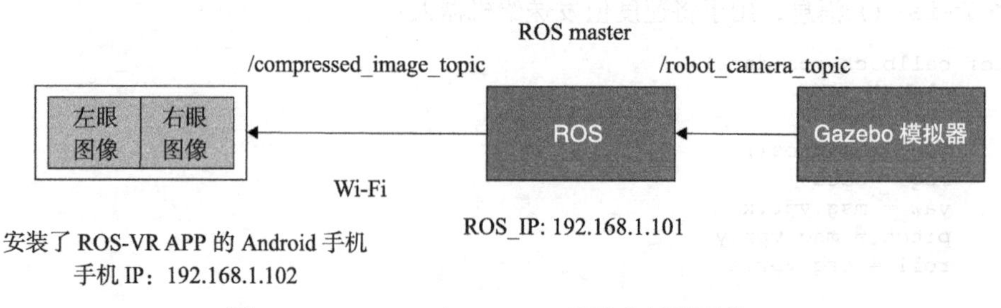

图 11.12　ROS PC 与 Android 手机之间的通信

从图 11.12 中可以看到，可以从 ROS 环境访问来自 Gazebo 的图像话题，该图像的压缩版本被发送到 ROS-VR 应用程序，ROS-VR 应用程序会将视图分为左右两部分，以提供 3D 视觉。为了保证 VR 应用程序的正常工作，需要在 PC 上设置 ROS_IP 变量。PC 和手机之间的通信通过 Wi-Fi 进行，两者都在同一网络上。

构建此应用程序并不是很困难：首先，可以将此应用程序复制到一个文件夹中；在安装 Android 开发环境和 SDK 后，只需复制它，就可以通过以下说明简单而方便地构建它：

1）从源代码安装 rosjava 包，命令如下所示：

```
$ mkdir -p ~/rosjava/src
$ wstool init -j4 ~/rosjava/src
https://raw.githubusercontent.com/rosjava/rosjava/melodic/rosjava.r
osinstall
$ initros1
$ cd ~/rosjava
$ rosdep update
$ rosdep install --from-paths src -i -y
$ catkin_make
```

然后，使用以下命令安装 android-sdk：

```
$ sudo apt-get install android-sdk
```

2）将 Android 设备插入 Ubuntu 并执行以下命令来检查 PC 上是否检测到了该设备：

```
$ adb devices
```

adb 命令代表 Android Debug Bridge，它将帮助你与 Android 设备和模拟器进行通信。如果这个命令列出了设备，就完成了连接；否则，请借助搜索引擎搜索相关操作以了解如何使其工作。这并不太难。

3）获取设备列表后，使用以下命令复制 ROS Cardboard 项目。可以复制到主文件夹中或桌面上：

```
$ git clone https://github.com/cloudspace/ros_cardboard.git
```

4）复制后，输入文件夹并执行以下命令来构建整个功能包，并将其安装到设备上：

```
$ ./gradlew installDebug
```

读者可能会遇到一个错误，说所需的 Android 平台不可用，此时只需使用 Android SDK GUI 来安装即可。如果一切正常，就可以在 Android 设备上安装 APK 了。如果无法构建 APK，则可以在 https://github.com/PacktPublishing/ROS-Robotics-Projects-SecondEdition/tree/master/chapter_11_ws/ros_cardboard 中找到它。

如果直接将 APK 安装到设备失败，则可以从目录 ros_carboard/ros_carboard_module/build/outputs/apk 找到生成的 APK。可以将此 APK 复制到设备并尝试安装它。现在让我们使用 ROS-VR 应用程序，并学习如何将其与 Gazebo 进行连接。

11.8 ROS-VR 应用程序的使用及与 Gazebo 的交互

让我们来演示一下如何使用 ROS-VR 应用程序并将其与 Gazebo 进行连接。在安装新的 APK 时需要设置一个名称，如 ROSSerial。

在启动应用程序之前，我们需要在 ROS PC 上进行一些配置。具体操作步骤如下：

1）在 ~/.bashrc 文件中设置 ROS_IP 变量。执行 ifconfig 命令并检索 PC 的 Wi-Fi IP 地址，如图 11.13 所示。

```
wlan0     Link encap:Ethernet  HWaddr 94:39:e5:4d:7d:da
          inet addr:192.168.1.101  Bcast:192.168.1.255  Mask:255.255.255.0
          inet6 addr: fe80::9639:e5ff:fe4d:7dda/64 Scope:Link
          UP BROADCAST RUNNING MULTICAST  MTU:1500  Metric:1
          RX packets:1303 errors:0 dropped:0 overruns:0 frame:0
          TX packets:1127 errors:0 dropped:0 overruns:0 carrier:0
          collisions:0 txqueuelen:1000
          RX bytes:1136655 (1.1 MB)  TX bytes:243000 (243.0 KB)
```

图 11.13　PC Wi-Fi 适配器 IP 地址

2）对于这个项目，IP 地址是 192.168.1.101，因此我们必须将 ~/.bashrc 中的 ROS_IP 变量设置为当前 IP 地址。只需将以下代码行复制到 ~/.bashrc 文件中：

```
$ export ROS_IP=192.168.1.101
```

我们需要对此进行设置，只有这样，Android VR 应用程序才能正常工作。

3）在 ROS PC 上启动 roscore 命令：

```
$ roscore
```

4）打开 Android 应用程序，读者将看到如图 11.14 所示的窗口。在文本框中输入 ROS_IP，然后单击“CONNECT”按钮。

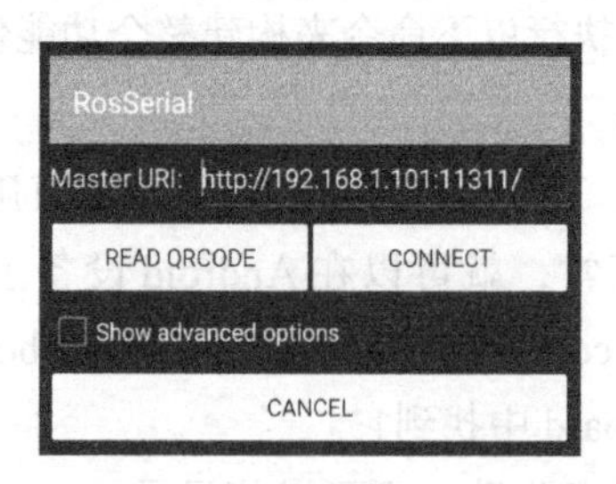

图 11.14　ROS-VR 应用程序

如果应用程序连接到了 PC 上的 ROS 主机，它将显示为已连接，并显示一个带有拆分视图的空白屏幕。ROS PC 上列出的话题如图 11.15 所示。

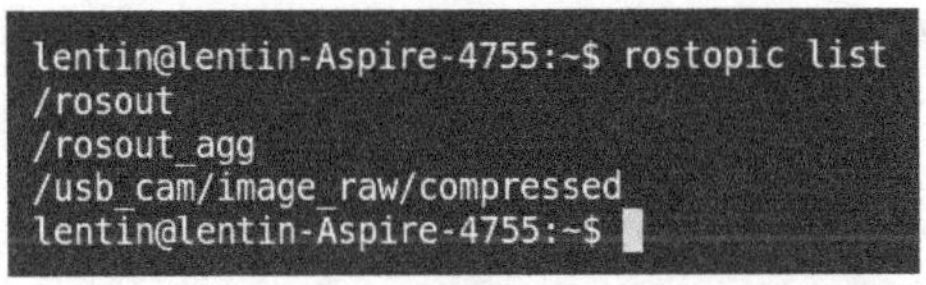

```
lentin@lentin-Aspire-4755:~$ rostopic list
/rosout
/rosout_agg
/usb_cam/image_raw/compressed
lentin@lentin-Aspire-4755:~$
```

图 11.15　在 PC 上列出的 ROS-VR 话题

在这里，可以在列表中看到 /usb_cam/image_raw/compressed 和 /camera/image/compressed 等话题。我们想要做的是将压缩后的图像提供给应用程序要订阅的图像话题。

5）如果已经安装了 usb_cam（https://github.com/bosch-ros-pkg/usb_cam）ROS 功能包，可以使用以下命令启动网络摄像头驱动程序：

```
$ roslaunch usb_cam usb_cam-test.launch
```

这个驱动程序会将压缩后的摄像头图像发布到话题 /usb_cam/image_raw/compressed，当有这个话题的发布者时，它也会在 APP 上显示出来。

如果从应用程序中获得一些其他话题，例如 /camera/image/compressed，则可以使用 topic_tools（http://wiki.ros.org/topic_tools）将话题映射到应用程序话题。可以使用以下命令：

```
$ rosrun topic_tools relay /usb_cam/image_raw/compressed
/camera/image/compressed
```

现在可以在 VR APP 中看到如图 11.16 所示的摄像头视图。

图 11.16　ROS-VR APP 中的摄像头视频

这是我们在 APP 中得到的分屏视图。我们也可以用类似的方式显示来自 Gazebo 的图像。整个操作过程是相对简单的，只需将压缩后的摄像头图像重新映射到 APP 话题即可。在下一节中，我们将学习如何在VR APP中查看Gazebo图像。

11.9 VR下的TurtleBot模拟

让我们看看如何安装和使用TurtleBot模拟器，然后使用VR-APP进行TurtleBot模拟。

11.9.1 安装TurtleBot模拟器

这是我们测试的基本条件。因此，让我们继续安装TurtleBot功能包。

因为我们使用的是ROS Melodic，所以没有任何TurtleBot模拟器的Debian功能包。因此，我们将从https://gihub.https com/TurtleBot/turtlebot_simulator获取工作空间。让我们开始安装TurtleBot模拟器，步骤如下所示：

1）将程序包复制到workspace/src文件夹中，使用以下命令：

```
$ git clone https://github.com/turtlebot/turtlebot_simulator.git'
```

2）复制后，可以使用rosinstall命令安装依赖项：

```
$ rosinstall . turtlebot_simulator.rosinstall
```

另外，安装以下依赖项：

```
$ sudo apt-get install ros-melodic-ecl ros-melodic-joy ros-melodic-
kobuki-* ros-melodic-yocs-controllers ros-melodic-yocs-cmd-vel-mux
ros-melodic-depthimage-to-laserscan
```

3）完成之后，删除功能包kobuki_desktop和turtlebot_create_desktop，因为它们会在编译时导致Gazebo库错误。并且，我们的模拟中并不需要这两个功能包。

4）现在使用catkin_make编译这个功能包，完成后就一切就绪了。

如果一切顺利，将会有一个合适的TurtleBot模拟工作空间可以使用。现在让我们尝试运行一下Web遥操作应用程序。

11.9.2 在VR中控制TurtleBot

我们可以使用以下命令启动TurtleBot模拟：

```
$ roslaunch turtlebot_gazebo turtlebot_playground.launch
```

这将在Gazebo中打开TurtleBot模拟，如图11.17所示。

可以使用以下命令启动遥操作节点来移动机器人：

```
$ roslaunch turtlebot_teleop keyboard_teleop.launch
```

现在可以使用键盘移动机器人。再次启动应用程序并连接到PC上运行的ROS master。然后，可以将压缩的Gazebo RGB图像数据重新映射到APP图像话题中，命令如下所示：

```
$ rosrun topic_tools relay /camera/rgb/image_raw/compressed
/usb_cam/image_raw/compressed
```

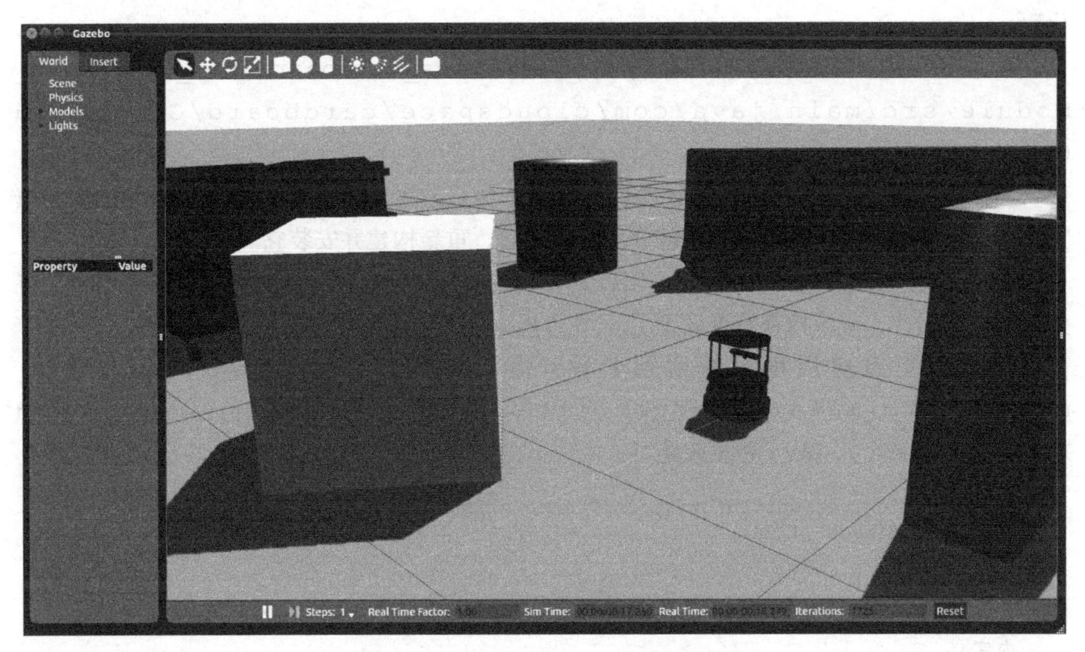

图 11.17　Gazebo 中的 TurtleBot 模拟

现在，机器人摄像头的图像已经在 APP 中被可视化了，如果把手机放到 VR 头盔中，它会模拟一个 3D 环境。图 11.18 展示了来自 Gazebo 的图像的分屏视图。

图 11.18　ROS-VR APP 中的 Gazebo 图像视图

现在可以使用键盘移动机器人。在下一节中，我们将介绍使用应用程序时可能遇到的问题以及相应的解决方案。

11.10　ROS-VR 应用程序故障排除

使用 ROS-VR 应用程序时可能会遇到一些问题，其中一个问题可能是图像的大小。左右图像大小可能随设备屏幕大小和分辨率的变化而变化。本书的项目是在一个全高清5英寸[⊖]屏幕上测试的，如果你的设备具有不同的屏幕大小或分辨率，则可能需要破解应用程序代码。

可以进入应用程序的项目文件夹，并打开 ros_cardboard/ros_cardboard_module/src/main/java/com/cloudspace/cardboard/CardboardOverlayEyeView.java。

可以将 final float imageSize=1.0f 值更改为 1.8f 或 2f。这将拉伸图像并填充屏幕，但可能会丢失图像的某些部分。更改之后，重新构建并安装它。

与使用此应用程序相关的另一个问题是，在设置 PC 上的 ROS_IP 值之前，应用程序将无法工作。因此，应该检查是否设置了 ROS_IP。

如果要更改应用程序的话题名称，请转到 ros_carboard/ros_carboard_module/src/main/java/com/cloudspace/cardboard/CardboardViewerActivity.java 并更改此行：

```
mOverlayView.setTopicInformation("/camera/image/compressed",
CompressedImage._TYPE);
```

如果想使用 Oculus 和 HTC Vive 等其他高端 VR 头盔，可以进入以下链接查看相关内容：

- ros_ovr_sdk：https://github.com/OSUrobotics/ros_ovr_sdk。
- vive_ros：https://github.com/robosavvy/vive_ros。
- oculus_rviz_plugins：http://wiki.ros.org/oculus_rviz_plugins。

在下一节中，我们将对 VR 头盔和 Leap Motion 机器人控制器节点的功能进行整合集成。

11.11　ROS-VR 应用与 Leap Motion 遥操作功能集成

在本节中，我们将用基于 Leap Motion 的遥操作取代键盘遥操作。当逆时针旋转我们的手时，机器人也会逆时针旋转，反之亦然。如果我们把手向下倾斜，机器人就会向前移动；如果我们把手向上倾斜，机器人就会向后移动。因此，我们可以像上一节那样启动 VR 应用程序和 TurtleBot 模拟，并运行 Leap Motion 遥操作节点来控制机器人运动。

具体配置方法为在启动 Leap Motion 遥操作节点之前执行以下操作：

1）使用以下命令启动 PC 驱动程序和 ROS 驱动程序：

```
$ sudo LeapControlPanel
```

⊖ 1英寸 = 2.54厘米。——编辑注

2）使用以下命令启动 ROS 驱动程序：

```
$ roslaunch leap_motion sensor_sender.launch
```

3）使用以下命令在 Twist 节点上启动 Leap Motion：

```
$ rosrun vr_leap_teleop vr_leap_teleop.py
```

至此，就可以把 VR 头盔戴在头上，通过手势来控制机器人运动了。

11.12　本章小结

在本章中，我们论述了如何在 Ubuntu 中使用 Leap Motion 控制器和 VR 头盔来与 ROS 进行交互操作。首先，我们介绍了如何在 ROS 中设置 Leap Motion 控制器，以及如何使用 VR 头盔在 RViz 中可视化数据。然后，我们创建了一个自定义遥操作节点，使用 Leap Motion 控制器识别的手势实现对 Gazebo 中移动机器人的遥操作。此外，我们还介绍了如何使用 VR 头盔可视化 Gazebo 环境。使用这些技能，可以通过手势（只需要使用手势，特别是那些不直接与人类接触的手势）来控制真正的移动机器人。

在下一章中，我们将演示如何在 ROS 中检测和跟踪人脸。

第 12 章 基于 ROS、Open CV 和 Dynamixel 伺服系统的人脸识别与跟踪

大多数服务和社交机器人的功能之一是人脸检测和跟踪。这些机器人可以识别人脸并跟踪头部运动。在网络上有许多人脸检测和跟踪系统的应用，大多数跟踪器都采用了云台机构，并且在伺服系统的顶部安装了一个摄像头。在本章中，我们将实现一个简单的跟踪器，它只有一个平移机构。我们将使用一个安装在 Dynamixel AX-12 伺服系统上的 USB 网络摄像头，对系统进行图像处理和动态伺服控制。

在本章中，我们将首先配置 Dynamixel AX-12 伺服系统，然后将 Dynamixel 与 ROS 进行连接，再创建人脸跟踪器 ROS 功能包。在本章的最后，我们将学习如何使用人脸跟踪器 ROS 功能包。

本章涵盖的主题包括：

- 项目概述。
- 硬件和软件基础需求。
- 配置 Dynamixel AX-12 伺服系统。
- Dynamixel 与 ROS 交互。
- 创建人脸跟踪器 ROS 功能包。
- 使用人脸跟踪 ROS 功能包。

12.1 技术要求

学习本章内容的相关要求如下：

- Ubuntu 18.04（Bionic）系统，预先安装 ROS Melodic Morenia。
- 时间线和测试平台：
  - ❑ **预计学习时间**：平均 100 分钟。
  - ❑ **项目构建时间（包括编译和运行时间）**：平均 45 ～ 90 分钟（取决于按照指定要求设置硬件板）。

- **项目测试平台**：惠普 Pavilion 笔记本电脑（Intel®Core™i7-4510UCPU@2.00GHz × 4，8 GB 内存，64 位操作系统，GNOME-3.28.2）。

本章的代码可在 https://github.com/PacktPublishing/ROS-Robotics-Projects-SecondEdition/tree/master/chapter_12_ws 上找到。

12.2　项目概述

这个项目的目标是建立一个简单的人脸跟踪器，它只能沿着摄像头的水平轴跟踪人脸。人脸跟踪器硬件包括一个网络摄像头、一个名为 AX-12 的动态伺服系统，以及一个将摄像头安装在伺服系统上的支架。伺服跟踪器将跟踪人脸，直到它与网络摄像头的图像中心对齐。一旦到达中心，它就会停下来等待人脸运动。人脸检测采用的是 OpenCV 和 ROS 接口，伺服控制采用的是 ROS 中的 Dynamixel 电机驱动程序。

这个项目的完整源代码可以从 Git 存储库中复制出来。下面的命令将复制项目存储库：

```
$ git clone
https://github.com/PacktPublishing/ROS-Robotics-Projects-
SecondEdition.git
```

12.3　硬件和软件基础需求

下面是构建此项目所需的硬件组件：

- 网络摄像头。
- 带安装支架的 Dynamixel AX-12A 伺服系统。
- 用于 AX-12 伺服系统的额外 3 针电缆。
- 电源适配器。
- 6 端口 AX/MX 电源集线器。
- USB 延长线。

如果你认为负担不起总成本，那么也有便宜的替代方案以供完成这个项目。该项目的主要核心是 Dynamixel 伺服系统。我们可以采用 RC 伺服系统来替代 Dynamixel 伺服系统，RC 伺服系统只需要 10 美元左右，可以选用 20 美元左右的 Arduino 板来控制伺服系统。在后续小节我们将会介绍 ROS 和 Arduino 接口，因此读者可以考虑使用 Arduino 和 RC 伺服系统来移植人脸跟踪器项目。

让我们看看该项目的软件基础需求，包括以下 ROS 框架、操作系统版本和 ROS 功能包：

- Ubuntu 18.04 LTS。
- ROS Melodic LTS。

- ROS usb_cam 功能包。
- ROS cv_bridge 功能包。
- ROS Dynamixel 控制器。
- Windows 7 或更高版本。
- RoboPlus（Windows 应用程序）。

我们可能同时需要 Windows 和 Ubuntu。如果读者的计算机上有双操作系统，那就太好了。

让我们先看看如何安装软件。

安装 usb_cam 功能包

我们首先介绍 usb_cam 功能包在 ROS 中的使用。usb_cam 功能包是 Video4Linux（V4L）USB 摄像头的 ROS 驱动程序。V4L 是 Linux 中的一组设备驱动程序，用于从网络摄像头实时捕获视频。usb_cam 功能包使用 V4L 设备工作，并将来自设备的视频流发布为 ROS 图像消息。我们可以订阅它并使用它执行自己的处理过程。此功能包的官方 ROS 网页为 http://wiki.ros.org/usb_cam，读者可以查看该页面，了解此功能包提供的不同设置和配置。

1. 为依赖项创建 ROS 工作空间

在开始安装 usb_cam 功能包之前，让我们创建一个 ROS 工作空间来存储本书中提到的所有项目的依赖项。我们可以创建另一个工作空间来保存项目代码，如以下步骤所示：

1）在主文件夹中创建一个名为 ros_project_dependencies_ws 的 ROS 工作空间。将 usb_cam 功能包复制到 src 文件夹：

```
$ git clone https://github.com/bosch-ros-pkg/usb_cam.git
```

2）使用 catkin_make 构建工作空间。

3）构建功能包之后，安装 v4l-util Ubuntu 包。它是 usb_cam 功能包使用的命令行 V4L 应用程序的集合：

```
$ sudo apt-get install v4l-utils
```

现在让我们看看如何在 Ubuntu 上配置网络摄像头。

2. 在 Ubuntu 18.04 上配置网络摄像头

安装上述依赖项后，我们可以按照以下步骤将网络摄像头连接到计算机，以检查计算机是否正确检测到了它：

1）打开终端并执行 dmesg 命令来检查内核日志。

```
$ dmesg
```

图 12.1 显示了网络摄像头设备的内核日志。

```
[   86.483102] usb 1-1.5: new high-speed USB device number 6 using ehci-pci
[   86.620403] usb 1-1.5: New USB device found, idVendor=0c45, idProduct=6340
[   86.620409] usb 1-1.5: New USB device strings: Mfr=2, Product=1, SerialNumber=3
[   86.620412] usb 1-1.5: Product: iBall Face2Face Webcam C12.0
[   86.620414] usb 1-1.5: Manufacturer: iBall Face2Face Webcam C12.0
[   86.620416] usb 1-1.5: SerialNumber: iBall Face2Face Webcam C12.0
[   86.657389] media: Linux media interface: v0.10
[   86.677503] Linux video capture interface: v2.00
[   86.703833] usb 1-1.5: 3:1: cannot get freq at ep 0x84
[   86.722072] usbcore: registered new interface driver snd-usb-audio
[   86.722096] uvcvideo: Found UVC 1.00 device iBall Face2Face Webcam C12.0 (0c45:6340)
[   86.735670] input: iBall Face2Face Webcam C12.0 as /devices/pci0000:00/0000:00:1a.0/
t/input16
[   86.735747] usbcore: registered new interface driver uvcvideo
[   86.735749] USB Video Class driver (1.1.1)
```

图 12.1　网络摄像头设备的内核日志

可以使用 Linux 中任何驱动程序支持的网络摄像头。在这个项目中，我们使用了 iBall Face2Face 网络摄像头进行跟踪。为了获得更好的性能和跟踪效果，也可以选择流行的罗技 C310 网络摄像头作为必备的硬件。

2）如果我们的网络摄像头在 Ubuntu 中有支持，则可以使用一个叫作 Cheese 的工具来打开视频设备。Cheese 只是一个简单的网络摄像头查看器。

3）在终端中输入 `cheese` 命令。如果没有安装，你可以使用以下命令安装：

```
$ sudo apt-get install cheese
```

可以使用下面的命令在终端上打开 `cheese`：

```
$ cheese
```

如果驱动程序和设备正确，则将从网络摄像头获取视频流，如图 12.2 所示。

图 12.2　使用 Cheese 查看网络摄像头视频流

如果网络摄像头在 Ubuntu 中工作正常，那么下一步就是测试 usb_cam 功能包。我们必须确保它在 ROS 中运行良好。

3. 将网络摄像头与 ROS 进行连接

让我们使用 usb_cam 功能包来测试网络摄像头。下面的命令用于启动 usb_cam 节点，以同时显示来自网络摄像头的图像和发布 ROS 图像话题：

```
$ roslaunch usb_cam usb_cam-test.launch
```

如果一切正常，终端中会显示图像流和日志，如图 12.3 所示。

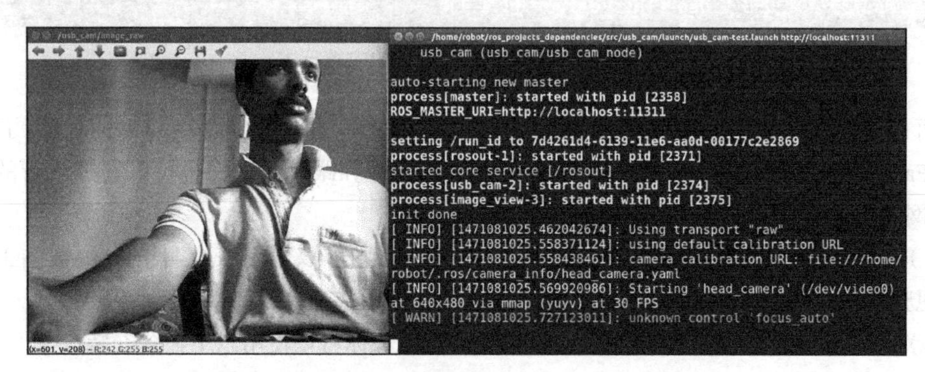

图 12.3　ROS 中正常工作的 usb_cam 功能包

这里使用了 ROS 中的 image_view 功能包来显示图像，该功能包订阅了名为 /usb_cam/image_raw 的话题。

图 12.4 展示了 usb_cam 节点发布的话题。

```
robot@robot-pc:~$ rostopic list
/image_view/parameter_descriptions
/image_view/parameter_updates
/rosout
/rosout_agg
/usb_cam/camera_info
/usb_cam/image_raw
/usb_cam/image_raw/compressed
/usb_cam/image_raw/compressed/parameter_descriptions
/usb_cam/image_raw/compressed/parameter_updates
/usb_cam/image_raw/compressedDepth
/usb_cam/image_raw/compressedDepth/parameter_descriptions
/usb_cam/image_raw/compressedDepth/parameter_updates
/usb_cam/image_raw/theora
/usb_cam/image_raw/theora/parameter_descriptions
/usb_cam/image_raw/theora/parameter_updates
robot@robot-pc:~$
```

图 12.4　usb_cam 节点发布的话题

我们已经完成了 ROS 与网络摄像头连接与交互。接下来，我们必须把一个 Dynamixel AX-12 伺服系统与 ROS 连接起来。在开始连接之前，我们需要为该伺服系统进行一些必需的配置。

12.4　使用 RoboPlus 配置 Dynamixel 伺服系统

可以使用一个名为 RoboPlus 的程序对 Dynamixel 伺服系统进行配置，该程序由 Dynamixel 伺服系统的制造商 ROBOTIS, INC.（http://en.robotis.com/）提供。

要配置 Dynamixel，必须将操作系统切换到 Windows，因为 RoboPlus 工具需要在 Windows 上工作。在这个项目中，我们将在 Windows 7 中配置伺服系统。

以下为 RoboPlus 的下载链接：

http://www.robotis.com/download/software/RoboPlusWeb%28v1.1.3.0%29.exe.

如果链接无效，读者可以在搜索引擎中搜索 RoboPlus 1.1.3 并下载。安装软件后，将看到如图 12.5 所示的窗口。单击软件中的"Expert"标签页，以获得用于配置 Dynamixel 的应用程序。

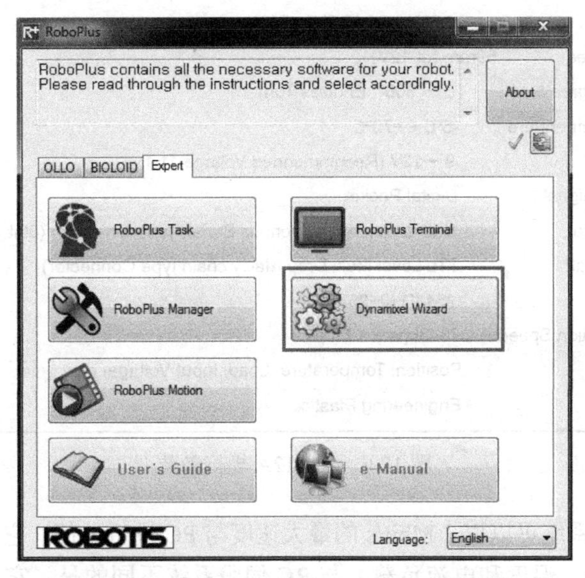

图 12.5　RoboPlus 中的 Dynamixel 管理器

在启动 Dynamixel 向导和进行配置之前，我们必须连接 Dynamixel 并正确地启动 Dynamixel 设备。可以通过 http://emanual.robotis.com/docs/en/dxl/ax/ax-12a/#connector-information 查看引脚的详细信息。

与其他 RC 伺服系统不同的是，AX-12 是一个智能执行器，它有一个微控制器，可以监控伺服系统的每个参数，并对所有参数进行自定义。它有一个传动齿轮，输出被连接到一个伺服舵机臂上。我们可以把任何链接连接到这个伺服舵机臂上。每个伺服系统后面都有两个连接端口，每个端口都有 VCC、GND 和 DATA 等引脚。Dynamixel 的端口是菊花链连接的，因此可以将一个伺服系统与另一个伺服系统相连接。

将 Dynamixel 与 PC 进行连接的主要硬件组件称为 USB 转 Dynamixel 适配器。这是一个USB转串行适配器，可以将USB转换为RS232、RS484和TTL。在AX-12电机中，数据通信是使用TTL完成的。每个端口都有三个引脚。数据引脚用于针对AX-12发送和接收数据，电源引脚用于为伺服系统供电。Dynamixel AX-12A的输入电压范围为9～12V。每个Dynamixel中的第二个端口可用于菊花链。我们可以使用这样的链接连接多达254个伺服系统。

要使用Dynamixel，我们应该了解更多的相关参数。让我们来看看AX-12A伺服系统的一些重要规格参数，如图12.6所示（来自伺服系统手册）。

- Weight : 54.6g (AX-12A)
- Dimension : 32mm * 50mm * 40mm
- Resolution : 0.29°
- Gear Reduction Ratio : 254 : 1
- Stall Torque : 1.5N.m (at 12.0V, 1.5A)
- No load speed : 59rpm (at 12V)
- Running Degree : 0° ~ 300°, Endless Turn
- Running Temperature : -5℃ ~ +70℃
- Voltage : 9 ~ 12V (Recommended Voltage 11.1V)
- Command Signal : Digital Packet
- Protocol Type : Half duplex Asynchronous Serial Communication (8bit,1stop,No Parity)
- Link (Physical) : TTL Level Multi Drop (daisy chain type Connector)
- ID : 254 ID (0~253)
- Communication Speed : 7343bps ~ 1 Mbps
- Feedback : Position, Temperature, Load, Input Voltage, etc.
- Material : Engineering Plastic

图12.6 AX-12A规格参数

Dynamixel伺服系统可以以1 Mbit/s的最大速度与PC进行通信。它还可以提供关于各种参数的反馈，如位置、温度和电流负载。与RC伺服系统不同的是，它可以旋转300度，而且主要通过数字包来完成通信。

可以使用以下两个链接了解如何为Dynamixel通电并将其连接到PC：

- http://emanual .robotis com/docs/en/ parts/ interface/usb2dynamixel/
- http://emanual.robotis.com/ docs/en/parts/ interface/u2d2/

在PC上设置USB转Dynamixel驱动程序

我们讨论过USB转Dynamixel适配器是一个带有FTDI芯片的USB转串行转换器。我们必须在PC上安装适当的FTDI驱动程序来检测设备。Windows需要该驱动程序，但Linux不需要，因为Linux内核中已经存在FTDI驱动程序。如果读者安装了RoboPlus软件，则驱动程序可能已经随其一起安装；如果不是，则可以从 RoboPlus 安装文件夹手动安装。

将 USB 转 Dynamixel 插入 Windows PC，然后选中 “Device Manager”（即“设备管理器”，操作为右键单击“我的电脑”，然后转到“属性”→“设备管理器”）。如果正确检测到该设备，则将看到类似图 12.7 的内容。

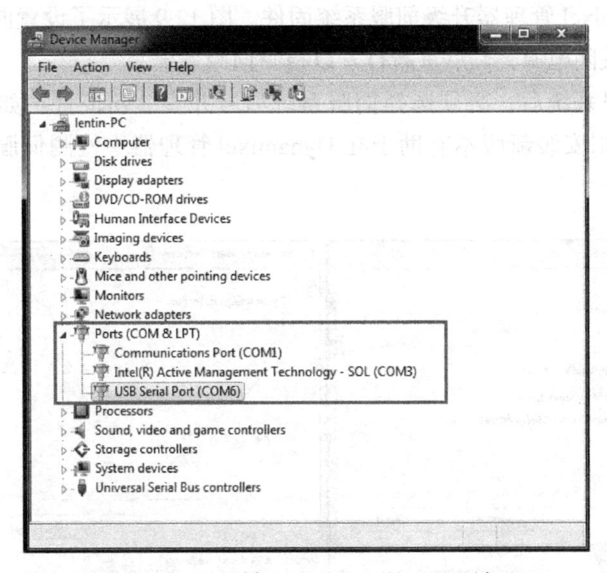

图 12.7　USB 转 Dynamixel 的 COM 端口

如果要获取 USB 转 Dynamixel 的 COM 端口，则可以从 RoboPlus 启动 Dynamixel 管理器。可以连接到列表中的串行端口号，然后单击 “Search”（搜索）按钮扫描 Dynamixel，如图 12.8 所示。从列表中选择 COM 端口，连接到标记为 1 的端口。连接到 COM 端口后，将默认波特率设置为 1 Mbit/s，然后单击 “Start Searching”（开始搜索）按钮。

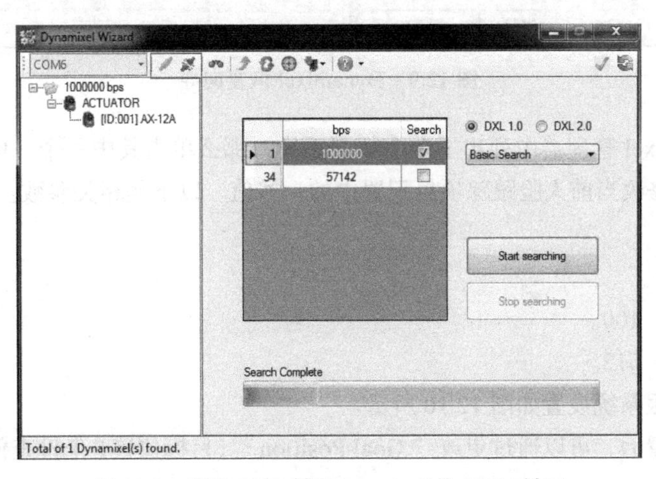

图 12.8　获取 USB 转 Dynamixel 的 COM 端口

如果在左侧面板中看到伺服系统列表，则表示 PC 检测到了 Dynamixel 伺服系统。如果未检测到伺服系统，则可以执行以下步骤进行调试：

1）使用万用表确保电源和连接正确。确保电源打开时，背面的伺服系统 LED 正在闪烁；如果没有亮起，则可能表示伺服系统或电源有问题。

2）使用 Dynamixel 管理器升级伺服系统固件。图 12.9 展示了设置向导。使用向导完成设置后，可能需要关闭电源，然后重新打开以检测伺服系统。

3）检测到伺服系统后，必须选择伺服系统型号并安装新固件。如果安装的伺服系统固件版本已过时，则安装新版本有助于在 Dynamixel 管理器中检测伺服系统，安装向导如图 12.9 所示。

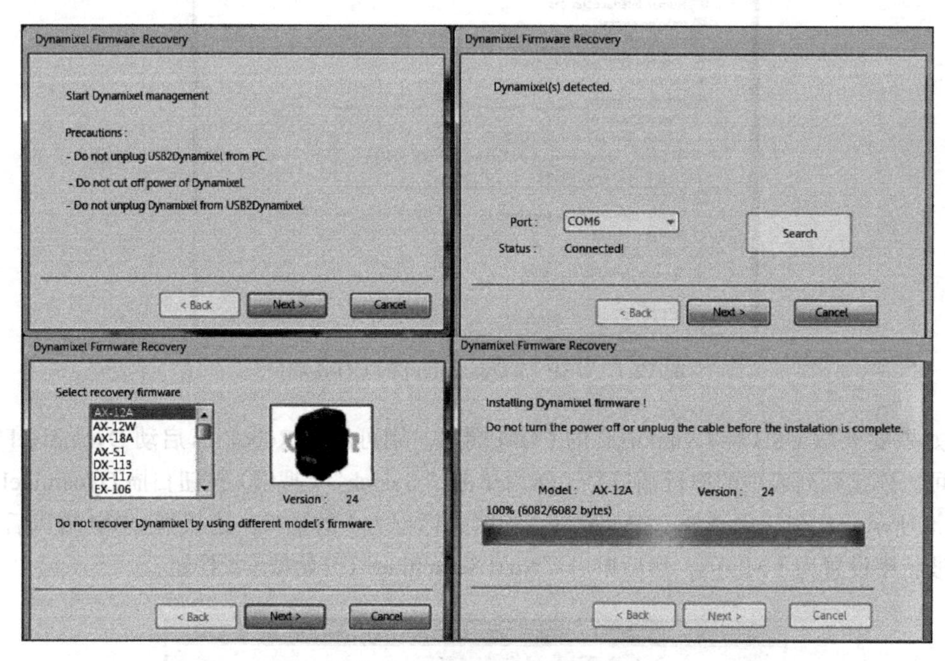

图 12.9　Dynamixel 恢复向导

如果 Dynamixel 管理器中列出了多个伺服系统，那么单击其中一个，你将看到它的完整配置。我们必须修改当前人脸跟踪项目配置中的一些值。以下是相关参数：

- ID：1。
- 波特率：1。
- 移动速度：100。
- 目标位置：512。

修改后的伺服系统设置如图 12.10 所示。

调整这些设置后，可以通过更改“Goal Position”（目标位置）来检查伺服系统是否工作正常。

Addr	Description	Value
0	Model Number	12
2	Version of Firmware	24
3	ID	1
4	Baud Rate	1
5	Return Delay Time	250
6	CW Angle Limit (Joint / Wheel Mode)	0
8	CCW Angle Limit (Joint / Wheel Mode)	1023
11	The Highest Limit Temperature	70
12	The Lowest Limit Voltage	60
13	The Highest Limit Voltage	140
14	Max Torque	1023
16	Status Return Level	2
17	Alarm LED	0
18	Alarm Shutdown	37

Addr	Description	Value
14	Max Torque	1023
16	Status Return Level	2
17	Alarm LED	0
18	Alarm Shutdown	37
24	Torque Enable	1
25	LED	0
26	CW Compliance Margin	1
27	CCW Compliance Margin	1
28	CW Compliance Slope	32
29	CCW Compliance Slope	32
30	Goal Position	512
32	Moving Speed	83
34	Torque Limit	1023
36	Present Position	511

图 12.10　修改后的 Dynamixel 固件设置

完成对 Dynamixel 的配置后，接下来我们将 Dynamixel 和 ROS 进行连接。

12.5　Dynamixel 与 ROS 连接

如果成功配置了 Dynamixel 伺服系统，那么将 Dynamixel 与运行在 Ubuntu 上的 ROS 进行连接将非常容易。正如我们讨论过的，Ubuntu 中不需要 FTDI 驱动程序，因为它已经内置到内核中了。我们唯一需要做的就是安装 Dynamixel 的 ROS 驱动功能包。

ROS Dynamixel 功能包可从 http://wiki.ros.org/dynamixel_motor 获得。

接下来我们将介绍安装 Dynamixel ROS 功能包时需要使用的命令。

安装 ROS dynamixel_motor 功能包

ROS `dynamixel_motor` 功能包集是人脸跟踪器项目的一个依赖项，我们可以通过以下步骤将其安装到 ROS 工作空间 `ros_project_dependencies_ws` 中，具体步骤如下：

1）打开终端并切换到工作空间的 `src` 文件夹：

```
$ cd ~/ros_project_dependencies_ws/src
```

2）从 GitHub 复制最新的 Dynamixel 驱动功能包：

```
$ git clone https://github.com/arebgun/dynamixel_motor
```

3）使用 `catkin_make` 构建 Dynamixel 驱动程序的整个功能包。如果可以在没有任何错误的情况下构建工作空间，则表明已经满足此项目对依赖项的需要。

现在已经在 ROS 中完成了 Dynamixel 驱动功能包的安装。我们现在已经满足了人脸跟踪器项目所需的所有依赖项。那么，让我们开始研究人脸跟踪项目功能包吧。

12.6 创建人脸跟踪器ROS功能包

让我们开始创建一个新的工作空间来保存本书的整个ROS项目文件。可以将工作空间命名为chapter_12_ws，并执行以下步骤：

1）使用以下链接从GitHub下载或复制本书的源代码：

```
$ git clone
https://github.com/PacktPublishing/ROS-Robotics-Projects-SecondEdit
ion.git
```

2）将名为face_tracker_pkg和face_tracker_control的两个功能包从chapter_12_ws/文件夹复制到创建的chapter_12_ws工作空间的src文件夹中。

3）使用catkin_make编译包来构建两个项目功能包。

当已经在系统上设置了人脸跟踪器功能包后，如果想要创建自己的跟踪包，则可以遵循以下步骤：

1）删除复制到src文件夹的当前功能包。

注意，在创建新功能包时，应该位于chapter_12_ws的src文件夹中，并且其中不应该存在本书GitHub代码中的任何现有功能包。

2）切换到src文件夹：

```
$ cd ~/chapter_12_ws/src
```

3）下一个命令将创建ROS功能包face_tracker_pkg，其中包含的主要依赖项有：cv_bridge、image_transport、sensor_msgs、message_generation和message_runtime。这些功能包是人脸跟踪器功能包正常工作所必需的。人脸跟踪器功能包包含ROS节点，用于检测人脸并确定人脸质心：

```
$ catkin_create_pkg face_tracker_pkg roscpp rospy cv_bridge
image_transport sensor_msgs std_msgs message_runtime
message_generation
```

4）接下来，我们需要创建ROS功能包face_tracker_control。此功能包的重要依赖项是dynamixel_controllers。该功能包用于从人脸跟踪器节点订阅质心，并以人脸质心始终位于图像中心部分的方式控制Dynamixel：

```
$ catkin_create_pkg face_tracker_pkg roscpp rospy std_msgs
dynamixel_controllers message_generation
```

现在读者已经创建了自己的ROS功能包。

在开始编码之前，下一步的工作是了解OpenCV的一些概念及其与ROS的接口。此外，还需要知道如何发布ROS图像消息。我们将在下面介绍这些概念。

ROS 和 OpenCV 之间的接口

开源计算机视觉（Open Source Computer Vision，OpenCV）是一个包含了计算机视觉应用程序 API 的库。该项目由 Intel 在俄罗斯启动，后来得到 Willow Garage 和 Itseez 的支持。2016 年，Itseez 被 Intel 收购。

相关详细信息，请参阅以下资料：

- OpenCV 的网站：http://opencv org/。
- Willow Garage：http://www.willowgarage com/。

OpenCV 是支持大多数操作系统的跨平台库。现在，它还拥有开源的 BSD 许可证，因此我们可以将其用于研究和商业应用。与 ROS Melodic 交互的 OpenCV 版本是 3.2。OpenCV 的 3.x 版本与 2.x 版本相比，对 API 进行了一些更改。

OpenCV 库通过一个名为 `vision_opencv` 的功能包集成到 ROS 中。当我们在第 1 章安装 `ros-melodic-desktop-full` 时，就已经安装了该功能包。

`vision_opencv` 元包有两个功能包：

- `cv_bridge`：这个功能包负责将 OpenCV 图像数据类型（`cv::Mat`）转换成 ROS 图像消息（`sensor_msgs/Image.msg`）。
- `image_geometry`：这个功能包帮助我们从几何角度解释图像。此节点将帮助进行摄像头校准、图像校正等处理。

在这两个功能包之外，我们主要处理 `cv_bridge`。使用 `cv_bridge`，人脸跟踪器节点可以将 ROS 图像消息从 `usb_cam` 转换为 OpenCV 等效的 `cv::Mat`。在转换成 `cv::Mat` 之后，我们可以使用 OpenCV API 来处理摄像头图像。

图 12.11 展示了 `cv_bridge` 在这个项目中的作用。

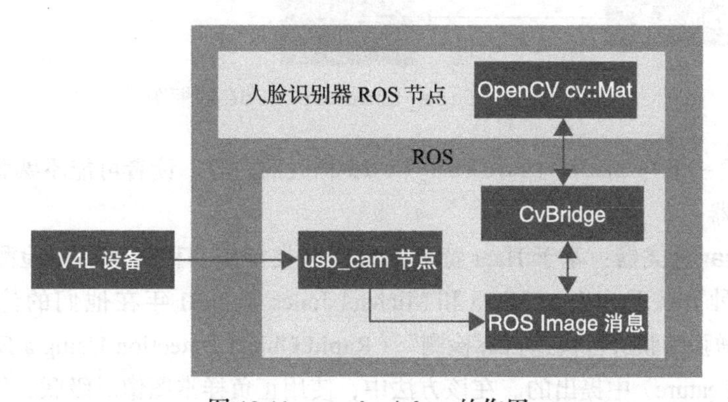

图 12.11　cv_bridge 的作用

这里，`cv_bridge` 在 `usb_cam` 节点和人脸跟踪器节点之间工作。在下一节中，我们将了解更多关于人脸跟踪器节点的信息。在此之前，如果读者能够先行了解一下它的工作原理，将更有利于理解该节点的使用。

我们用来在两个ROS节点之间传输ROS图像消息的另一个功能包是image_transport（http://wiki.ros.org/image_transport）。此功能包通常用于在ROS中订阅和发布图像数据。通过应用压缩技术，该功能包可以帮助我们在低带宽传输图像。此功能包也随完整的ROS桌面安装过程一起安装。

以上就是关于Open CV和ROS接口的全部内容。在下一节中，我们将使用该项目的第一个功能包：face_tracker_pkg。

12.7 使用人脸跟踪 ROS 功能包

我们创建了face_tracker_pkg功能包或将其复制到了工作空间，并讨论了它的一些重要依赖项。现在，我们来讨论一下这个功能包的用途。

该功能包由名为face_tracker_node的ROS节点组成，该节点可以使用OpenCV API跟踪人脸并将人脸的质心发布到话题。图12.12是face_tracker_node的工作原理框图。

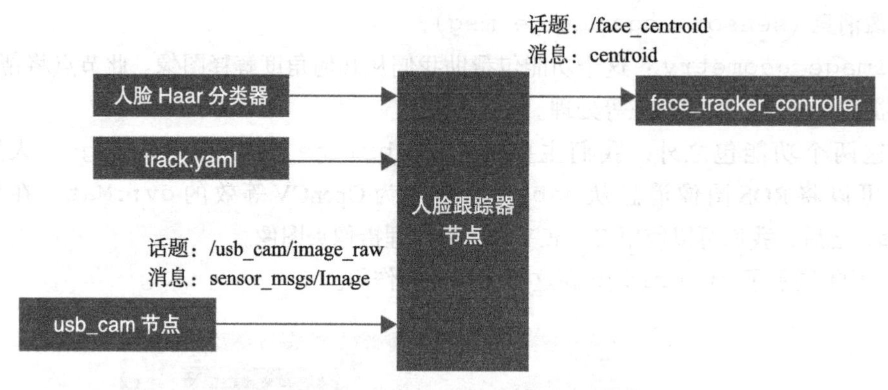

图12.12 face_tracker_node的框图

让我们讨论一下与face_tracker_node相关的内容。读者可能不熟悉的部分之一是人脸Haar分类器：

- **人脸Haar分类器**：基于Haar特征的级联分类器是一种用于目标检测的机器学习方法。这种方法是由Paul Viola和Michael Jones于2001年在他们的论文“使用简单特征的增强级联进行快速目标检测”（Rapid Object Detection Using a Boost Cascade of Simple Feature）中提出的。在该方法中，使用正负样本图像对级联文件进行训练，并且在训练之后，将该文件用于目标检测：
  - ❑ 在我们的示例中，我们使用专门的Haar分类器文件和OpenCV源代码。可以从OpenCV data文件夹（https://github.com/opencv/opencv/tree/master/data）中获得这

些 Haar 分类器文件。读者可以根据自己的应用程序替换所需的 Haar 文件。这里，我们使用的是人脸分类器。分类器是具有包含人脸特征的标签的 XML 文件。一旦 XML 内部的特征匹配，我们就可以使用 OpenCV API 从图像中检索人脸的感兴趣区域（Region Of Interest，ROI）。可以从 `face_tracker_pkg/data/face.xml` 检查该项目 Haar 分类器。

- `track.yaml`：这是一个 ROS 参数文件，其中包含诸如 Haar 文件路径、输入图像话题、输出图像话题以及启用和禁用人脸跟踪的标志等参数。由于我们可以在不修改人脸跟踪器源代码的情况下更改节点参数，因此我们将使用 ROS 配置文件。可以从 `face_tracker_pkg/config/track.xml` 获得此文件。
- `usb_cam` 节点：`usb_cam` 包有一个节点将图像流从摄像头发布到 ROS 图像消息。`usb_cam` 节点将摄影头图像发布到 `/usb_cam/raw_image` 话题，该话题由人脸跟踪器节点订阅以进行人脸检测。如果需要，我们可以更改 `track.yaml` 文件中的输入话题。
- `face_tracker_control`：这是我们要讨论的第二个功能包。`face_tracker_pkg` 功能包可以检测人脸并找到图像中人脸的质心。质心消息包含两个值：*X* 和 *Y*。我们使用自定义消息定义来发送质心值。这些质心值由控制器节点订阅，并控制 Dynamixel 运动从而跟踪人脸。Dynamixel 由该节点控制。

图 12.13 展示了 `face_tracker_pkg` 的文件结构。

```
.
├── CMakeLists.txt
├── config
│   └── track.yaml
├── data
│   └── face.xml
├── include
│   └── face_tracker_pkg
├── launch
│   ├── start_dynamixel_tracking.launch
│   ├── start_tracking.launch
│   └── start_usb_cam.launch
├── msg
│   └── centroid.msg
├── package.xml
└── src
    └── face_tracker_node.cpp

7 directories, 9 files
```

图 12.13 `face_tracker_pkg` 的文件结构

让我们看看人脸跟踪代码是如何工作的。可以在 `face_tracker_pkg/src/face_tracker_node.cpp` 上打开 CPP 文件。此代码执行人脸检测并将质心值发送到话题。

下面我们将查看并解释一些代码片段。

12.7.1 理解人脸跟踪器代码

让我们从源文件开始。下面是我们在代码中使用的 ROS 源文件。我们必须在每个 ROS C++ 节点中包含 `ros/ros.h`，否则，源代码将无法编译。其他的三个头文件是图像传输头文件，它们具有以低带宽发布和订阅图像消息的功能。`cv_bridge` 头文件具有在 OpenCV ROS 数据类型之间进行转换的功能。`image_encoding.h` 头文件具有 ROS-OpenCV 转换期间使用的图像编码格式：

```
#include <ros/ros.h>
#include <image_transport/image_transport.h>
#include <cv_bridge/cv_bridge.h>
#include <sensor_msgs/image_encodings.h>
```

下一组头文件用于 OpenCV。imgproc 头文件由图像处理功能组成，highgui 具有 GUI 相关功能，objdetect.hpp 具有用于对象检测的 API（如 Haar 分类器）：

```
#include <opencv2/imgproc/imgproc.hpp>
#include <opencv2/highgui/highgui.hpp>
#include "opencv2/objdetect.hpp"
```

最后一个头文件用于访问名为 centroid 的自定义消息。centroid 消息定义有两个字段：int32 x 和 int32 y。这两个字段可以保存文件的质心。可以从 face_tracker_pkg/msg/centroid.msg 文件夹查看此消息的定义：

```
#include <face_tracker_pkg/centroid.h>
```

以下代码行用于为原始图像窗口和人脸检测窗口命名：

```
static const std::string OPENCV_WINDOW = "raw_image_window";
static const std::string OPENCV_WINDOW_1 = "face_detector";
```

下面几行代码为我们的人脸检测器创建了一个 C++ 类。代码片段创建以下句柄：NodeHandle，它是 ROS 节点的强制句柄；image_Transport，它帮助跨 ROS 计算图发送 ROS 图像消息；人脸质心的发布器，它可以使用我们定义的 centroid.msg 文件发布质心值。其余定义用于处理参数文件 track.yaml 中的参数值：

```
class Face_Detector
   {
     ros::NodeHandle nh_;
  image_transport::ImageTransport it_;
  image_transport::Subscriber image_sub_;
  image_transport::Publisher image_pub_;
  ros::Publisher face_centroid_pub;
  face_tracker_pkg::centroid face_centroid;
  string input_image_topic, output_image_topic, haar_file_face;
  int face_tracking, display_original_image,  display_tracking_image,
center_offset, screenmaxx;
```

下面是在 track.yaml 文件中检索 ROS 参数的代码。使用 ROS 参数的优势在于，可以避免在程序中对这些值进行硬编码，并且无须重新编译代码即可修改这些值：

```
try{
nh_.getParam("image_input_topic", input_image_topic);
nh_.getParam("face_detected_image_topic", output_image_topic);
nh_.getParam("haar_file_face", haar_file_face);
nh_.getParam("face_tracking", face_tracking);
nh_.getParam("display_original_image", display_original_image);
nh_.getParam("display_tracking_image", display_tracking_image);
nh_.getParam("center_offset", center_offset);
nh_.getParam("screenmaxx", screenmaxx);

ROS_INFO("Successfully Loaded tracking parameters");
}
```

下面的代码为输入图像话题创建订阅器，并为人脸检测图像创建发布器。每当图像到达输入图像话题时，它都会调用一个名为 imageCb 的函数。话题的名称可以从 ROS 参数中检索得到。我们创建另一个发布器来发布质心值，该功能由以下代码片段的最后一行实现：

```
image_sub_ = it_.subscribe(input_image_topic, 1,
&Face_Detector::imageCb, this);
image_pub_ = it_.advertise(output_image_topic, 1);

face_centroid_pub = nh_.advertise<face_tracker_pkg::centroid>
("/face_centroid",10);
```

下一段代码是 imageCb 的定义，它是 input_image_topic 的回调。它的基本功能是将 sensor_msgs/Image 数据转换为 cv::Mat OpenCV 数据类型。在使用 cv_bridge::toCvCopy 函数执行 ROS-OpenCV 转换后，分配 cv_bridge::CvImagePtr cv_ptr 缓冲区来存储 OpenCV 图像：

```
  void imageCb(const sensor_msgs::ImageConstPtr& msg)
  {

    cv_bridge::CvImagePtr cv_ptr;
    namespace enc = sensor_msgs::image_encodings;

    try
    {
      cv_ptr = cv_bridge::toCvCopy(msg,
sensor_msgs::image_encodings::BGR8);
    }
```

我们已经讨论了 Haar 分类器，以下是加载 Haar 分类器文件的代码：

```
    string cascadeName = haar_file_face;
    CascadeClassifier cascade;
if( !cascade.load( cascadeName ) )
    {
      cerr << "ERROR: Could not load classifier cascade" << endl;
    }
```

我们现在转到程序的核心部分，即对从 ROS 图像消息转换得到的 OpenCV 图像数据进行人脸检测。执行人脸检测的是下面的 detectAndDraw() 函数，而最后一行代码发布了输出图像话题。使用 cv_ptr->image，我们可以恢复 cv::Mat 数据类型，cv_ptr->toImageMsg() 可以将其转换为 ROS 图像消息。detectAndDraw() 函数的参数是 OpenCV 的变量 image 和 cascade：

```
detectAndDraw( cv_ptr->image, cascade );
image_pub_.publish(cv_ptr->toImageMsg());
```

下面让我们了解一下 detectAndDraw() 函数，该函数改编自用于人脸检测的 OpenCV 示例代码：函数的参数是输入图像和级联对象。下面的代码首先将图像转换为灰度图像，然后使用 OpenCV API 进行均衡直方图处理。这是一种进行图像的人脸识别之前的预处理。为此使用了 cascade.detectMultiScale() 函数（http://docs.opencv.org/2.4/

modules/objdetect/doc/cascade_classification.html）：

```
Mat gray, smallImg;
cvtColor( img, gray, COLOR_BGR2GRAY );
double fx = 1 / scale ;
resize( gray, smallImg, Size(), fx, fx, INTER_LINEAR );
equalizeHist( smallImg, smallImg );
t = (double)cvGetTickCount();
cascade.detectMultiScale( smallImg, faces,
      1.1, 15, 0
      |CASCADE_SCALE_IMAGE,
      Size(30, 30) );
```

下面的循环将在使用 detectMultiScale() 函数检测到的每个人脸上进行迭代处理。对于每个人脸，它将找到质心并发布到 /face_centroid 话题：

```
for ( size_t i = 0; i < faces.size(); i++ )
{
    Rect r = faces[i];
    Mat smallImgROI;
    vector<Rect> nestedObjects;
    Point center;
    Scalar color = colors[i%8];
    int radius;

    double aspect_ratio = (double)r.width/r.height;
    if( 0.75 < aspect_ratio && aspect_ratio < 1.3 )
    {
        center.x = cvRound((r.x + r.width*0.5)*scale);
        center.y = cvRound((r.y + r.height*0.5)*scale);
        radius = cvRound((r.width + r.height)*0.25*scale);
        circle( img, center, radius, color, 3, 8, 0 );

    face_centroid.x = center.x;
    face_centroid.y = center.y;

        //Publishing centroid of detected face
         face_centroid_pub.publish(face_centroid);

    }
```

为了使输出图像窗口更具交互性，需要在左侧、右侧或中心放置文本和线条来提示用户的人脸。这是最后一部分代码的主要功能。它使用 OpenCV API 来完成此工作。下面是在屏幕上显示文本（如 Left、Right 和 Center）的代码：

```
        putText(img, "Left", cvPoint(50,240),
FONT_HERSHEY_SIMPLEX, 1,
    cvScalar(255,0,0), 2, CV_AA);
        putText(img, "Center", cvPoint(280,240),
FONT_HERSHEY_SIMPLEX,
    1, cvScalar(0,0,255), 2, CV_AA);
        putText(img, "Right", cvPoint(480,240),
FONT_HERSHEY_SIMPLEX,
    1, cvScalar(255,0,0), 2, CV_AA);
```

我们已经完成了跟踪器代码，接下来介绍如何构建该代码并使其可执行。

12.7.2 理解 CMakeLists.txt

在创建功能包期间默认生成的 CMakeLists.txt 文件必须经过编辑才能编译前面的源代码。下面对用于构建 face_tracker_node.cpp 类的 CMakeLists.txt 文件进行解释。

前两行中，第一行表明构建此功能包所需的 cmake 的最低版本，第二行是功能包名称：

```
cmake_minimum_required(VERSION 2.8.3)
project(face_tracker_pkg)
```

下面的代码行将搜索 face_tracker_pkg 的依赖包，如果未找到则会引发错误：

```
find_package(catkin REQUIRED COMPONENTS
  cv_bridge
  image_transport
  roscpp
  rospy
  sensor_msgs
  std_msgs
  message_generation

)
```

以下代码行包含用于构建功能包的系统级依赖项：

```
find_package(Boost REQUIRED COMPONENTS system)
```

正如我们已经看到的，我们使用了一个名为 centroid.msg 的自定义消息定义，它包含两个字段：int32 x 和 int32 y。为了构建和生成 C++ 等价的头文件，我们应该使用以下代码行：

```
add_message_files(
   FILES
   centroid.msg
 )

## Generate added messages and services with any dependencies
listed here
 generate_messages(
   DEPENDENCIES
   std_msgs
 )
```

catkin_package() 函数是 catkin 提供的 CMake 宏，需要利用它来生成 pkg-config 和 CMake 文件：

```
catkin_package(
  CATKIN_DEPENDS roscpp rospy std_msgs message_runtime
)
include_directories(
```

```
  ${catkin_INCLUDE_DIRS}
)
```

在这里，我们创建名为 face_tracker_node 的可执行文件，并将其链接到 catkin 和 OpenCV 库：

```
add_executable(face_tracker_node src/face_tracker_node.cpp)
target_link_libraries(face_tracker_node
   ${catkin_LIBRARIES}
   ${OpenCV_LIBRARIES}
 )
```

现在让我们看一下 track.yaml 文件。

12.7.3 track.yaml 文件

正如我们所讨论的，track.yaml 文件包含 face_tracker_node 所需的 ROS 参数。以下是 track.yaml 的内容：

```
image_input_topic: "/usb_cam/image_raw"
face_detected_image_topic: "/face_detector/raw_image"
haar_file_face:
"/home/robot/chapter_12_ws/src/face_tracker_pkg/data/face.xml"
face_tracking: 1
display_original_image: 1
display_tracking_image: 1
```

可以根据需要更改所有参数。特别是，可能需要更改 haar_file_face，这是 Haar 人脸文件的路径（这将是读者自己项目的功能包路径）。如果我们设置 face_tracking:1，它将启用人脸跟踪，否则将不启用。另外，如果想要显示原始的人脸跟踪图像，那么可以在此处设置标志。

12.7.4 启动文件

ROS 中的启动文件可以在单个文件中执行多个任务。启动文件的扩展名为 .launch。下面的代码显示了 start_usb_cam.launch 的定义，它启动 usb_cam 节点以将摄像头图像发布为 ROS 话题：

```
<launch>
  <node name="usb_cam" pkg="usb_cam" type="usb_cam_node"
output="screen" >
    <param name="video_device" value="/dev/video0" />
    <param name="image_width" value="640" />
    <param name="image_height" value="480" />
    <param name="pixel_format" value="yuyv" />
    <param name="camera_frame_id" value="usb_cam" />
    <param name="auto_focus" value="false" />
    <param name="io_method" value="mmap"/>
  </node>
</launch>
```

在 <node>…</node> 标签中，有一些摄像头参数可以由用户更改。例如，如果有多个摄影头，则可以将 video_device 值从 /dev/video0 更改为 /dev/video1 以获取第二个摄影头的帧。

下一个重要的启动文件是 start_tracking.launch，它将启动人脸跟踪器节点。以下是此启动文件的定义：

```
<launch>
<!-- Launching USB CAM launch files and Dynamixel controllers -->
  <include file="$(find
face_tracker_pkg)/launch/start_usb_cam.launch"/>

<!-- Starting face tracker node -->
   <rosparam file="$(find face_tracker_pkg)/config/track.yaml"
command="load"/>

   <node name="face_tracker" pkg="face_tracker_pkg"
type="face_tracker_node" output="screen" />
</launch>
```

它将首先启动 start_usb_cam.launch 文件以获取 ROS 图像话题，然后加载 track.yaml 以获取必要的 ROS 参数，再加载 face_tracker_node 以开始跟踪。

最后一个启动文件是 start_dynamixel_tracking.launch，这是我们必须执行以进行跟踪和 Dynamixel 控制的启动文件。在讨论 face_tracker_control 包之后，我们将在本章末尾讨论此启动文件。现在让我们学习如何运行人脸跟踪器节点。

12.7.5　运行人脸跟踪器节点

首先从 face_tracker_pkg 启动 start_tracking.launch 文件，命令如下：

```
$ roslaunch face_tracker_pkg start_tracking.launch
```

注意，应该把你的网络摄像头连接到你的计算机上。

如果一切正常，你将得到如图 12.14 所示的输出：左边是原始图像，右边是人脸检测图像。

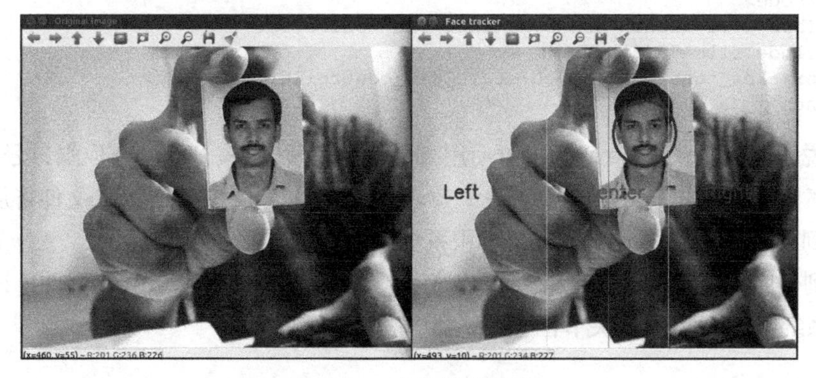

图 12.14　人脸检测图像

我们现在尚未启用Dynamixel，该节点将仅查找人脸并将质心值发布到名为 /face_centroid 的话题。

现在项目的第一部分完成了，接下来是控制功能包 face_tracker_control。

12.7.6 face_tracker_control 功能包

face_tracker_control 功能包是使用 Dynamixel AX-12A 伺服系统来跟踪人脸的控制功能包。

图 12.15 展示了 face_tracker_control 的文件结构。

```
├── CMakeLists.txt
├── config
│   ├── pan.yaml
│   └── servo_param.yaml
├── include
│   └── face_tracker_control
├── launch
│   ├── start_dynamixel.launch
│   └── start_pan_controller.launch
├── msg
│   └── centroid.msg
├── package.xml
└── src
    └── face_tracker_controller.cpp

6 directories, 8 files
```

图 12.15 face_tracker_control 功能包中的文件组织

我们首先来了解每个文件的用法。

1. start_dynamixel 启动文件

start_dynamixel 启动文件用于启动 Dynamixel 控制管理器，该管理器可以建立 USB 到 Dynamixel 适配器和 Dynamixel 伺服系统的连接。以下是此启动文件的定义：

```
<!-- This will open USB To Dynamixel controller and search for
servos -->
<launch>
    <node name="dynamixel_manager" pkg="dynamixel_controllers"
    type="controller_manager.py" required="true"
  output="screen">
        <rosparam>
            namespace: dxl_manager
            serial_ports:
                pan_port:
                    port_name: "/dev/ttyUSB0"
                    baud_rate: 1000000
                    min_motor_id: 1
                    max_motor_id: 25
                    update_rate: 20
        </rosparam>
    </node>
<!-- This will launch the Dynamixel pan controller -->
  <include file="$(find
face_tracker_control)/launch/start_pan_controller.launch"/>
</launch>
```

必须说明的是 port_name（可以使用 dmesg 命令从内核日志中获取端口号）。我们配置的波特率参数是 1 Mbit/s，电机 ID 是 1。controller_manager.py 文件将从伺服系统 ID 1 扫描到 25，并报告检测到的任何伺服系统。

检测到伺服系统后，它将启动 start_pan_controller.launch 文件，该文件将为每个伺服系统附加一个 ROS 关节位置控制器。

2. 平移控制器启动文件

从前面可以看出，平移控制器启动文件是将 ROS 控制器连接到检测到的伺服系统的触发器。以下是启动平移控制器的文件 start_pan_controller.launch 的定义：

```
<launch>
    <!-- Start tilt joint controller -->
    <rosparam file="$(find face_tracker_control)/config/pan.yaml"
 command="load"/>
    <rosparam file="$(find
face_tracker_control)/config/servo_param.yaml" command="load"/>

    <node name="tilt_controller_spawner"
pkg="dynamixel_controllers" type="controller_spawner.py"
          args="--manager=dxl_manager
                --port pan_port
                pan_controller"
          output="screen"/>
</launch>
```

controller_spawner.py 节点可以为每个检测到的伺服系统派生一个控制器。控制器和伺服系统的参数包含在 pan.yaml 和 servo-param.yaml 中。

12.7.7　平移控制器配置文件

平移控制器配置文件包含控制器派生程序节点要创建的控制器的配置。下面是我们的控制器的 pan.yaml 文件定义：

```
pan_controller:
    controller:
        package: dynamixel_controllers
        module: joint_position_controller
        type: JointPositionController
    joint_name: pan_joint
    joint_speed: 1.17
    motor:
        id: 1
        init: 512
        min: 316
        max: 708
```

在这个配置文件中，我们必须明确伺服系统的参数细节，如 ID、初始位置、最小和最大伺服限制、伺服移动速度和关节名称。控制器的名称是 pan_controller，它是一个关节位置控制器。我们仅为 ID 1 编写了控制器配置，这是因为我们只使用一个伺服系统。

12.7.8　伺服系统参数配置文件

servo_param.yaml 文件包含 pan_controler 的配置，如控制器的限制和每次移动的步距；它还包含屏幕显示参数，如摄像头图像的最大分辨率和距离图像中心的偏移。偏移量用于定义图像实际中心周围的一个区域：

```
servomaxx: 0.5   #max degree servo horizontal (x) can turn
servomin: -0.5   # Min degree servo horizontal (x) can turn
screenmaxx: 640   #max screen horizontal (x)resolution
center_offset: 50 #offset pixels from actual center to right and
left
step_distancex: 0.01 #x servo rotation steps
```

接下来介绍人脸跟踪控制器节点。

12.7.9 人脸跟踪控制器节点

正如我们已经看到的，人脸跟踪控制器节点负责根据人脸质心位置控制 Dynamixel 伺服系统。下面我们将仔细分析这个节点的相关代码，代码位于 face_tracker_control/src/face_tracker_controller.cpp。

此代码包含的主要 ROS 头文件如下：

```
#include "ros/ros.h"
#include "std_msgs/Float64.h"
#include <iostream>
```

这里，Float64 头文件用于保存发送给控制器的位置值消息。以下变量保存来自 servo_param.yaml 的参数值：

```
int servomaxx, servomin,screenmaxx, center_offset, center_left,
center_right;
float servo_step_distancex, current_pos_x;
```

以下 std_msgs::Float64 的消息头分别用于保存控制器的初始位置和当前位置。控制器只接受此消息类型：

```
std_msgs::Float64 initial_pose;
std_msgs::Float64 current_pose;
```

以下是用于将位置命令发布到控制器的发布处理程序：

```
ros::Publisher dynamixel_control;
```

切换到代码的 main() 函数，可以看到下面几行代码。第一行是 /face_centroid 的订阅器，它有一个质心值，当一个值到达话题时，它将调用 face_callback() 函数：

```
ros::Subscriber number_subscriber =
node_obj.subscribe("/face_centroid",10,face_callback);
```

以下代码行将初始化发布器句柄，在该句柄中，将通过 /pan_controller/command 话题发布相关值：

```
dynamixel_control = node_obj.advertise<std_msgs::Float64>
("/pan_controller/command",10);
```

下面的代码围绕图像的实际中心创建新的限制区域。这将有助于获得图像的近似中心点：

```
center_left = (screenmaxx / 2) - center_offset;
center_right = (screenmaxx / 2) + center_offset;
```

下面是通过 /face_centroid 话题接收质心值时执行的回调函数。此回调还具有为每个质心值移动 Dynamixel 的逻辑。

在第一部分中，质心中的 x 值将对照 center_left 进行检查，如果它在左侧，则仅增加伺服控制器的位置。只有在当前位置在限制范围内时，它才会发布当前值。如果它在限制区域内，则它将发布控制器的当前位置值。右侧的逻辑是相同的：如果人脸在图像的右侧，它将递减控制器位置。

当摄像头到达图像中心时，它会在此处暂停，什么也不做，这就是我们想要的。重复此循环，我们将获得连续的跟踪：

```
void track_face(int x,int y)
{
    if (x < (center_left)){

      current_pos_x += servo_step_distancex;
      current_pose.data = current_pos_x;
    if (current_pos_x < servomaxx and current_pos_x > servomin ){
       dynamixel_control.publish(current_pose);
    }
    }
else if(x > center_right){
current_pos_x -= servo_step_distancex;
current_pose.data = current_pos_x;
  if (current_pos_x < servomaxx and current_pos_x > servomin ){
        dynamixel_control.publish(current_pose);
}
    }

   else if(x > center_left and x < center_right){
;
}
}
```

下面我们来创建 CMakeLists.txt 文件。

12.7.10 创建 CMakeLists.txt

与第一个跟踪器功能包一样，控制功能包没有特别的区别，唯一的区别在于依赖项。这里，主要的依赖项是 dynamixel_controllers。我们没有在这个功能包中使用 OpenCV，因此没有必要包含它。必要的更改如下：

```
...
    project(face_tracker_control)
    find_package(catkin REQUIRED COMPONENTS
      dynamixel_controllers
      roscpp
      rospy
      std_msgs
```

```
    message_generation
  )
...

  catkin_package(
    CATKIN_DEPENDS dynamixel_controllers roscpp rospy std_msgs
  )
...
```

我们现在可以测试人脸跟踪器控制功能包了。

12.7.11　测试人脸跟踪器控制功能包

我们已经了解了大部分文件代码及其功能。那么，让我们先测试一下这个功能包。通过执行以下步骤，我们可以确保它正在检测 Dynamixel 伺服系统并创建正确的话题：

1）在运行启动文件之前，我们必须更改 USB 设备的权限，否则将引发异常。以下命令可用于获取对串行设备的权限：

```
$ sudo chmod 777 /dev/ttyUSB0
```

注意，必须用设备名替换 `ttyUSB0`；可以通过查看内核日志来检索它。`dmesg` 命令可以帮助你找到它。

2）使用以下命令启动 `start_dynamixel.launch` 文件：

```
$ roslaunch face_tracker_control start_dynamixel.launch
```

如果一切顺利，你将收到一条消息，如图 12.16 所示。

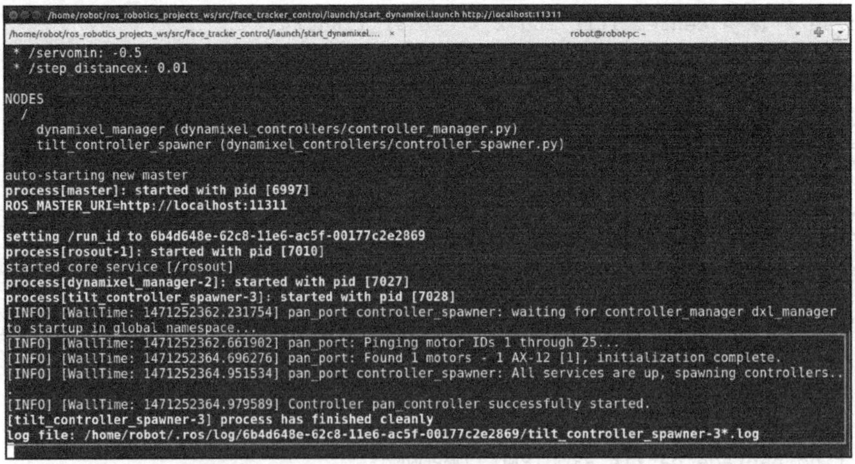

```
 * /servomin: -0.5
 * /step_distancex: 0.01

NODES
  /
    dynamixel_manager (dynamixel_controllers/controller_manager.py)
    tilt_controller_spawner (dynamixel_controllers/controller_spawner.py)

auto-starting new master
process[master]: started with pid [6997]
ROS_MASTER_URI=http://localhost:11311

setting /run_id to 6b4d648e-62c8-11e6-ac5f-00177c2e2869
process[rosout-1]: started with pid [7010]
started core service [/rosout]
process[dynamixel_manager-2]: started with pid [7027]
process[tilt_controller_spawner-3]: started with pid [7028]
[INFO] [WallTime: 1471252362.231754] pan_port controller_spawner: waiting for controller_manager dxl_manager to startup in global namespace...
[INFO] [WallTime: 1471252362.661902] pan_port: Pinging motor IDs 1 through 25...
[INFO] [WallTime: 1471252364.696276] pan_port: Found 1 motors - 1 AX-12 [1], initialization complete.
[INFO] [WallTime: 1471252364.951534] pan_port controller_spawner: All services are up, spawning controllers...
[INFO] [WallTime: 1471252364.979589] Controller pan_controller successfully started.
[tilt_controller_spawner-3] process has finished cleanly
log file: /home/robot/.ros/log/6b4d648e-62c8-11e6-ac5f-00177c2e2869/tilt_controller_spawner-3*.log
```

图 12.16　查找 Dynamixel 伺服系统并创建控制器

> ⓘ 如果在启动过程中出现任何错误，请检查伺服系统连接、电源和设备权限。

运行此启动文件时，会生成如图 12.17 所示的话题。

```
robot@robot-pc: ~
/home/robot/ros_robotics_projects_ws/src/face_tracker_control/launch/start_dynamixel....
robot@robot-pc:~$ rostopic list
/diagnostics
/motor_states/pan_port
/pan_controller/command
/pan_controller/state
/rosout
/rosout_agg
robot@robot-pc:~$
```

图 12.17　人脸跟踪器控制话题

现在，我们需要将所有节点集成到一起。

12.7.12　节点集成

接下来，我们将看一看最终的启动文件，该文件集成了需要启动的所有节点。我们在介绍 face_tracker_pkg 功能包时跳过了该文件，即 start_dynamixel_tracking.launch。此启动文件使用 Dynamixel 电机进行人脸检测和跟踪：

```
<launch>
<!-- Launching USB CAM launch files and Dynamixel controllers -->
  <include file="$(find
face_tracker_pkg)/launch/start_tracking.launch"/><include
file="$(find
face_tracker_control)/launch/start_dynamixel.launch"/>
<!-- Starting face tracker node -->

<node name="face_controller" pkg="face_tracker_control"
type="face_tracker_controller" output="screen" />

</launch>
```

让我们在下一节中看看如何设置硬件。

12.7.13　固定支架并设置电路

在进行项目的最终运行之前，我们必须在硬件方面做一些设置。我们必须将支架固定在伺服舵机臂上，并将摄像头固定在支架上。支架应始终垂直于伺服系统的中心。摄像头安装在支架上，应指向中心位置。

图 12.18　将摄像头和支架固定到 AX-12A 上

图 12.18 展示了本书作者为此项目所做的设置，且通过胶带把摄像头固定在了支架上。读者可以使用任何其他材质来固定摄像头，但它应该始终与中心对齐。

完成这项工作之后，就可以开始运行这个项目了。

12.7.14 最终运行

在这里，我们希望读者已经正确遵循了所有说明进行配置与操作。下面是启动此项目的所有节点并开始使用 Dynamixel 进行跟踪的命令：

```
$ roslaunch face_tracker_pkg start_dynamixel_tracking.launch
```

读者将看到图 12.19 中的窗口。建议使用包含人脸的照片进行测试，这样将能直观感受人脸的连续检测与跟踪。

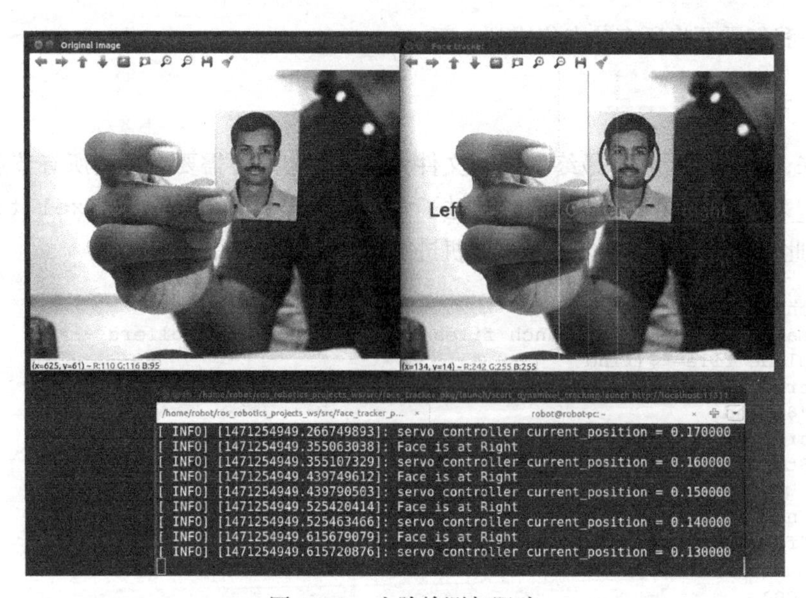

图 12.19 人脸检测与跟踪

在图 12.19 中，可以看到终端消息显示图像在右侧，因此控制器正在减少位置值以实现对中心位置的跟踪。

12.8 本章小结

本章介绍了如何使用网络摄像头和 Dynamixel 伺服系统构建人脸检测与跟踪器。我们使用的软件是 ROS 和 OpenCV。首先，我们介绍了如何配置网络摄像头和 Dynamixel 伺服系统，在完成配置之后，我们构建了两个用于人脸跟踪的功能包：一个用于人脸检测，另一个用于控制，可以向 Dynamixel 发送位置命令来跟踪人脸。最后，我们介绍了相关功能包中的文件内容及其使用方法，并最终进行了一次运行演示，展示了系统的完整工作方式。